高职高专计算机系列

Linux系统管理

（CentOS 6.4 +iSoft Server Os V3.0）

Linux System Management

朱龙 贾如春 ◎ 主编
张倩莉 乔治锡 ◎ 副主编

人民邮电出版社
北京

图书在版编目（CIP）数据

Linux系统管理 : CentOS 6.4+iSoft Server Os V 3.0 / 朱龙，贾如春主编. -- 北京 : 人民邮电出版社，2015.8(2021.6重印)

工业和信息化人才培养规划教材. 高职高专计算机系列

ISBN 978-7-115-40113-7

Ⅰ. ①L… Ⅱ. ①朱… ②贾… Ⅲ. ①Linux操作系统－高等职业教育－教材 Ⅳ. ①TP316.89

中国版本图书馆CIP数据核字(2015)第189824号

内 容 提 要

本书分为两部分，分别介绍了Linux基础应用和企业级系统管理。Linux基础应用包括GNU/Linux历史、Linux系统安装、Linux基本操作、VI编辑器的使用、用户管理、文件系统目录与磁盘管理、输入/输出及管道、文件查找及归档、Linux的开机与启动、shell 基础及编程；企业级系统管理包括系统监视、软件包的安装、Linux进程管理、服务与计划任务、设备管理与文件系统。本书基础知识介绍清楚，实例丰富，语言流畅，习题、实训丰富，适合Linux操作系统管理的教学需要。

本书适合作为高职高专院校计算机类专业 Linux 操作系统管理课程的配套教材，也可供从业人员学习参考。

◆ 主　　编　朱　龙　贾如春
　副 主 编　张倩莉　乔治锡
　责任编辑　桑　珊
　责任印制　杨林杰

◆ 人民邮电出版社出版发行　　北京市丰台区成寿寺路 11 号
　邮编　100164　　电子邮件　315@ptpress.com.cn
　网址　http://www.ptpress.com.cn
　固安县铭成印刷有限公司印刷

◆ 开本：787×1092　1/16
　印张：16　　　　　　　　　　2015 年 8 月第 1 版
　字数：419 字　　　　　　　　2021 年 6 月河北第 7 次印刷

定价：39.80 元

读者服务热线：(010)81055256　印装质量热线：(010)81055316

反盗版热线：(010)81055315

前言 PREFACE

在自由软件蓬勃发展的今天，Linux 操作系统作为自由软件中的重要一员，已经在全球服务器及桌面应用领域占据了不可替代的重要地位。尤其是现在云计算技术日益普及，我们有必要提前学习和掌握作为其支撑基础的 Linux 操作系统。

目前，随着国家在信息安全领域面临的形势日益严峻，信息安全被提到了特别的高度，我们也迫切需要实现信息技术领域软、硬件“安全可靠，自主可控”的目标。因此，国家提出了信息技术硬件、软件的“国产化”的要求。

就当前而言，主要的国产操作系统均源自于开源的 Linux 操作系统，因此，学好开源的 Linux 操作系统可以为掌握和运用国产操作系统打下扎实的基础。

普华基础软件股份有限公司作为国产操作系统研发的排头兵，已经具备了丰富的 Linux 操作系统研发经验，并推出了一系列国产操作系统发行版本。

为满足广大读者学习和掌握 Linux 操作系统及国产操作系统的迫切需求，四川信息职业技术学院与普华基础软件股份有限公司进行校企合作，共同编写了此书。为适应开源软件教学及国产操作系统的推广，本书在操作系统的安装一章，特别介绍了普华公司发行的国产 iSoft Server 操作系统及开源 CentOS 6.4 操作系统两个发行版的安装方法。

本书的知识点及技能点涵盖全面，在第一部分基础应用的基础上，引入了第二部分企业级系统管理技术，力求为读者提供更多的参考。本书既包含常用的基础操作介绍，又特别注重系统管理技能的讲解，因此在 shell 编程、系统监控、进程管理等方面均用了较多篇幅。同时，为便于读者学习和掌握，针对高职学生的特点，加入了大量容易理解和操作的典型实例，每章后面都配有适量的练习题及较综合的实训以强化所学知识。

本书由朱龙、贾如春任主编，张倩莉、乔治锡任副主编，杨雨锋、刘长君为参编。其中朱龙完成了第 7 章、第 9 章、第 10 章、第 14 章及统稿工作，贾如春完成了第 6 章、第 13 章及全书校对工作，张倩莉完成了第 2 章、第 3 章、第 5 章、第 12 章，乔治锡完成了第 11 章，杨雨锋完成了第 8 章、第 15 章，刘长君完成了第 1 章、第 4 章。

在本书的编写过程中，普华基础软件股份有限公司贺维佳老师提供了若干资料，并提出了宝贵的指导意见，在此表示衷心感谢！

由于编者水平有限，书中难免有不足和错误之处，敬请读者批评指正！

编者

2015 年 6 月

目 录 CONTENTS

第1部分 Linux基础应用

第1章 GNU/Linux历史 2

1.1 UNIX简介 2
1.1.1 什么是操作系统 2
1.1.2 UNIX操作系统的历史 3
1.1.3 UNIX系统的特性 3
1.2 GNU简介 4
1.3 Linux起源与简介 4
1.3.1 Linux系统的特点 5
1.3.2 我们为什么要用Linux 6
1.3.3 Linux的内核版本与发行版本 7
习题1 12
实训1 13

第2章 Linux系统安装 14

2.1 了解Linux安装的系统需求 14
2.2 安装系统 15
2.2.1 安装iSoft Server Os V3.0 15
2.2.2 安装CentOS6.4 23
2.3 Linux系统配置 34
2.4 启动过程 37
2.4.1 进入Linux图形界面 37
2.4.2 虚拟终端 38
2.4.3 INIT进程 39
2.4.4 系统运行级别 40
2.5 虚拟机下的Linux安装 40
2.5.1 什么是虚拟机 40
2.5.2 VMware虚拟机软件简介 41
2.5.3 虚拟机下Linux的安装 42
2.5.4 VMware Tools的安装 43
习题2 44
实训2.1 在VMware中安装iSoft Server Os V3.0系统 44
实训2.2 在VirtualBox中安装iSoft Server Os V3.0系统 45
实训2.3 在虚拟机中安装CentOS 6.4系统 45

第3章 Linux基本操作 47

3.1 命令行界面简介 47
3.1.1 Linux系统的启动 47
3.1.2 Linux系统口令的修改 49
3.1.3 Linux系统的关闭 50
3.1.4 虚拟控制台 50
3.1.5 命令行特征 50
3.2 命令行帮助 51
3.3 导航命令 52
3.3.1 pwd命令 52
3.3.2 cd命令 52
3.3.3 ls命令 52
3.3.4 su命令 53
3.3.5 who命令 53
3.3.6 which命令 53
3.4 文件与目录基本操作 53
3.4.1 touch命令 53
3.4.2 cp命令 54
3.4.3 mv命令 54
3.4.4 rm命令 54
3.4.5 mkdir命令和rmdir命令 54

3.5 文件查看命令 54
3.5.1 file 命令 54
3.5.2 cat 命令 55
3.5.3 head 命令 55
3.5.4 less 命令 55
3.5.5 more 命令 55
习题 3 55
实训 3 操作文件和目录 56

第 4 章 VI 编辑器的使用 58

4.1 VI 编辑器的 3 种模式 58
4.2 VI 编辑器的常用命令及操作 59
习题 4 61
实训 4 使用 VI 编辑器 62

第 5 章 用户管理 64

5.1 用户类别 64
5.2 用户管理 65
5.2.1 添加用户 65
5.2.2 权限设置 66
5.2.3 删除和查封用户 68
5.2.4 超级用户 68
5.2.5 批量添加用户 69
5.3 用户组管理 70
5.3.1 用户组的实例 70
5.3.2 将用户添加至用户组 71
5.3.3 添加用户组 71
5.3.4 删除用户组 71
5.3.5 设置群组密码 71
5.3.6 修改群组记录 72
5.3.7 在用户组间切换 72
5.3.8 图形界面中的用户组管理 73
5.4 用户口令安全 73
5.4.1 passwd 文件 74
5.4.2 系统默认账号 75
5.4.3 安全密码 75
习题 5 76
实训 5 用户和组操作 76

第 6 章 文件系统目录与磁盘管理 78

6.1 Linux 支持的文件系统类型简介 78
6.1.1 ext4 文件系统特点 79
6.1.2 创建文件系统 80
6.1.3 挂载/卸载文件系统 82
6.1.4 自动挂载分区 83
6.2 Linux 系统目录结构 84
6.3 文件名与文件类型 88
6.3.1 文件名 88
6.3.2 文件类型 88
6.3.3 绝对路径和相对路径 89
6.4 目录权限 90
6.4.1 许可的含义 90
6.4.2 改变许可 91
6.5 文件或目录的默认模式 92
6.5.1 查看当前目录 93
6.5.2 查看目录或者文件信息 93
6.5.3 切换目录 93
6.5.4 查看文件内容 94
6.5.5 创建文件 95
6.5.6 创建目录 95
6.5.7 删除文件或目录 96
6.5.8 复制文件或目录 96
6.5.9 移动文件或者目录 96
6.5.10 创建硬链接和软链接 97
6.5.11 文件的查找及操作 97
6.6 管理文件与目录权限 98

6.6.1 权限概述 98

6.6.2 权限分类 98

6.6.3 权限的表示 98

6.7 查看权限信息 99

6.8 更改文件与目录权限 99

6.9 更改文件与目录所属用户和组 100

6.9.1 更改文件与目录所属用户 100

6.9.2 更改文件与目录所属组 100

6.9.3 更改默认权限 100

6.10 磁盘配额 101

6.11 让分区支持磁盘配额 101

6.12 创建磁盘配额文件 101

6.13 执行 edquota 命令，设置用户和组的配额 102

6.14 设定宽限时间 103

6.15 启动和关闭磁盘配额 104

习题 6 104

实训 6 105

第 7 章 输入/输出及管道 107

7.1 标准输入/输出及错误输出 107

7.2 重定向 108

7.2.1 输入重定向 108

7.2.2 输出重定向 108

7.3 管道 110

7.4 综合应用 111

习题 7 111

实训 7 112

第 8 章 文件查找及归档 113

8.1 文件的搜索指令 113

8.1.1 locate 命令 113

8.1.2 slocate 命令 114

8.1.3 find 命令 114

8.1.4 whereis 命令 114

8.1.5 which 命令 114

8.2 常用的文件操作指令 115

8.2.1 head 命令 115

8.2.2 tail 命令 115

8.2.3 less 命令 115

8.2.4 more 命令 115

8.2.5 grep 命令 115

8.2.6 sort 命令 116

8.2.7 uniq 命令 117

8.2.8 tr 命令 118

8.2.9 cut 命令 119

8.2.10 paste 命令 120

8.3 文件的压缩与解压命令 121

8.3.1 zip 命令 121

8.3.2 unzip 命令 121

8.3.3 其他 121

8.3.4 tar 命令 122

习题 8 123

实训 8 文件查找及归档 124

第 9 章 Linux 系统的开机与启动 126

9.1 Linux 系统的启动过程 126

9.1.1 内核引导 126

9.1.2 运行 init 127

9.1.3 系统初始化 129

9.1.4 建立终端 130

9.1.5 用户登录系统 130

9.2 系统备份 132

习题 9 134

实训 9 134

第 10 章　shell 基础及编程　137

10.1　shell 的基本概念　137
10.2　主要的 shell 类型　138
10.3　shell 的主要功能　138
10.3.1　解释用户输入的终端命令　138
10.3.2　定制用户的环境　138
10.3.3　脚本编程，自动批处理　139
10.4　shell 的命令解析过程　139
10.5　shell 与系统登录过程　139
10.6　shell 脚本　140
10.7　shell 程序的创建和执行　140
10.8　shell 基本语法　141
10.8.1　echo 命令　141
10.8.2　插入注解　141
10.8.3　shell 变量　142
10.8.4　命令别名 alias　147
10.8.5　命令替换　147
10.8.6　数值运算　148
10.8.7　算术展开　149
10.9　shell 命令行　149
10.9.1　命令分隔符　150
10.9.2　命令行补全功能　150
10.9.3　shell 中的模式匹配　150
10.10　正则表达式　151
10.11　grep　152
10.11.1　grep 的选项　153
10.11.2　在 grep 中使用正则表达式　153
10.12　条件语句　154
10.12.1　test 和[ ]命令　154
10.12.2　if 选择语句　154
10.12.3　算术测试　155
10.12.4　串测试　156
10.12.5　文件测试　157
10.12.6　exit 命令　158
10.12.7　case…esac 分支语句　159
10.13　循环命令　161
10.13.1　while 循环语句　161
10.13.2　until 循环语句　162
10.13.3　for 循环语句　162
10.13.4　break 和 continue 命令　164
习题 10　166
实训 10.1　shell 编程　167
实训 10.2　附加练习　170

第 2 部分　企业级系统管理

第 11 章　系统监视　172

11.1　系统监视的必要性　172
11.2　系统监视应用分类及基线制定　173
11.2.1　应用类型　173
11.2.2　系统监视的基线（baseline）制定 173
11.3　系统监视常用工具及应用　174
11.3.1　系统监视常用工具　174
11.3.2　CPU 监视及瓶颈判断　174
11.3.3　Memory 性能监视　178
11.3.4　IO 性能监视　180
11.3.5　network 性能监视　181
11.4　系统日志管理　182
11.4.1　日志分类　184
11.4.2　Linux 日志服务介绍　186
11.4.3　Linux 日志服务器配置　186
11.4.4　Linux 日志转储服务　187
习题 11　189
实训 11　190

第 12 章　软件包的安装　191

12.1　管理 RPM 包　191
12.1.1　用 RPM 包安装软件　191
12.1.2　升级 RPM 包　192
12.1.3　查询软件包　192
12.1.4　卸载已安装的 RPM 包　192
12.1.5　*.src.rpm 形式的源代码软件包安装　192
12.2　RPM 包的制作　193
12.2.1　rpmbuild 工具　193
12.2.2　RPM 源码包的编译　193
12.2.3　软件包描述文件 SPEC　194
12.2.4　典型 SPEC 文件分析　195
12.2.5　创建 RPM 包　196
12.3　源码包安装　197
12.3.1　用.tar.gz 源码包安装软件　197
12.3.2　*.bin 格式安装文件的安装　197
12.4　使用 YUM 来管理软件包　198
12.4.1　YUM 命令　198
12.4.2　用 YUM 查询想安装的软件　198
习题 12　199
实训 12　安装软件包　199

第 13 章　Linux 进程管理　201

13.1　进程概述　201
13.1.1　进程的概念　201
13.1.2　Linux 中的进程　202
13.2　Linux 进程管理　202
13.2.1　ps 命令　206
13.2.2　kill 命令　208
13.3　守护进程　209
13.3.1　守护进程的概念　209
13.3.2　xinetd　210
13.3.3　守护进程管理工具　210
习题 13　213
实训 13　214

第 14 章　服务与计划任务　215

14.1　Linux 服务管理　215
14.1.1　Linux 服务管理工具　215
14.1.2　服务管理　216
14.2　SSH 服务器的简介及客户端的使用　216
14.2.1　SSH 服务器简介　216
14.2.2　SSH 服务器的配置与访问　217
14.3　作业控制　220
习题 14　223
实训 14　223

第 15 章　设备管理与文件系统　225

15.1　设备管理　225
15.2　文件系统管理　226
15.3　Linux 下卷标的使用　229
15.4　iSCSI 技术的应用　229
习题 15　231
实训 15　设备管理与文件系统　231

附录 1　shell 正则表达式　233

附录 2　正则表达式实例　242

第1部分

Linux 基础应用

PART 1

第1章 GNU/Linux 历史

本章教学重点

- UNIX 简介
- GNU/GPL 简介
- Linux 的起源与简介

1.1 UNIX 简介

1.1.1 什么是操作系统

操作系统是一种特殊的用于控制计算机（硬件）的程序（软件）。

操作系统在资源使用者和资源之间充当中间人的角色。为众多的消耗者协调分配有限的系统资源。系统资源包括 CPU、内存、磁盘及打印机等。

当用户要运行一个程序时，操作系统必须先将程序载入内存。当程序执行时，操作系统会让程序使用 CPU。在一个分时系统中，通常会有多个程序在同一时刻试图使用 CPU。

操作系统控制应用程序有序地使用 CPU，就好像一个交通警察在复杂的十字路口指挥交通。十字路口就像 CPU；每一条在路口交汇的支路就像一个程序，在同一时间，只有一条路的车可以通过这个路口；而交通警察的作用就是指挥让哪一条路的车通过，直到让所有车辆都通过路口。CPU 工作原理如图 1-1 所示。

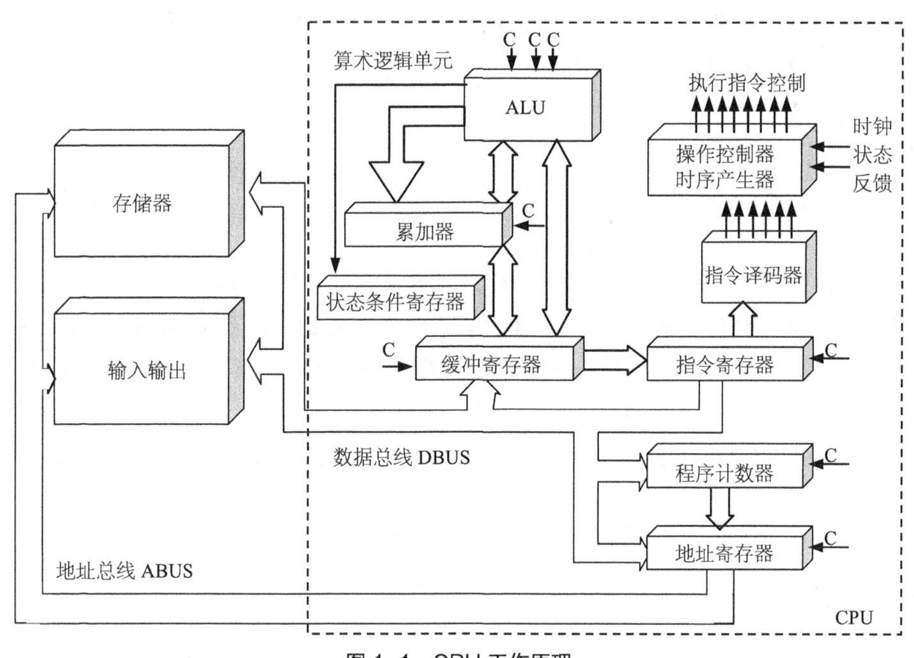

图 1-1　CPU 工作原理

1.1.2　UNIX 操作系统的历史

UNIX 操作系统于 1969 年在贝尔实训室诞生。在 20 世纪 70 年代中期，一些大学得到使用 UNIX 的许可，很快，UNIX 便在学院之间得到广泛流行。

最早的 UNIX 系统只占用 512K 字节的磁盘空间，其中系统内核使用 16K，用户程序使用 8K，文件使用 64K。它突出表现为以下两个优点。

- 灵活：源代码是可利用的，UNIX 是用高级语言写成的，提高了操作系统的可移植性。
- 便宜：大学能以一盘磁带的价格得到一个 UNIX 系统的使用许可。早期的 UNIX 系统提供了强大的性能，使其能在许多昂贵的计算机上运行。

以上优点在当时掩盖了系统的不足：没有技术支持；bug 的修补也得不到保证；几乎没有说明文档，用户有问题通常只能去看源代码。

当 UNIX 传播到位于 California 的 Berkeley 大学的时候，Berkeley 大学的使用者创建了自己的 UNIX 版本，在得到国防部的支持后，他们开发出了许多新的特性。但是，作为一个研究机构，Berkeley 大学提供的版本和 AT&T 的版本一样，也没有技术支持。

当 AT&T 意识到这种操作系统的潜力后，就开始将 UNIX 不断完善并走向商业化。

1.1.3　UNIX 系统的特性

归纳起来，UNIX 系统具有如下特性。

（1）是一个多用户、多任务系统。

（2）支持模块化结构，能适应许多的应用环境。

（3）系统源代码用 C 语言写成，具有良好的可移植性。

（4）使用了层次化的文件系统。

（5）具有功能强大的 shell，能完成许多复杂的操作。

(6)具有强大的网络支持能力，是 Internet 上各种服务器的首选操作系统。

(7)具有良好的稳定性。

(8)具有安全保护机制。

1.2 GNU 简介

GNU 计划，又称革奴计划，是由 Richard Stallman 在 1983 年 9 月 27 日公开发起的。它的目标是创建一套完全自由的操作系统。Richard Stallman 最早是在 net.unix-wizards 新闻组上公布该消息，并附带了《GNU 宣言》等解释为何发起该计划的文章，其中一个理由就是要“重现当年软件界合作互助的团结精神”。

GNU 是“GNU's Not Unix”的递归缩写。Stallman 宣布 GNU 应当发音为 Guh-NOO 以避免与 new 这个单词混淆(注：Gnu 在英文中原意为非洲牛羚，发音与 new 相同)。UNIX 是一种广泛使用的商业操作系统的名称。由于 GNU 将要实现 UNIX 系统的接口标准，因此 GNU 计划可以分别开发不同的操作系统部件。GNU 计划采用了部分当时已经可自由使用的软件，例如 TeX 排版系统和 X Window 视窗系统等。不过 GNU 计划也开发了大批其他的自由软件。

为保证 GNU 软件可以自由地“使用、复制、修改和发布”，所有 GNU 软件都遵守 GNU 通用公共许可证(GNU General Public License，GPL)。GPL 是一份禁止其他人添加任何限制的情况下授权所有权利给任何人的协议条款。这个就是被称为“反版权”(或称 Copyleft)的概念。

1985 年 Richard Stallman 又创立了自由软件基金会(Free Software Foundation，缩写为 FSF)来为 GNU 计划提供技术、法律以及财政支持。尽管 GNU 计划大部分时候是由个人自愿无偿贡献，但 FSF 有时还是会聘请程序员帮助编写。当 GNU 计划逐渐获得成功时，一些商业公司开始介入开发和技术支持。当中最著名的就是之后被 Red Hat 兼并的 CygnusSolutions。

到了 1990 年，GNU 计划已经开发出的软件包括了一个功能强大的文字编辑器 Emacs，C 语言编译器 GCC，以及大部分 UNIX 系统的程序库和工具。唯一依然没有完成的重要组件就是操作系统的内核(称为 Hurd)。

1991 年 Linus Torvalds 编写出了与 UNIX 兼容的 Linux 操作系统内核并在 GPL 条款下发布。Linux 之后在网上广泛流传，许多程序员参与了开发与修改。1992 年 Linux 与其他 GNU 软件结合，完全自由的操作系统正式诞生。该操作系统通常被称为“GNU/Linux”或简称 Linux。(尽管如此，GNU 计划自己的内核 Hurd 依然在开发中，目前已经发布 Beta 版本。)

许多 UNIX 系统上也安装了 GNU 软件，因为 GNU 软件的质量比之前 UNIX 的软件还要好。GNU 工具还被广泛地移植到 Windows 和 MacOS 上。

1.3 Linux 起源与简介

Linux 是一套免费使用和自由传播的类 UNIX 操作系统。我们通常所说的 Linux，指的是 GNU/Linux，即采用 Linux 内核的 GNU 操作系统。

关于 GPL（GNU 通用公共许可证）：大多数软件（尤其是商业软件）的许可证目的就是要封装源代码，缺乏客户对软件的安全自控权。相比之下，GNU 通用公共许可证（GPL）则主要是为了保证每一个用户的共享和修改自由软件的自由。即保证自由软件对所有用户都是自由的。

1.3.1 Linux 系统的特点

Linux 操作系统在短短的几年之内得到了非常迅猛的发展，这与 Linux 具有的良好特性是分不开的。Linux 包含了 UNIX 的全部功能和特性。简单地说，Linux 具有以下主要特性。

1．开放性

开放性是指系统遵循世界标准规范，特别是遵循开放系统互联（OSI）国际标准。凡遵循国际标准所开发的硬件和软件，都能彼此兼容，可方便地实现互联。

2．多用户

多用户是指系统资源可以被不同用户各自拥有并使用，即每个用户对自己的资源（如文件、设备）有特定的权限，互不影响。Linux 和 UNIX 都具有多用户的特性。

3．多任务

多任务是现代计算机的最主要的一个特点。它是指计算机同时执行多个程序，而且各个程序的运行互相独立。Linux 系统调度每一个进程，平等地访问微处理器。由于 CPU 的处理速度非常快，其结果是，启动的应用程序看起来好像在并行运行。事实上，从处理器执行一个应用程序中的一组指令到 Linux 调度微处理器再次运行这个程序之间只有很短的时间延迟，用户是感觉不出来的。

4．良好的用户界面

Linux 向用户提供了两种界面：用户界面和系统调用。Linux 的传统用户界面是基于文本的命令行界面，即 shell，它既可以联机使用，又可存在文件上脱机使用。shell 有很强的程序设计能力，用户可方便地用它编制程序，从而为用户扩充系统功能提供了更高级的手段。可编程 shell 是指将多条命令组合在一起，形成一个 shell 程序，这个程序可以单独运行，也可以与其他程序同时运行。

系统调用给用户提供编程时使用的界面。用户可以在编程时直接使用系统提供的系统调用命令。系统通过这个界面为用户程序提供低级、高效率的服务。Linux 还为用户提供了图形用户界面。它利用鼠标、菜单、窗口、滚动条等，给用户呈现一个直观、易操作、交互性强的友好的图形化界面。

5．设备独立性

设备独立性是指操作系统把所有外部设备统一当作文件来看待，只要安装它们的驱动程序，任何用户都可以像使用文件一样，操纵、使用这些设备，而不必知道它们的具体存在形式。

具有设备独立性的操作系统，通过把每一个外围设备看作一个独立文件来简化增加新设备的工作。当需要增加新设备时，系统管理员就在内核中增加必要的连接。这种连接（也称作设备驱动程序）保证每次调用设备提供服务时，内核以相同的方式来处理它们。当新的及更好的外设被开发并交付给用户时，允许这些设备连接到内核，可以不受限制地立即访问它们。设备独立性的关键在于内核的适应能力。其他操作系统只允许一定数量或一定种类的外部设备连接。而设备独立性的操作系统能够容纳任意种类及任意数量的设备，因为每一个设备都是通过其与内核的专用连接独立进行访问。

Linux 是具有设备独立性的操作系统，它的内核具有高度适应能力，随着更多的程序员加入 Linux 编程，会有更多硬件设备加入到各种 Linux 内核和发行版本中。另外，由于用户可以免费得到 Linux 的内核源代码，因此，用户可以修改内核源代码，以便适应新增加的外部设备。

6．提供了丰富的网络功能

完善的内置网络是 Linux 的一大特点。Linux 在通信和网络功能方面优于其他操作系统。其他操作系统不包含如此紧密地和内核结合在一起的连接网络的能力，也不具有这些联网灵活性的特性。而 Linux 为用户提供了完善的、强大的网络功能。

支持 Internet 是其网络功能之一。Linux 免费提供了大量支持 Internet 的软件，Internet 是在 UNIX 领域中建立并繁荣起来的，在这方面使用 Linux 是相当方便的，用户能用 Linux 与世界上的其他人通过 Internet 网络进行通信。

文件传输是其网络功能之二。用户能通过一些 Linux 命令完成内部信息或文件的传输。

远程访问是其网络功能之三。Linux 不仅允许进行文件和程序的传输，它还为系统管理员和技术人员提供了访问其他系统的窗口。通过这种远程访问的功能，一位技术人员能够有效地为多个系统服务，即使那些系统位于相距很远的地方。

7．可靠的系统安全

Linux 采取了许多安全技术措施，包括对读和写进行权限控制、带保护的子系统、审计跟踪、核心授权等，这为网络多用户环境中的用户提供了必要的安全保障。

8．良好的可移植性

可移植性是指将操作系统从一个平台转移到另一个平台使它仍然能按其自身的方式运行的能力。

Linux 是一种可移植的操作系统，能够在从微型计算机到大型计算机的任何环境中和任何平台上运行。可移植性为运行 Linux 的不同计算机平台与其他任何机器进行准确而有效的通信提供了手段，不需要另外增加特殊的和昂贵的通信接口。

1.3.2 我们为什么要用 Linux

在软件技术高速发展，操作系统多元化的年代，要具有自身特色才能得到用户青睐，比如 Macs 系统的文弱高雅，Windows 系统的简单易用都能让它们占据消费领域的一席之地。可是 Linux 这样一个操作复杂到令人讨厌的系统为何也能得到如此多的信赖，应该说这也完全得益于它鲜明的特色。虽然 Linux 可能不会成为所有人的选择，但是对于想保证数据安全和痴迷于技术的人们，Linux 永远是最佳的选择。

（1）Linux 是“免费”的，上面又有很多“免费”的软件。

（2）Windows 简单易用，但安全性弱。

（3）想学习 UNIX，可先从 Linux 开始。

（4）Linux 开放源代码。而且还很活跃，发展前景广阔。

（5）基于 Linux 的并行计算，不但费用低廉，而且功能强大，有潜力，重要的是有源代码。

（6）Linux 潜在的商业价值不可限量，性能相当好，稳定性也很好，用其替换商业操作系统是明智的选择。

（7）Oracle，Infomix，Sysbase，IBM 都支持 Linux，用其作为数据库平台是不错的选择。

（8）Linux 遵循公共版权许可证（GPL），不用买许可证。

（9）崇尚自由软件精神和梦想，贡献自己的力量。

1.3.3 Linux 的内核版本与发行版本

Linux 内核版本号格式如下。

```
major.minor.patch-build.desc
```

（1）major：表示主版本号，有结构性变化时才变更。

（2）minor：表示次版本号，新增功能时才发生变化；一般奇数表示测试版，偶数表示稳定版。

（3）patch：表示对次版本的修订次数或补丁包数。

（4）build：表示编译（或构建）的次数，每次编译可能对少量程序做优化或修改，但一般没有大的（可控的）功能变化。

（5）desc：用来描述当前的版本特殊信息；其信息由编译时指定，具有较大的随意性，但也有一些描述标识是常用的，内容如下。

① RC（有时也用字母 R），表示候选版本（Release Candidate），RC 后的数字表示该正式版本的第几个候选版本，多数情况下，各候选版本之间数字越大越接近正式版。

② SMP，表示对称多处理器（Symmetric Multi Processing）。

③ pp，在 Red Hat Linux 中常用来表示测试版本（pre-patch）。

④ EL，在 Red Hat Linux 中用来表示企业版 Linux（Enterprise Linux）。

⑤ mm，表示专门用来测试新的技术或新功能的版本。

⑥ FC，在 Red Hat Linux 中表示 Fedora Core。

然而在发行版中，Alpha 版本是内部测试版，是比 Beta 版还早的测试版，一般不向外部发布，会有很多 Bug，除非你也是测试人员，否则不建议使用。

Beta 版本是测试版，这个阶段的版本会一直加入新的功能。

RC 版本（Release Candidate）是发行候选版本。和 Beta 版最大的差别在于 Beta 阶段会一直加入新的功能，但是到了 RC 版本，几乎不会加入新的功能了，而主要着重于除错。

RTM 版本（Release to Manufacture）是给工厂大量压片的版本，内容跟正式版是一样的。OEM 版本是给计算机厂商随着计算机贩卖的，也就是随机版。只能随机器出货，不能零售。只能全新安装，不能从旧有操作系统升级。如果买笔记本电脑或品牌计算机就会有随机版软件。包装不像零售版精美，通常只有一面 CD 和说明书（授权书）。

RTL 版本（Retail）是真正的正式版，正式上架零售版。

然而一个完整的操作系统不仅仅是内核而已。Linux 操作系统与其内核的关系就类似于一辆完整的汽车与其发动机的关系。Linux 操作系统是在 Linux 内核的基础上再加上 shell、图形界面、管理工具和其他各种实用软件，它比内核庞大得多。

所以许多个人、组织和企业开发了基于 GNU/Linux 的 Linux 发行版。今天有不计其数的发行版可供人们选择使用，虽然不够统一的标准给不同版本的使用者在技术沟通中带来了一定的麻烦，但归根结底“自由、开源、团结互助”的理念是 Linux 爱好者们共同的向往。

在众多的 Linux 发行版当中有许多杰出的作品，介绍如下。

1. iSoft

普华基础软件股份技术有限公司（简称普华基础软件），隶属于中国电子科技集团，是国家基础软件建设的重要团队。以 2014 年为标志，普华基础软件通过自主创新和资源整合，扛起国产软件自主化的大旗，已具备了较为完整的基础软件产业链，包括桌面操作系统、服务器操作系统以及数据库等。普华基础软件股份有限公司 LOGO 如图 1-2 所示。

图 1-2　普华基础软件股份有限公司

普华基础软件致力于发展以网络为计算平台的基础软件产品与服务，核心产品为操作系统、资源虚拟化产品和应用虚拟化产品。全面符合国家制定的 Linux 标准和 LSB4.X 认证规范，同时在多个方面取得了突破性进展，自主研发了全新的“普华软件中心”、“普华系统加速器”等实用软件，为用户打造了一个具备一站式软件管理服务、实时内存查看和清理服务、网络流量实时监控服务等充满个性化和人性化操控体验的系统平台。

（1）服务器操作系统。

普华服务器操作系统以高效、稳定、安全为突破点，基于最新稳定内核、提供中文化的操作系统环境和常用图形管理工具，支持多种安装方式，提供完善的系统服务器和网络服务，集成多种易用的编译器并支持众多开发语言，全面的软硬件兼容，提供了一个稳定安全的高端计算平台，满足基于 X86 和国产芯片架构关键应用的系统需求，广泛适用于电信、金融、政府、军队等企业级关键应用。

（2）普华操作系统龙芯版。

普华提供两种支持龙芯 CPU 的龙芯版操作系统，桌面操作系统龙芯版和服务器版操作系统龙芯版。普华操作系统龙芯版全面符合国家制定的 Linux 标准，同时在系统多个方面取得了突破性进展，在芯片和整机厂商的通力合作下，经过严密、规范以及系统的技术研测和适配流程，普华操作系统龙芯版产品在龙芯平台的系统基础性能和应用性能等方面均实现了同类产品的整体领先，全面支持当前主流的龙芯 3A CPU 和下一代的龙芯 3B CPU，同时适配昆仑固件及 PMON 等多种龙芯计算机引导固件。

（3）资源虚拟化产品。

通过资源虚拟化技术，将物理主机改造成虚拟主机，通过智能管理对虚拟主机实现建立、启停、备份、克隆、监控、快照、销毁等一系列管理操作，并通过高效的监控手段，对虚拟主机之间实现负载均衡、热备份、动态迁移和电源管理等功能。以达到 IT 设备资源的细粒度控制为目的，使所有控制内的 IT 基础设施变得更为智能化，以适应弹性计算的需求。

2．Ubuntu

Ubuntu 一词来自于祖鲁语和科萨语。Ubuntu（发音“oo-BOON-too”——“乌班图”）被视为非洲人的传统理念，着眼于人们之间的忠诚和联系。

Ubuntu 于 2004 年 9 月被首次公布。它是基于 Debian 之上，旨在创建一个可以为桌面和服务器提供一个最新且一贯的 Linux 系统。Ubuntu 囊括了大量精挑细选自 Debian 发行版的软件包，同时保留了 Debian 强大的软件包管理系统，以便可以简易地安装或彻底地删除程序。与大多数发行版附带数量巨大的可用可不用的软件不同，Ubuntu 的软件包清单只包含高质量的重要应用程序。Ubuntu LOGO 如图 1-3 所示。

图 1-3 Ubuntu

Ubuntu 提供了一个健壮、功能丰富的计算环境，既适合家用又适用于商业环境。每 6 个月就会发布一个版本，以提供更新更强大的软件。

虽然相对来说 Ubuntu 是发行较晚的 Linux 发行版，但几年过后，Ubuntu 已成长为最流行的桌面 Linux 发行版之一，它朝着发展“易用和免费”的桌面操作系统这一方向做出了极大的努力和贡献，能够与市场上任何一款个人操作系统相竞争。

- 优点：固定的发布周期和支持期限；易于初学者学习；包括官方和用户贡献的丰富的文档。
- 缺点：缺乏与 Debian 的兼容性。

3．Red Hat Linux 与 Fedora Core

Fedora 项目是由 Red Hat 赞助，由开源社区与 Red Hat 工程师合作开发的项目统称。Fedora 的目标是推动自由和开源软件更快地进步。公开的论坛，开放的过程，快速的创新，精英和透明的管理，所有这些都为实现一个自由软件能提供的最好的操作系统和平台。Red-Hat Linux LOGO 如图 1-4 所示。

图 1-4 RedHat Linux

全世界的 Linux 用户最熟悉的发行版想必就是 Red Hat 了。Red Hat 最早由 Bob Young 和 Marc Ewing 在 1995 年创建。凭借收费的 Red Hat Enterprise Linux（RHEL，Red Hat 的企业版），公司开始真正步入盈利时代。而正统的 Red Hat 版本早已停止技术支持，最后一版是 Red Hat 9.0。于是，目前 Red Hat 分为两个系列：由 Red Hat 公司提供收费技术支持和更新的 Red Hat Enterprise Linux，以及由社区开发的免费的 Fedora Core。Fedora Core 1 发布于 2003 年年末，FC 的定位便是桌面用户。FC 提供了最新的软件包，同时，它的版本更新周期也非常短，仅 6 个月。

适用于服务器的版本是 Red Hat Enterprise Linux，而由于这是个收费的操作系统。于是，国内外许多企业或空间商选择 CentOS。CentOS 可以算是 RHEL 的克隆版，但它最大的好处是免费！

- 优点：拥有数量庞大的用户，优秀的社区技术支持，许多创新。
- 缺点：免费版（Fedora Core）版本生命周期太短，多媒体支持不佳。

4. Debian

Debian 最早由 Ian Murdock 于 1993 年创建，其 LOGO 如图 1-5 所示。可以算是迄今为止最遵循 GNU 规范的 Linux 系统。Debian 系统分为 3 个版本分支（branch）：stable，testing 和 unstable。截至 2005 年 5 月，这 3 个版本分支分别对应的具体版本为：Woody，Sarge 和 Sid。其中，unstable 为最新的测试版本，包括最新的软件包，但是也有相对较多的 bug，适合桌面用户。testing 的版本都经过 unstable 中的测试，相对较为稳定，也支持了不少新技术（比如 SMP 等）。而 Woody 一般只用于服务器，上面的软件包大部分都比较过时，但是稳定性和安全性都非常高。

图 1-5 Debian

- 优点：遵循 GNU 规范，100%免费，优秀的网络和社区资源，强大的 apt-get。
- 缺点：安装相对不易，stable 分支的软件极度过时。

5. openSUSE

openSUSE 的开始可追溯到 1992 年，德国的 4 个 Linux 爱好者——Roland Dyroff，Thomas Fehr，Hubert Mantel 和 Burchard Steinbild——共同推出的 SUSE Linux 操作系统下的一个项目（Software und System Entwicklung）。openSUSE 发布频繁，拥有优秀的打印文档，并且在欧洲和北美的商店很容易获得 SUSE Linux，使得 SUSE Linux 越来越受欢迎。openSUSE LOGO 如图 1-6 所示。

图 1-6 openSUSE

SUSE Linux 被 Novell 公司在 2003 年年底收购。之后不久 SUSE Linux 的可用性和许可授权出现了重大变化，YaST 在通用公共许可证（GPL）下发布，ISO 镜像可以从公共下载服务器免费取得。最重要的是，开发版本是第一次对公众开放。自 openSUSE 项目的启动一直到 2005 年 10 月版本 10.0 的发布，最终成为完整并自由发放的版本。openSUSE 的代码已经成为 Novell 的商业产品基础系统，一开始被命名为 NovellLinux，但后来更名为 SUSE Linux Enterprise Desktop 桌面版和 SUSE Linux Enterprise Server 服务器版。

今天，openSUSE 拥有大批满意的用户追随者。为 openSUSE 获得高分的是用户的满意和漂亮的（KDE 和 GNOME）桌面环境，优秀的系统管理工具（YaST），同时为那些购买盒装版的用户提供最好的印刷品与任何可用的文档。

- 优点：综合、直观的配置工具，大量的软件支持，优秀网站的架构和精美的文档库。
- 缺点：Novell 公司与微软在 2006 年 11 月的专利交易看似合法化了微软对 Linux 的知识产权，其桌面安装和图形工具还是有时被视为“臃肿和缓慢”。

6. Mandriva

Mandriva 原名 Mandrake，最早由 Gael Duval 创建并在 1998 年 7 月发布，其 LOGO 如图 1-7 所示。最早 Mandrake 的开发者是基于 Red hat 进行开发的。Red hat 默认采用 GNOME 桌面系统，而 Mandrake 将之改为 KDE。而由于当时的 Linux 普遍比较难安装，不适合第一次接触 Linux 的新手，所以 Mandrake 还简化了安装系统。

图 1-7 Mandriva

Mandrake的开发完全透明化，包括“cooker”。当系统有了新的测试版本后，便可以在cooker上找到。之前Mandrake的新版本的发布速度很快，但从9.0之后便开始减缓。原因之一是希望能够延长版本的生命力以确保稳定性和安全性。

- 优点：友好的操作界面，图形配置工具，庞大的社区技术支持。
- 缺点：部分版本bug较多，最新版本只先发布给Mandrake俱乐部的成员。

7. Slackware

Slackware 由Patrick Volkerding创建于1992年，其LOGO如图1-8所示。算起来应当是历史最悠久的Linux发行版。曾经Slackware非常流行，但是当Linux越来越普及，用户的技术层面越来越广（更多的新手）后，Slackware 渐渐地被新来的人们所遗忘。在其他主流发行版强调易用性的时候，Slackware 依然固执地追求最原始的效率——所有的配置均还是要通过配置文件来进行。

图1-8 Slackware

尽管如此，Slackware 仍然深入人心（大部分都是比较有经验的 Linux 老手）。Slackware稳定、安全，所以仍然有大批的忠实用户。由于Slackware尽量采用原版的软件包而不进行任何修改，所以制造新 bug的几率便低了很多。Slackware的版本更新周期较长（大约1年），但是新版本的软件仍然不间断的提供给用户下载。

- 优点：非常稳定、安全，高度坚持UNIX的规范。
- 缺点：所有的配置均通过编辑文件来进行，自动硬件检测能力较差。

习题 1

一、选择题

1. 使用网络搜索以下（ ）关键词可以搜到Linux相关资料。

A. Linux　　B. Linus Torvalds　　C. 自由软件基金会　　D. GNU GPL

2. 软件的3种模式为（ ）。

A. 商业软件　　B. 共享软件　　C. 自由软件　　D. A、B和C

二、简答题

简述自由软件、共享软件和商业软件的区别。

三、思考题

1. 自由软件创始人是谁？GNU 和 GPL 为何意？
2. 什么是 Linux？其创始人是谁？
3. Linux 与 UNIX 有何异同？
4. Linux 系统有何特点？
5. 什么是 Linux 内核版本？什么是 Linux 的发行版本？常见的发行版本有哪些？
6. 通过网络查阅 Linux 的发展现状如何？

实训 1

通过网络搜索开源软件的发展历史和现状。同时，比较开源软件与商业软件在未来的发展和生存状况。

PART 2

第 2 章 Linux 系统安装

本章教学重点

- Linux 安装的系统需求
- iSoft Server Os V3.0 安装过程
- iSoft Server Os V3.0 在虚拟机中的安装过程
- 系统的个性化设置

各种 Linux 的发行版安装软件都可以通过网上下载。为方便国内初学者对 Linux 的入门学习，本书采用了普华基础软件股份有限公司推出的 Linux 发行版本 iSoft Server Os V3.0 及使用比较普遍的 CentOS 6.4 为例讲解安装步骤。iSoft Server Os V3.0 系统安装软件可以通过官方网站下载获得。下载地址：http://www.i-soft.com.cn。

2.1 了解 Linux 安装的系统需求

安装 iSoft Server Os V3.0 之前，需要做一些前期准备工作，其中包括：备份数据、 硬件检查、制作驱动盘、准备硬盘分区等。最好将硬盘上的重要数据备份到光盘、U 盘等存储介质上，以避免在安装过程中发生意外，带来不必要的损失。通常要做备份的内容包括系统分区表、系统中的重要文件和数据等。

- 安装 iSoft Server Os V3.0 系统的计算机内存必须等于或者大于 628MB（最小内存 628MB），才能启用图形安装模式。
- iSoft Server Os V3.0 的系统安装方式分为图形安装模式和文本安装模式。
- iSoft Server Os V3.0 文本安装模式不支持自定义分区，建议使用图形安装模式安装。
- iSoft Server Os V3.0 系统运行方式分为带图形界面、可以用鼠标操作的图形化方式和不带图形界面、直接用命令行操作的文本方式（CentOS minimal 版本默认是以文本方式运行，在系统安装的过程中没有系统运行方式的自定义选项）。

2.2 安装系统

2.2.1 安装 iSoft Server Os V3.0

具体步骤如下。

（1）开始安装。完成安装程序的引导，进入图形化安装界面，如图 2-1 所示。

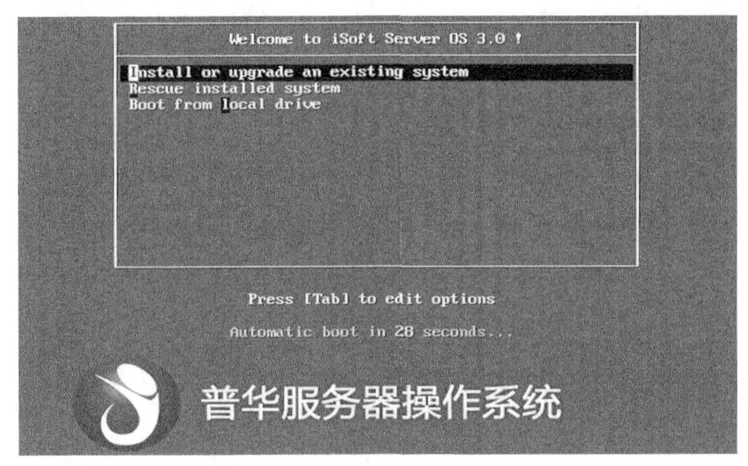

图 2-1 引导界面

界面说明如下。

- Install or upgrade an existing system：安装或升级现有的系统。
- Rescue installed system：进入系统修复模式。
- Boot from local drive：退出安装从硬盘启动。

这里选择第一项，安装或升级现有的系统，回车。

（2）系统提示不支持硬件检测，选择“OK”即可，如图 2-2 所示。

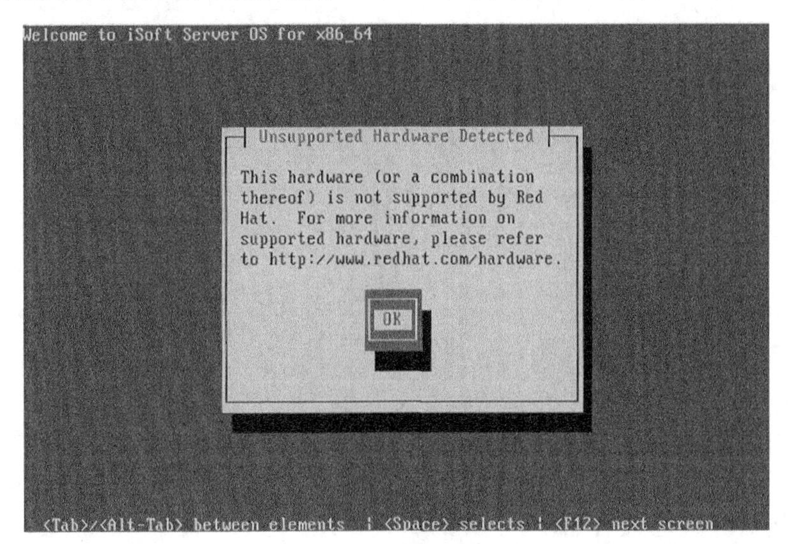

图 2-2 设备检测提示

（3）出现引导界面，单击“Next”按钮，如图 2-3 所示。

图 2-3　引导界面

（4）选择安装系统过程中使用的语言，默认“简体中文”，也可选“English”，回车即可，如图 2-4 所示。

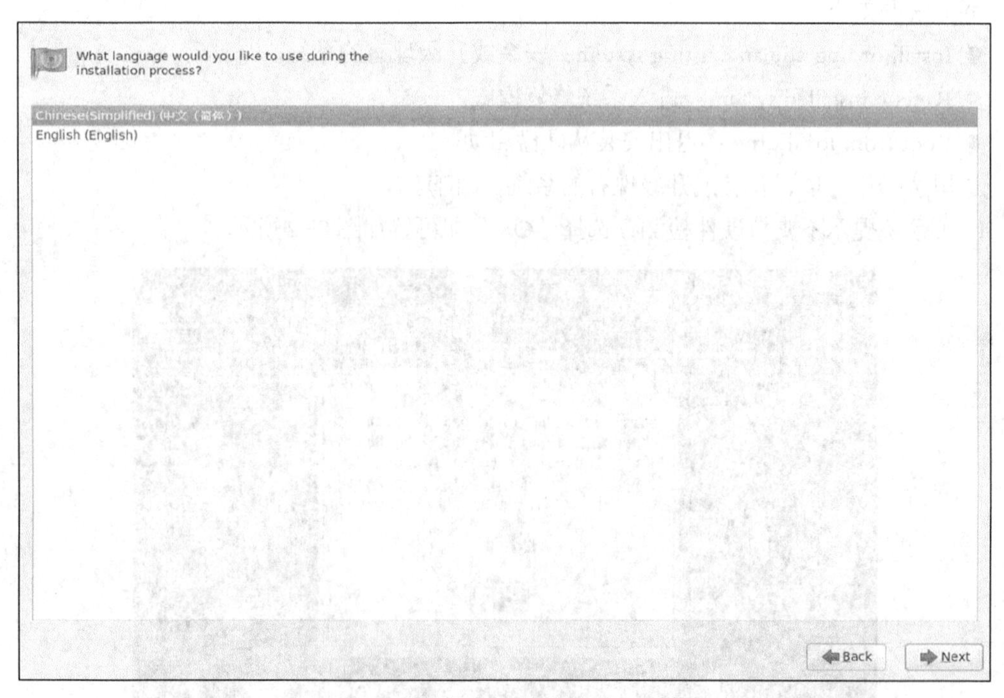

图 2-4　语言选择

（5）选择第一项，基本存储设备，如图 2-5 所示。

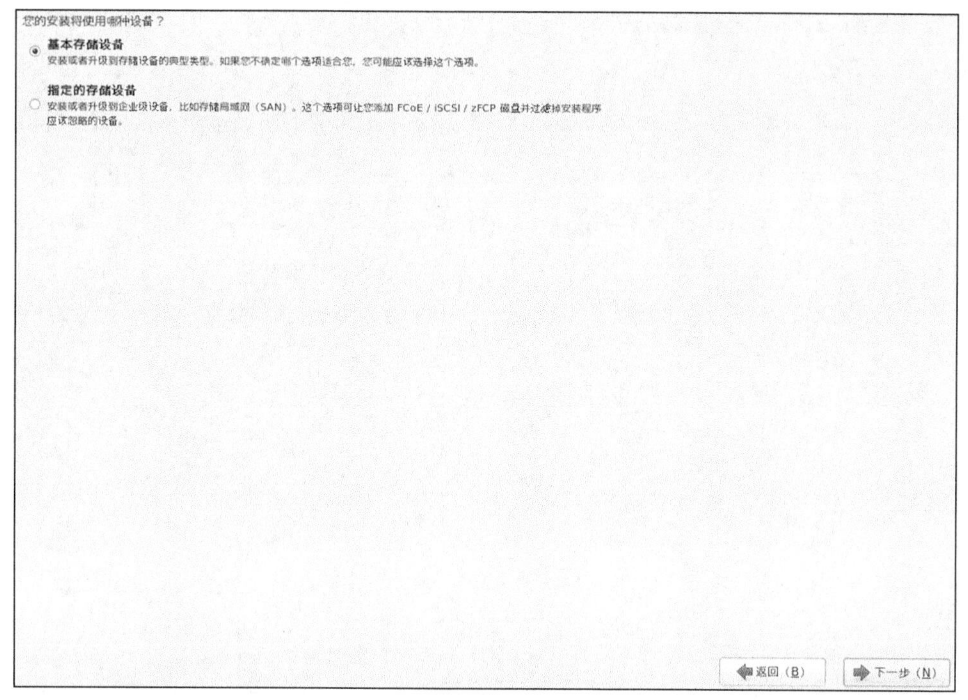

图 2-5 设备种类

（6）询问是否忽略所有数据，新安装系统单击“是，忽略所有数据”按钮，如图 2-6 所示。

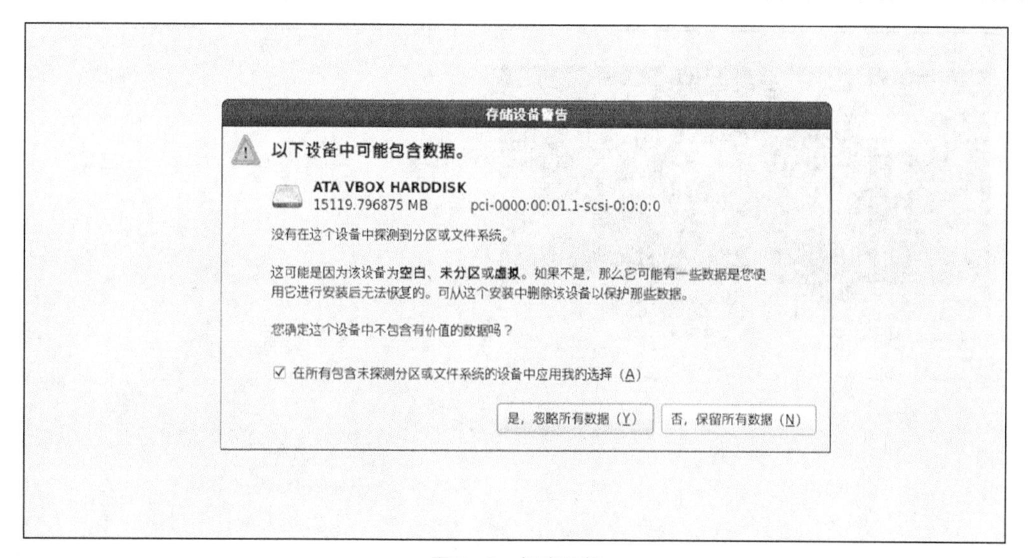

图 2-6 忽略设备

（7）进入计算机命名界面，根据自己喜好为这台计算机命名，系统默认为“localhost.localdomain”，如图 2-7 所示。

图 2-7　计算机命名

（8）选择距离时区最近的城市，如图 2-8 所示。

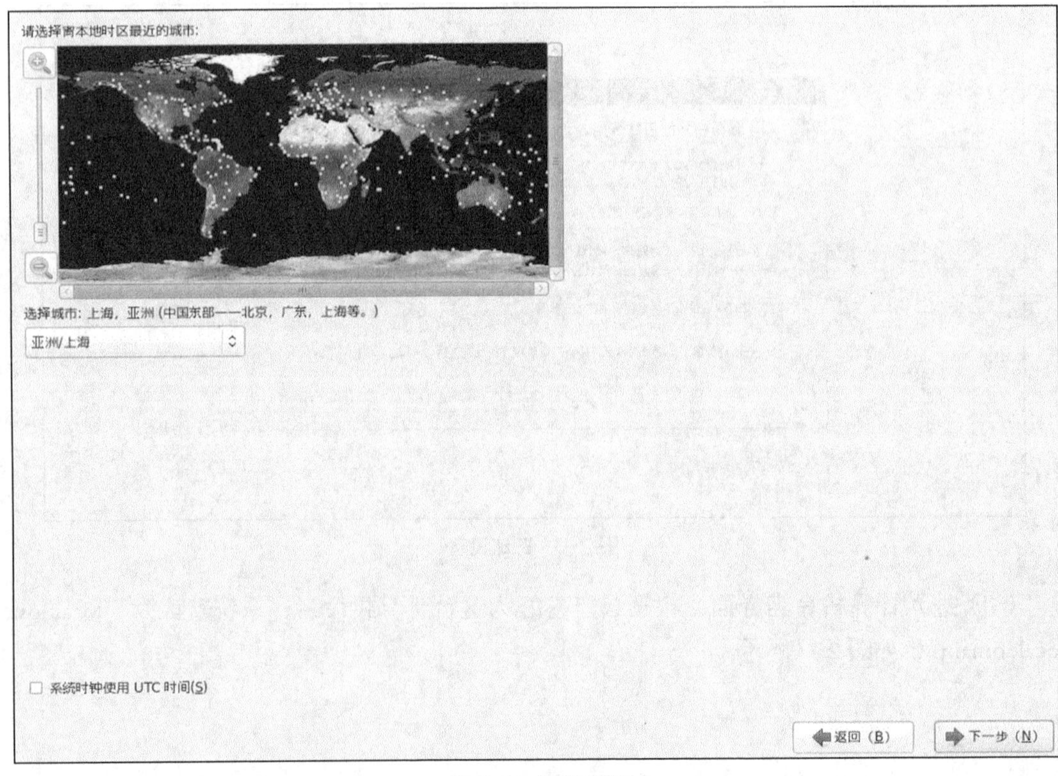

图 2-8　选择城市

（9）设置 root 的密码，如图 2-9 所示。如果使用的密码过于简单，系统会提示密码过于简单，可继续强制使用，但建议将密码设置得符合安全性要求。

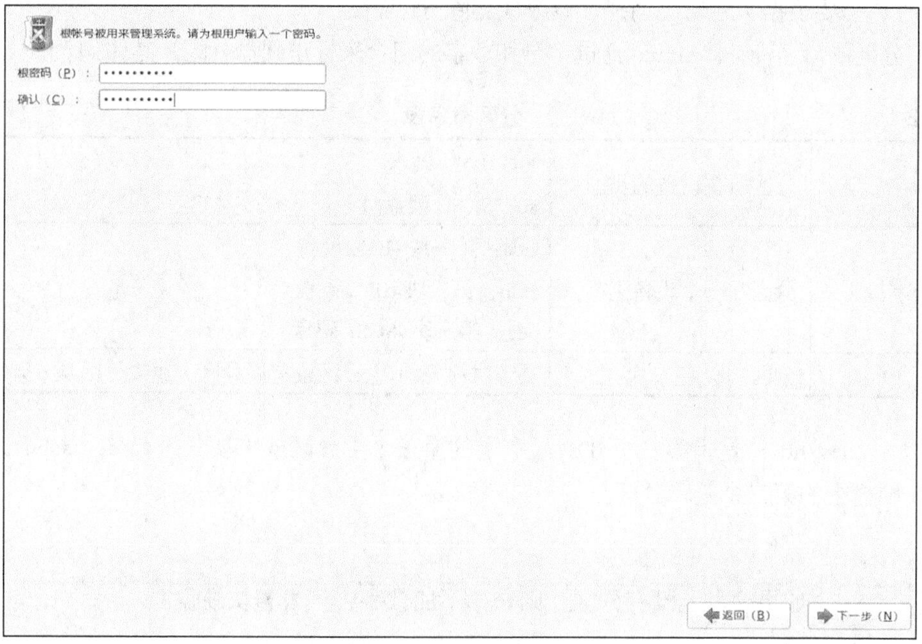

根帐号被用来管理系统。请为根用户输入一个密码。
根密码（P）：
确认（C）：
返回（B）
下一步（N）

图 2-9 设置根用户密码

（10）选择最后一项，创建自定义分区，如图 2-10 所示。

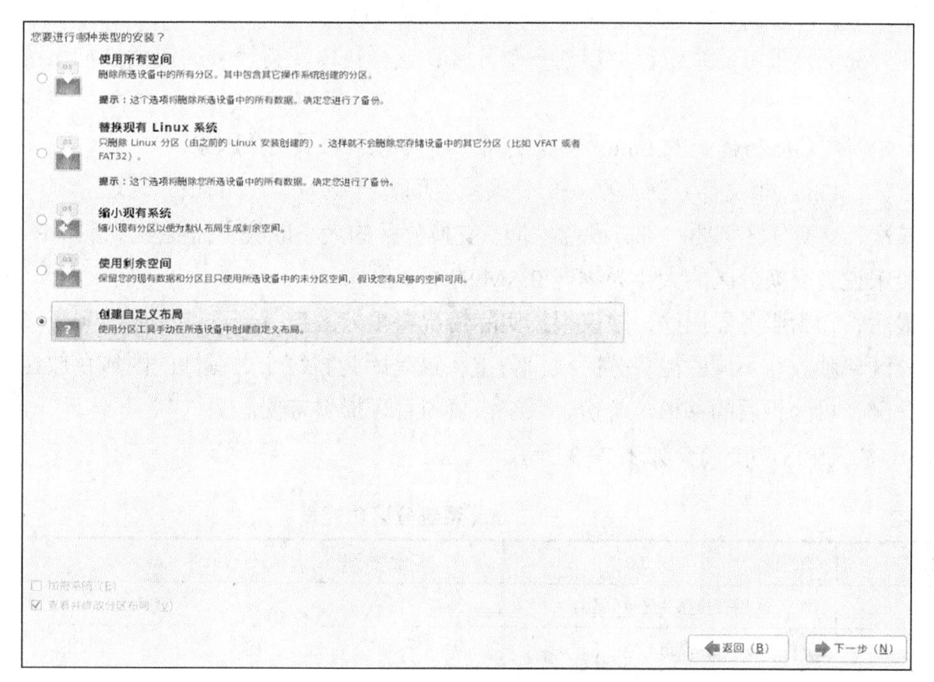

图 2-10 系统安装类型

（11）接下来可以看到硬盘的容量，现在自定义分区。在分区之前，需要先规划好分区方式。

对很多用户而言，安装 Linux 系统最麻烦的就是配置分区。在此步骤中，必须告诉安装程序要在哪里安装系统，即为将要安装 iSoft Server Os V3.0 的一个或多个磁盘分区上定义挂载点。这时，需要根据实际情况创建、修改或删除分区。

① 分区的命名设计。Linux 通过字母和数字的组合来标识硬盘分区，具体如表 2-1 所示。

表 2-1　分区命名表

前两个字母	分区所在设备的类型	hd：IDE 硬盘 sd：SCSI 硬盘
第三个字母	分区在哪个设备上	hda：第一块 IDE 硬盘 hdb：第二块 IDE 硬盘 sdc：第三块 SCSI 硬盘
数字	分区的次序	数字 1~4 表示主分区或扩展分区，逻辑分区从 5 开始

例如：/dev/hda3 是指第一个 IDE 硬盘上的第三个主分区或扩展分区；/dev/sdb6 是第二个 SCSI 硬盘上的第二个逻辑分区。

注意

如果硬盘上没有分区，则一律不加数字，代表整块硬盘。

② 分区的组织。分区的目的是在硬盘上为系统分配一个或几个确定的位置，Linux 系统支持多分区结构，每一部分可以存放在不同的磁盘或分区上。

一般情况下，服务器系统都会规划多个分区，这样可以获得较大的灵活性和系统管理的方便性。

至于如何规划服务器上的 Linux 硬盘空间，建议考虑如下几个因素。

- 首先，Linux 根文件系统需要一部分硬盘空间，挂载为“/”的根分区。
- 其次，交换分区需要一部分硬盘空间。交换分区的大小取决于需要多少虚拟 RAM。一般来说，交换分区的大小为物理 RAM 的 1~2 倍。
- 最后，作为服务器用途，建议根据实际情况将根分区与 /usr、/home、/var、/boot 等分区单独放在不同的磁盘分区或设备上，这是因为将每个关键性的区域存放在独立的分区，可为日后的移植、备份、系统恢复与管理提供方便。

Linux 系统分区功能简介如表 2-2 所示。

表 2-2　Linux 系统分区功能表

分区	基本描述
/	整个系统的基础（必备）
swap	操作系统的交换空间（必备）
/boot	保存系统引导文件
/usr	保存系统软件

续表

分区	基本描述
/home	包含所有用户的主目录，可保存几乎所有的用户文件
/var	保存邮件文件、新闻文件、打印队列和系统日志文件
/tmp	存放临时文件，对于大型、多用户的系统和网络服务器有必要

安装 iSoft Server Os V3.0 至少需要创建以下两个分区，如图 2-11 所示。

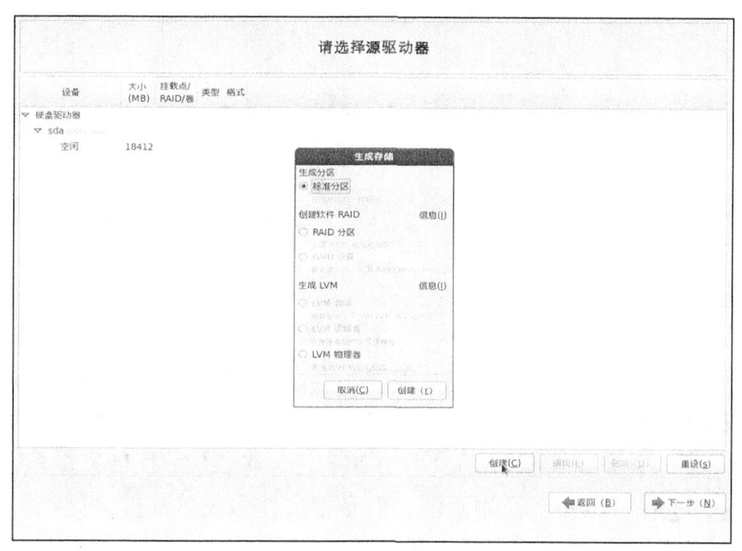

图 2-11　系统分区

- 根分区（/）。根分区是 Linux 根文件系统驻留的地方。为了顺利安装，需要为根分区分配足够的硬盘空间，iSoft Server Os V3.0 基本系统的安装需要 5GB，所以加上其他的需求建议留出 10GB 以上的空间，如图 2-12 所示。

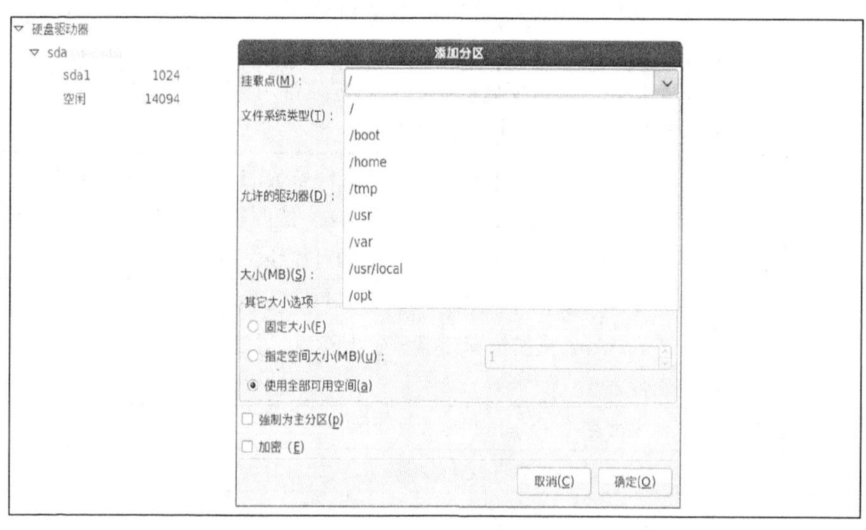

图 2-12　添加根分区

- 交换分区（swap）。用来支持虚拟内存的交换空间，建议使用交换分区。交换分区的大小建议设置为计算机物理内存的 1～2 倍，如图 2-13 所示。

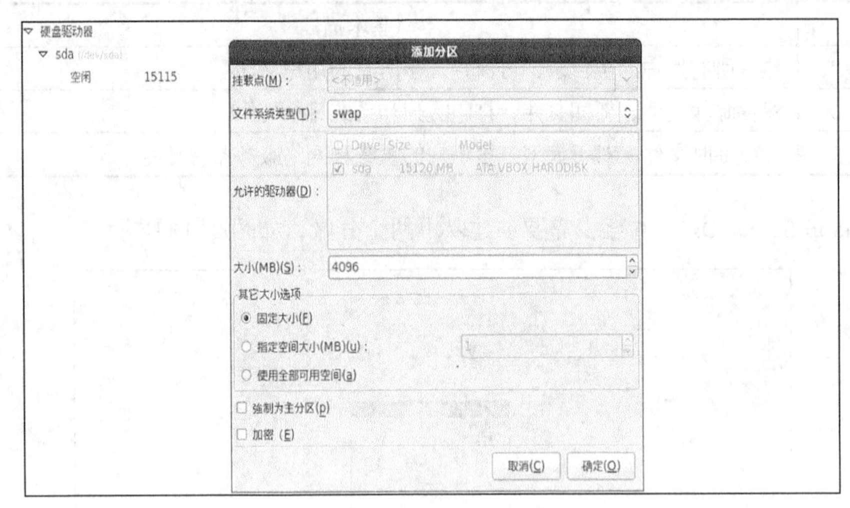

图 2-13　添加 swap 分区

图 2-12 中的“挂载点”：输入将创建的分区在整个目录树中的位置，可以从下拉菜单中选择正确的挂载点。如果创建的是根分区，输入“/”；如果是交换分区，不需要输入挂载点；如果创建的是根文件系统和交换分区以外的分区，应根据实际情况选择，如/boot、/home 等。

图 2-12 中的“文件系统类型”：在下拉菜单中选择将创建分区的文件系统类型，如果创建的是交换分区，选择“swap”；如果创建的是根文件系统或其他分区，则选择“ext4”、“ext3 ”、“reiserfs”或“vfat”，默认的类型为“ext4”。

如表 2-3 所示为对不同文件系统以及其使用方法的简单描述。

表 2-3　　文件系统描述

文件系统	基本描述
ext2	支持标准 UNIX 文件类型（常规文件、目录、符号链接等）。支持长达 255 个字符的文件名
ext3	ext2 的升级版本，可方便地从 ext2 迁移至 ext3。主要优点是在 ext2 的基础上加入了记录数据的日志功能，且支持异步的日志
ext4	ext4 是一种针对 ext3 系统的扩展日志式文件系统，Linux kernel 自版本 2.6.28 开始正式支持新的文件系统 ext4。 ext4 是 ext3 的改进版，修改了 ext3 中部分重要的数据结构，ext4 可以提供更佳的性能和可靠性，还有更为丰富的功能
reiserfs	一种新型的文件系统，通过完全平衡树结构来容纳数据，包括文件数据、文件名以及日志支持。reiserfs 支持海量磁盘和磁盘阵列，并能在上面继续保持很快的搜索速度和很高的效率
lVM	用于创建一个或多个 LVM 逻辑卷
rAID	用于创建一个或多个软件（RAID）分区
swap	用于支持虚拟内存的交换空间
vFAT	一个与 Microsoft Windows 的 FAT 文件系统的长文件名兼容的 Linux 文件系统。在此，不推荐在 Linux 下创建 Windows 分区类型

（12）询问是否格式化分区，单击“格式化”按钮，如图 2-14 所示。

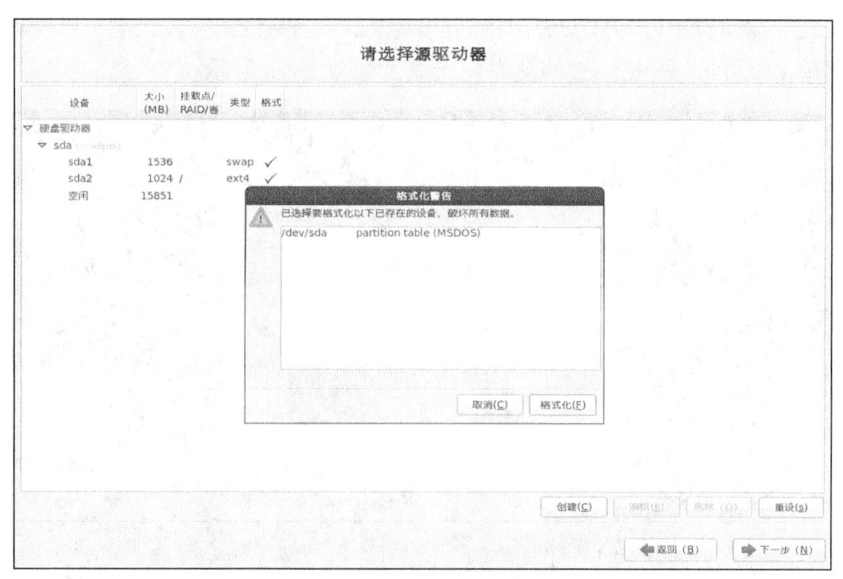

图 2-14 格式化分区

（13）按照默认选项选择系统引导及安装类型，系统即可自动安装。

安装完成后，根据系统提示，可设置许可证，创建用户，设置当前日期和时间等。

2.2.2 安装 CentOS 6.4

具体步骤如下。

（1）设置启动顺序。一般情况下，计算机的硬盘是启动计算机的第一选择，在 BIOS 设置界面中将系统启动顺序中的第一启动设备设置为“CD-ROM”选项，保存设置并退出 BIOS。

（2）将 CentOS 6.4 的安装 ISO 文件放入虚拟机光驱（选择“Use ISO image file”）将安装光盘放入物理光驱（选择“Use physical drive”），并启动计算机。计算机启动后会出现启动界面，如图 2-15 所示。

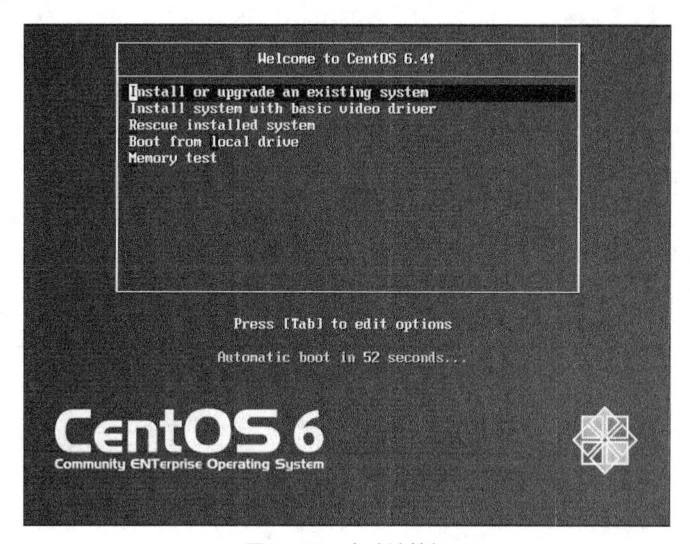

图 2-15 启动计算机

（3）安装程序首先会对硬件进行检测，然后提示用户是否要检测安装光盘，这可以防止出现由于安装光盘质量不好导致安装出错的问题。如果需要检测安装光盘，可以单击“OK”按钮。这里单击“Skip”按扭跳过检测安装光盘，如图 2–16 所示。

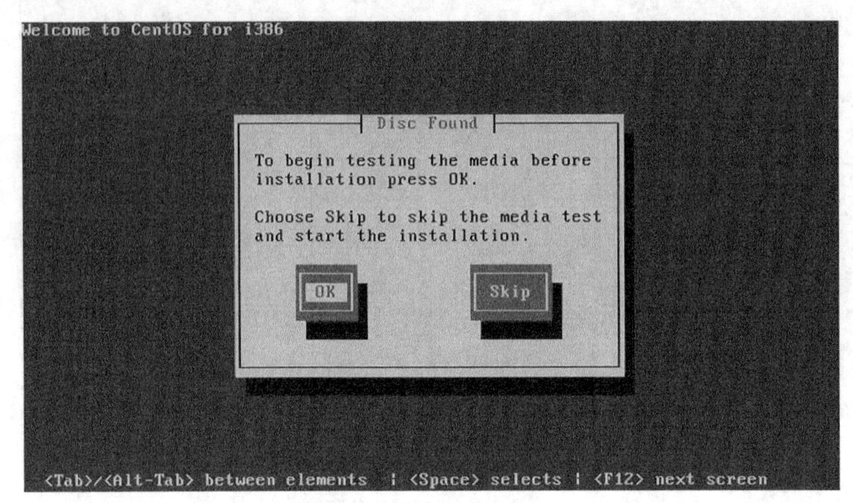

图 2–16　检测安装光盘

（4）进入安装语言的选择界面，在此可以选择安装过程中使用的语言，这里选择“中文（简体）”，单击“Next”按钮，如图 2–17 所示。

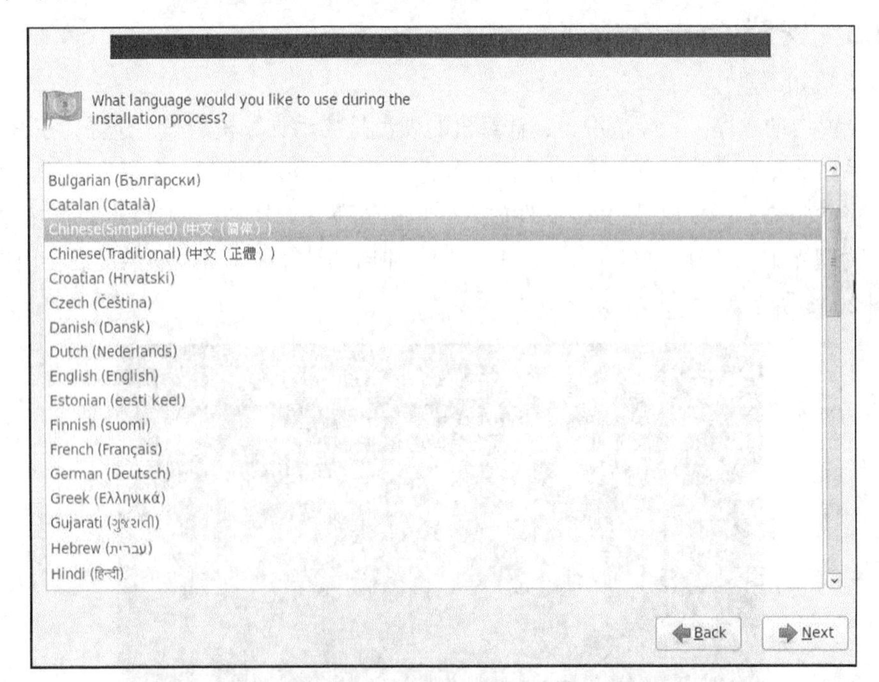

图 2–17　安装过程中使用的语言

（5）进入“请为您的系统选择适当的键盘”界面，安装程序会自动为用户选取一个通用的键盘类型（美国英语式），如图 2–18 所示，在此只需使用默认项即可，单击“下一步”按钮。

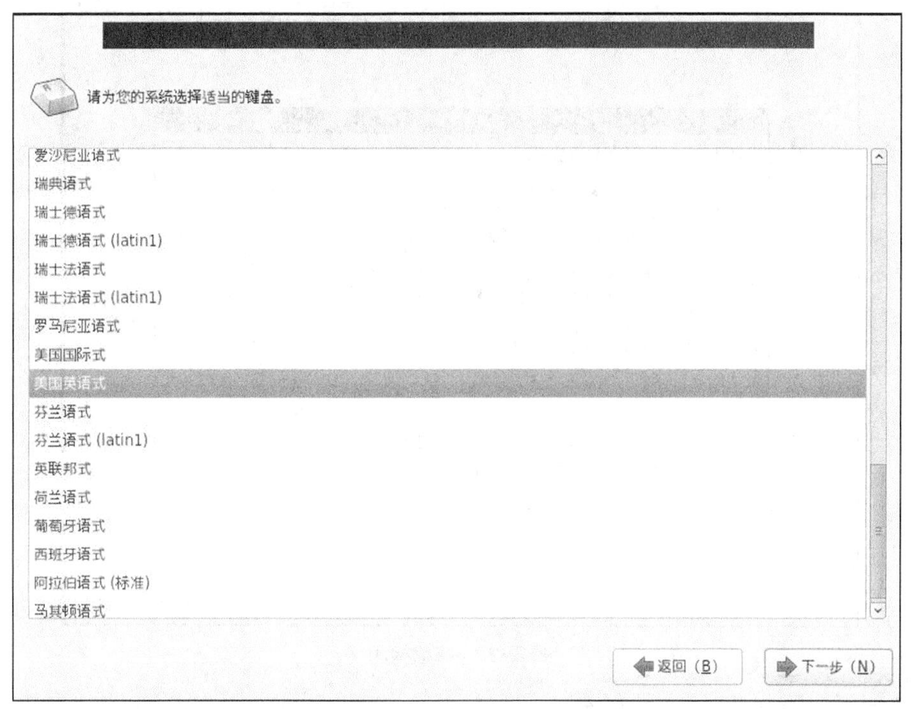

图 2-18　键盘类型

（6）进入存储设备选择界面，如图 2-19 所示，选择"基本存储设备"。"指定的存储设备"表示网络存储设备，如 SAN。单击"下一步"按钮弹出图 2-20 所示窗口，可见系统检测到虚拟机的磁盘，提示该磁盘是否存储有价值数据，单击"是，忽略所有数据"按钮。

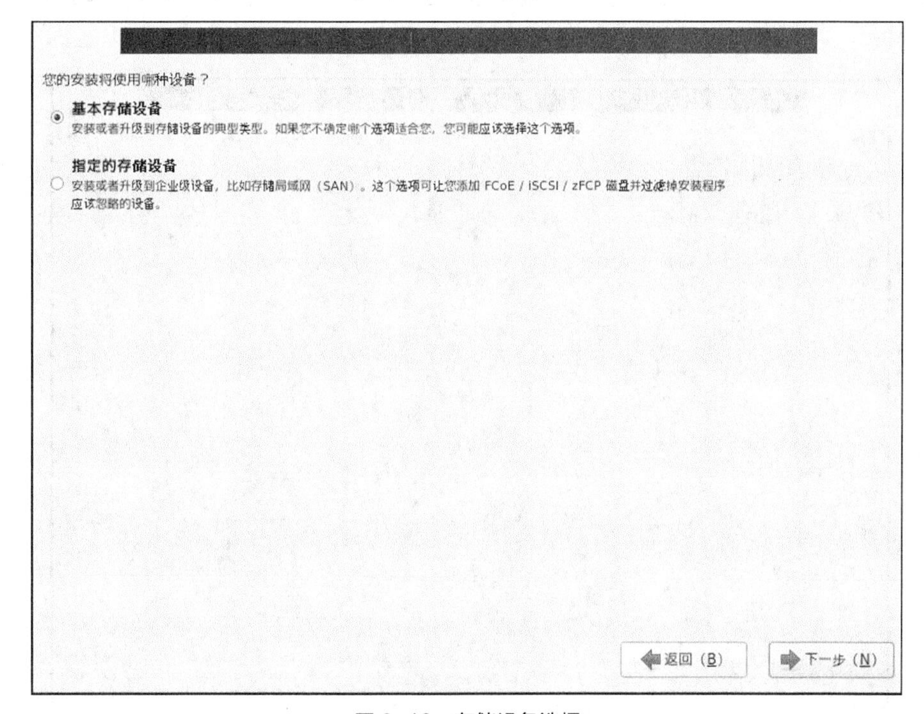

图 2-19　存储设备选择

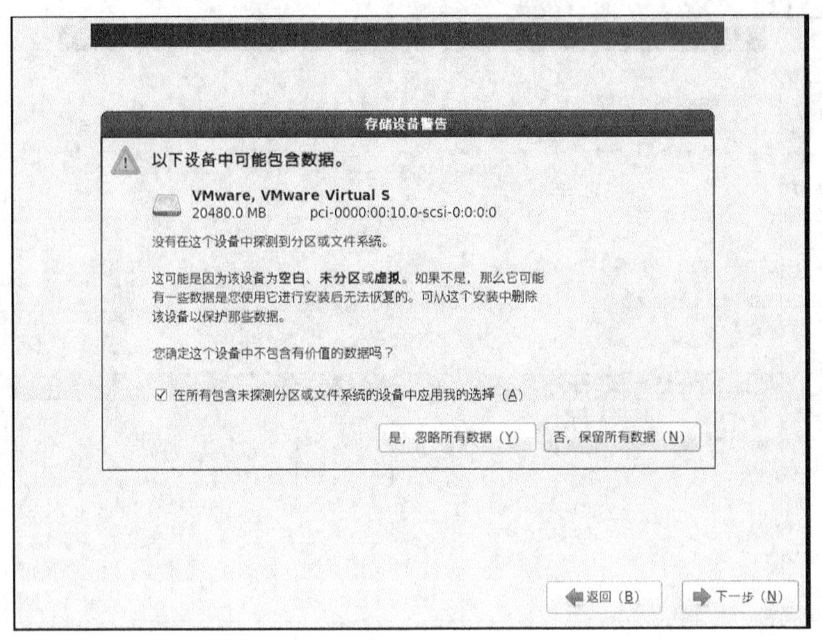

图 2-20 磁盘检测

（7）配置主机名和 TCP/IP 信息，如图 2-21 所示。主机名默认“localhost.localdomain”。在网络配置界面中，安装程序提供通过 DHCP 自动配置和手动设置两种配置网络的方法。对于服务器而言，IP 地址通常是固定的，所以应该使用手动设置。单击“配置网络”，弹出“网络连接”对话框，如图 2-22 所示，选择“System eth0”，单击“编辑”按钮，弹出图 2-23 所示对话框，设置 TCP/IP 信息，包括 IP 地址/掩码、网关、DNS 信息。同时，选中“自动连接”复选框。

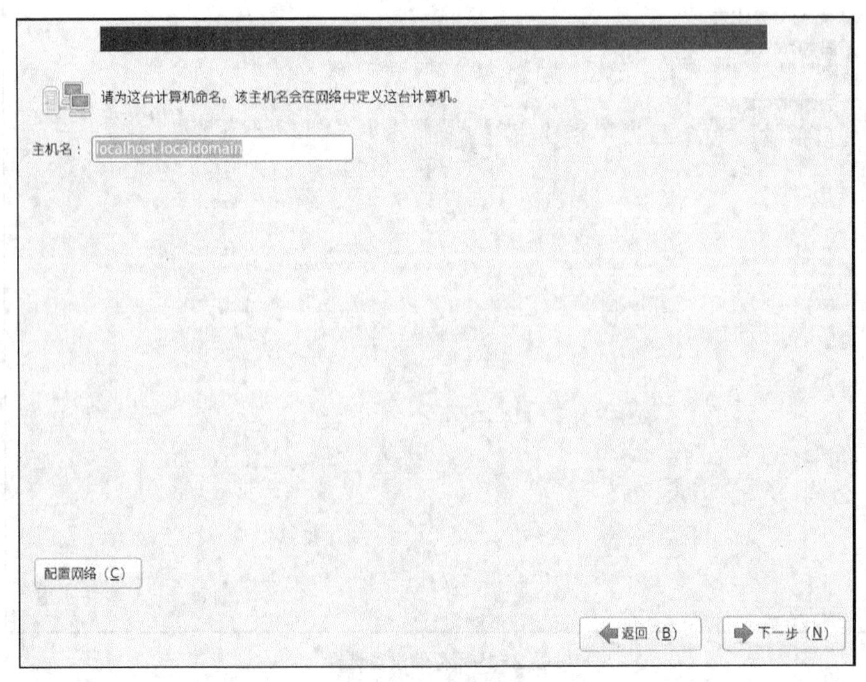

图 2-21 磁盘检测

网络连接
名称
最后使用的
添加(A)
有线
System eth0
从不
编辑
删除
关闭(C)

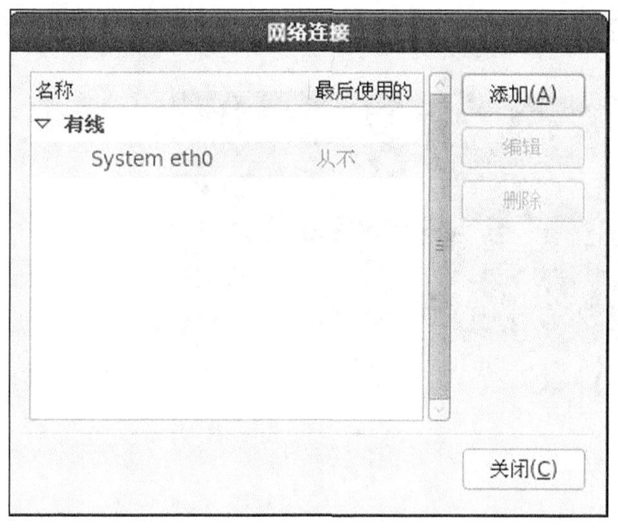

图 2-22　网络连接

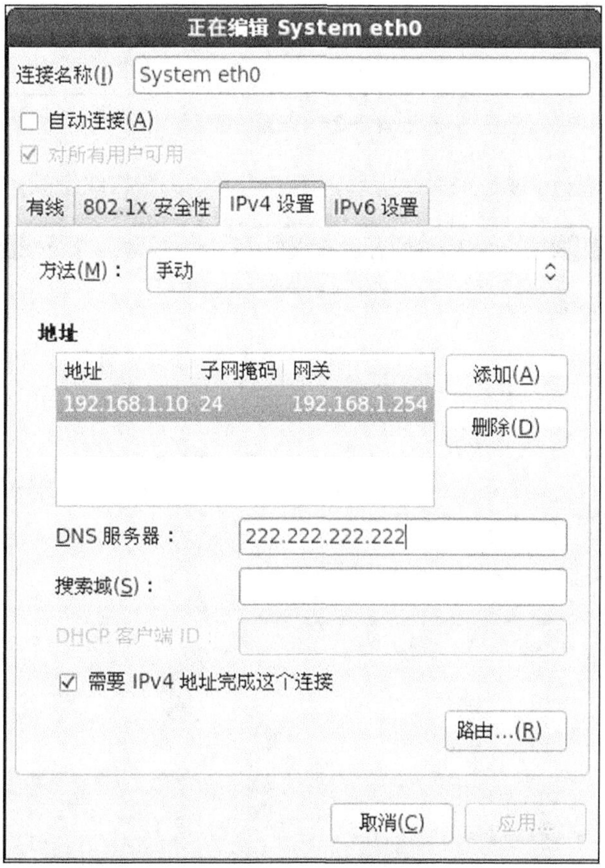

正在编辑 System eth0
连接名称(I)
System eth0
自动连接(A)
对所有用户可用
有线
802.1x 安全性
IPv4 设置
IPv6 设置
方法(M)：
手动
地址
地址
子网掩码
网关
192.168.1.10
24
192.168.1.254
添加(A)
删除(D)
DNS 服务器：
222.222.222.222
搜索域(S)：
DHCP 客户端 ID
需要 IPv4 地址完成这个连接
路由…(R)
取消(C)
应用…

图 2-23　编辑接口 eth0 对话框

配置完毕后单击“下一步”按钮。

（8）设置时区。选择“亚洲/上海”，如图 2-24 所示，单击“下一步”按钮继续安装。

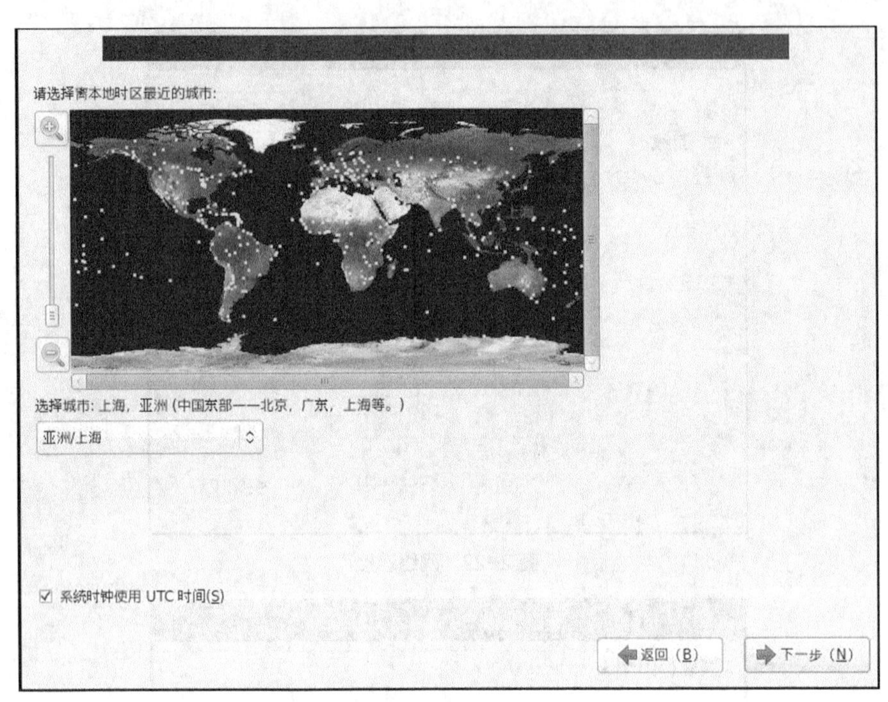

图 2-24　设置时区

（9）设置根账号密码，如图 2-25 所示，单击“下一步”按钮继续。

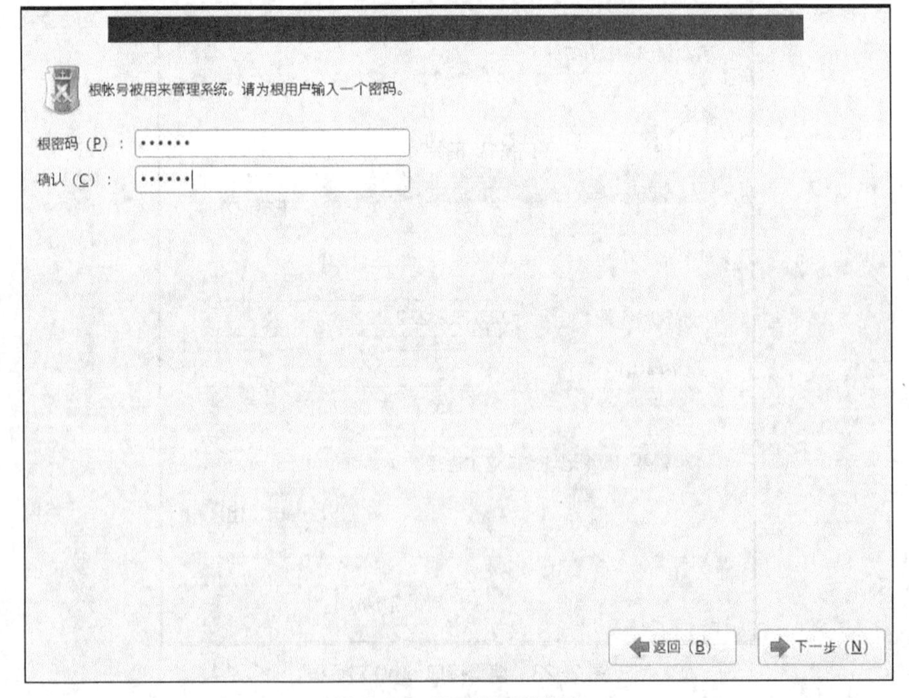

图 2-25　设置根账号密码

（10）磁盘分区设置。磁盘分区方案有 5 种，如图 2-26 所示。“使用所有空间”，将删除包含其他操作系统创建的分区。“替换现有 Linux 系统”将只删除 Linux 系统，不会删除其他操作系统创建的分区，适合与 Windows 操作系统共存的情况。“缩小现有系统”将为默认布局生成剩余空间。“使用剩余空间”则只使用所选磁盘上的未分配的空间。“创建自定义布局”将通过手动方式创建分区。

选择“创建自定义布局”，如图 2-26 所示，单击“下一步”按钮继续，如图 2-27 所示。

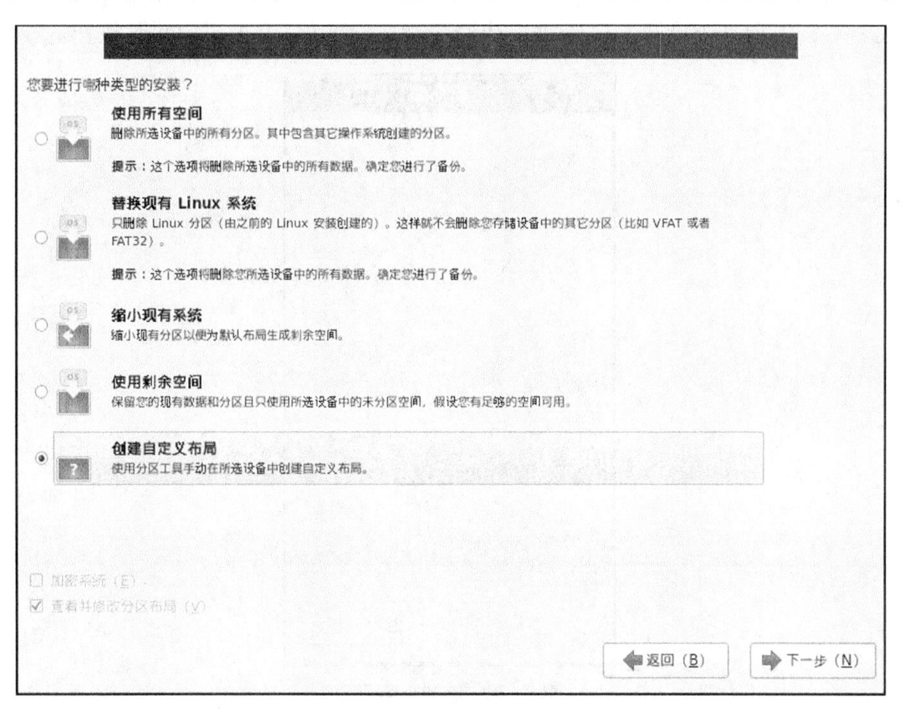

图 2-26　选择磁盘分区方式

图 2-27　磁盘分区

在此以创建 swap 和/分区为例说明创建 Linux 的磁盘分区方法。分区创建的先后顺序不影响分区的结果，用户既可以先新建 swap 分区，也可以先新建/分区。

新建 swap 分区，选中“空闲”所在行，单击“新建”按钮，出现图 2-28 所示对话框，选择分区类型，由于系统只有一块磁盘，选择“标准分区”，单击“创建”按钮。

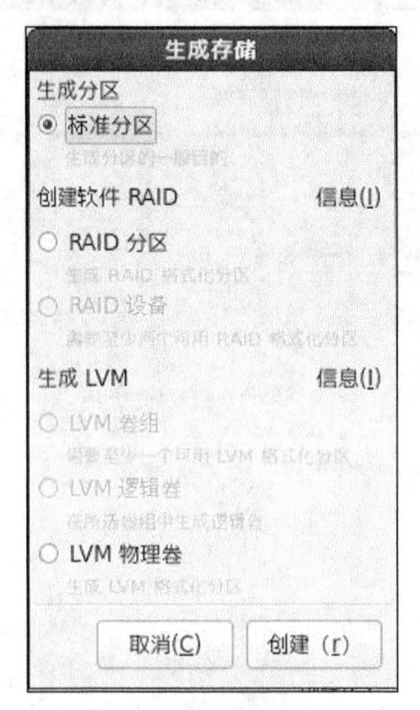

图 2-28　添加交换分区

在图 2-29 所示的对话框中进行如下操作。

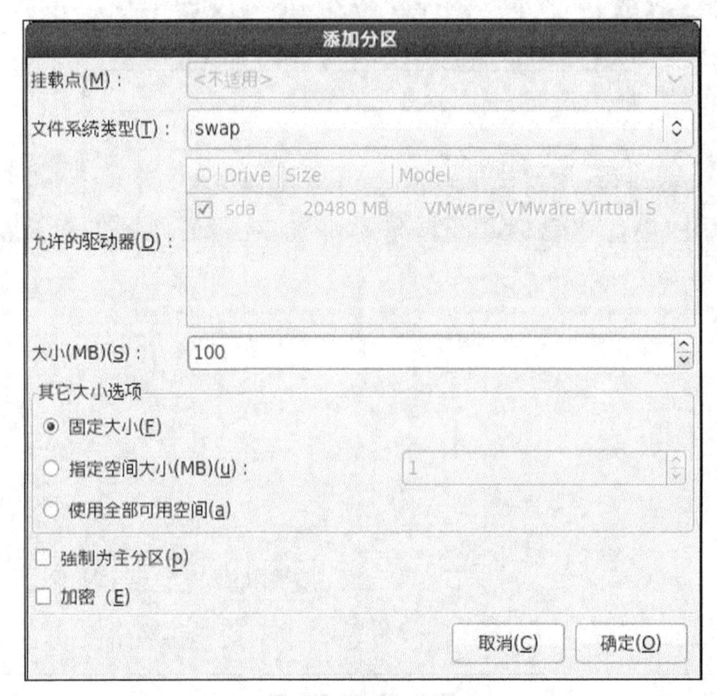

图 2-29　添加交换分区

① 单击“文件系统类型”下拉列表，选中“swap”，那么“挂载点”下拉列表的内容会显示为灰色的（不适用），即交换分区不需要挂载点。

② 在“大小”文本框输入表示交换分区大小的数字。

③ 单击“确定”按钮，结束对交换分区的设置。磁盘分区信息部分多出一行交换分区的相关信息，而空闲磁盘空间的大小将减少。

新建根分区，再次选中“空闲”所在行，单击“新建”按钮，出现图 2-30 所示界面。

图 2-30 添加根分区

在图 2-30 所示的对话框中进行如下操作。

① 单击“挂载点”下拉列表，选中“/”，即新建根分区。

② 单击“文件系统类型”下拉列表，选中“ext4”，根分区用 ext4 文件系统类型。

③ 在“大小”文本框中输入 2048。

④ 单击“确定”按钮，结束对根分区的设置。

注意

/boot 分区要强制为主分区。

出现图 2-31 所示界面，显示新建 Linux 分区后的磁盘分区情况。当前是一块 SCSI 接口的硬盘，该硬盘是/dev/sda。在该硬盘上划分了 6 个分区，/dev/sdal 为根分区/boot 分区，/dev/sda2 为/user 分区，/dev/sda3 为/分区，/dev/sda5 为 swap 分区，/dev/sda6 为/var 分区，/dev/sda7 为/home 分区。

为 swap 交换分区。单击“下一步”按钮继续进行安装。

单击“下一步”按钮，进行格式化。至此磁盘分区工作全部完成。

图 2-31　新建 Linux 分区后的磁盘分区情况

（11）设置引导装载程序的安装位置，默认安装在/dev/sda 的 MBR 上。引导装载程序的设置对于引导已安装的操作系统正常启动是至关重要的，对于 Linux 而言，常见的有两种引导装载程序可供选择：LILO 和 GRUB。在 CentOS 6.4 中默认仅提供 GRUB 引导装载程序供用户使用。

如图 2-32 所示，选择 GRUB 引导装载程序将会被安装到/dev/sda 上，这样 GRUB 就可以引导 Linux 启动。各选项保持默认，单击“下一步”按钮即可。

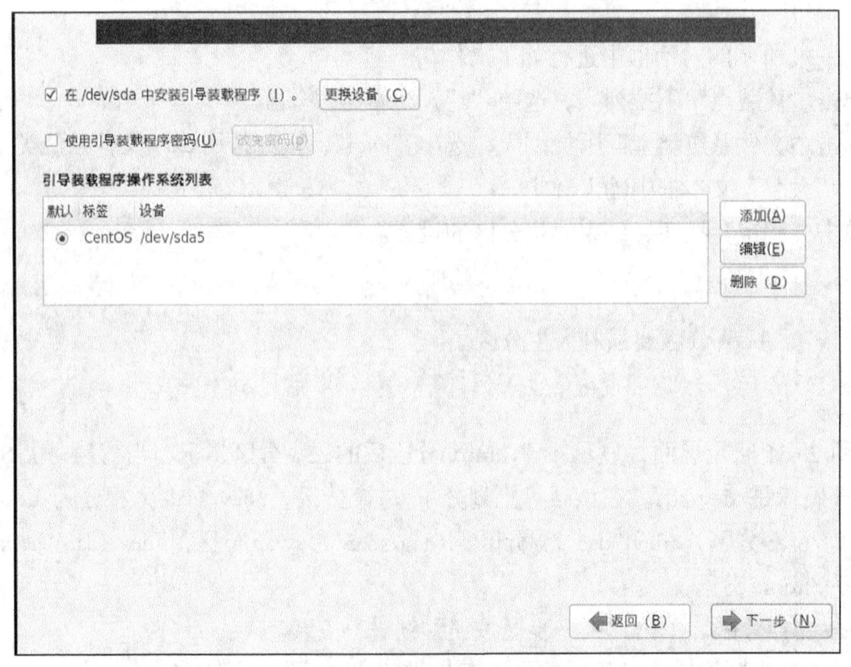

图 2-32　引导装载程序配置界面

（12）进入选择软件组界面，注意：默认是“基本服务器”，在字符界面安装时默认安装的就是这个软件组，但是它没有图形界面和网络管理，因此，要选择下面的“现在自定义”，单击“下一步按钮”，如图 2-33 所示。

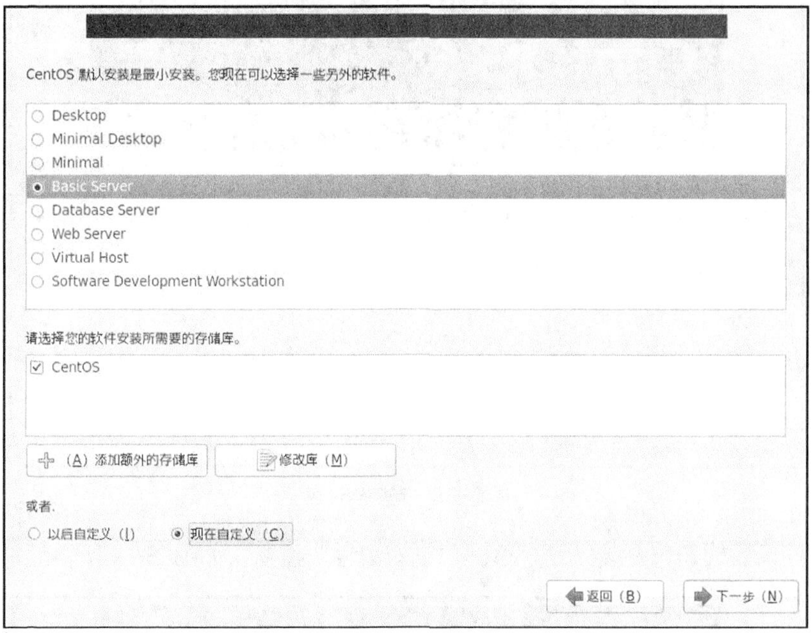

CentOS 默认安装是最小安装。您现在可以选择一些另外的软件。
Desktop
Minimal Desktop
Minimal
Basic Server
Database Server
Web Server
Virtual Host
Software Development Workstation
请选择您的软件安装所需要的存储库。
CentOS
（A）添加额外的存储库
修改库（M）
或者.
以后自定义（I）
现在自定义（C）
返回（B）
下一步（N）

图 2-33　选择软件组

进入选择软件包界面，根据需要选择所要安装的软件包，如图 2-34 所示。

Web 服务
基本系统
应用程序
开发
弹性存储
数据库
服务器
桌面
系统管理
图形管理工具
字体
桌面
桌面平台
桌面调试和运行工具
继承 X Windows 系统的兼容性
输入法
远程桌面客户端
通用桌面
还可作为瘦客户端使用的最小桌面。
选择的可选软件包：16 之 13
可选软件包（O）
返回（B）
下一步（N）

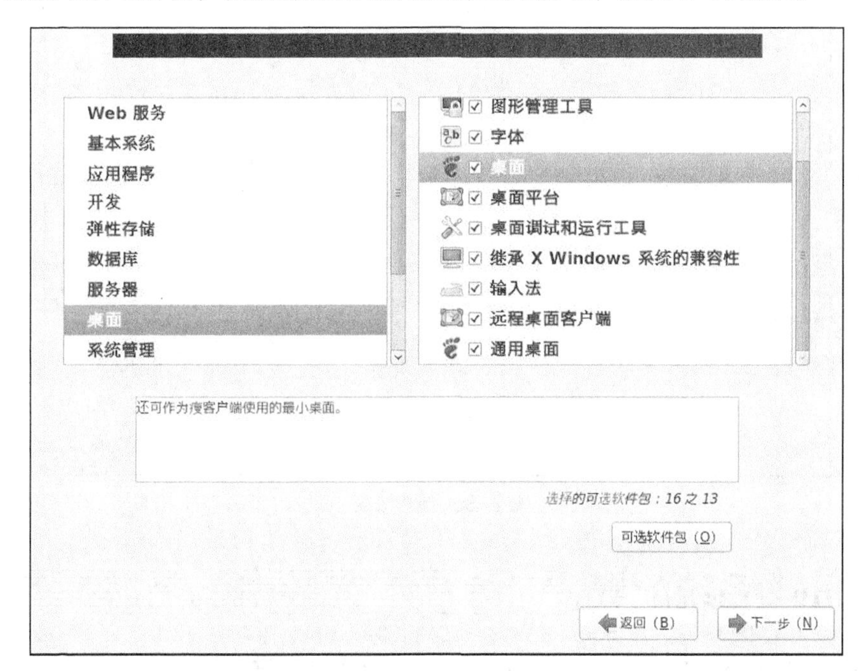

图 2-34　选择软件包

开始安装软件包，如图 2-35 所示。

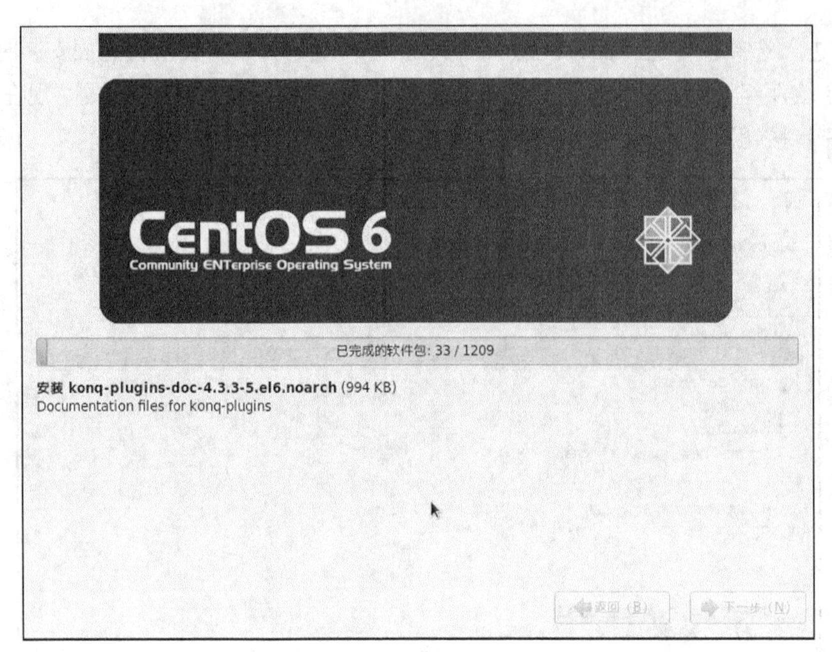

图 2-35　安装软件包

一段时间以后软件包安装完成，单击“重新引导”按钮，如图 2-36 所示。

图 2-36　重新引导

2.3　Linux 系统配置

（1）首次启动 CentOS 6.4 后，进入欢迎界面，单击“前进”按钮继续

（2）进入“许可证信息”界面，选择“是，我同意该许可证协议”，单击“前进”按钮继续，如图 2-37 所示。

图 2-37 认证许可

（3）Linux 是多用户（Multi-User）的作业系统，为方便管理每个用户的档案及源，每个用户都有自己的账户及密码。其中 root 是整个系统中最高权力的账户，因为 root 的权力实在太大，为避免无意中损害系统，一般会用另一账户处理日常工作，在需要 root 权力时才进入 root 账户。

（4）在“创建用户”设置界面中，创建非管理用户，如图 2-38 所示。单击“前进”按钮继续。

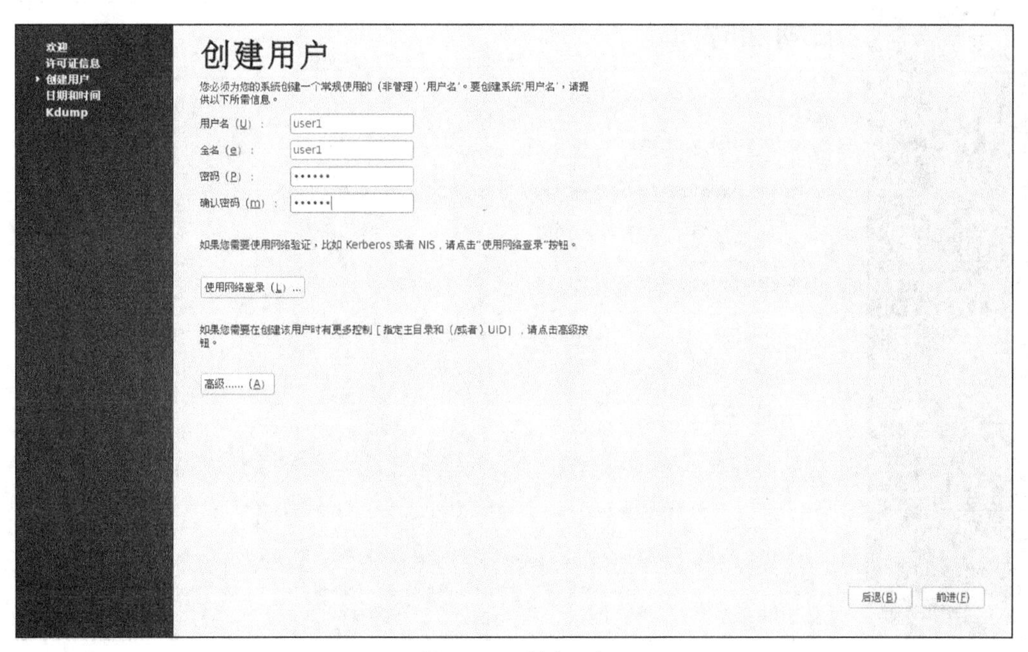

图 2-38 创建用户

（5）在“日期和时间”界面中，设置系统时间或者选择“在网络上同步日期和时间”，单击“前进”按钮继续，如图 2-39 所示。

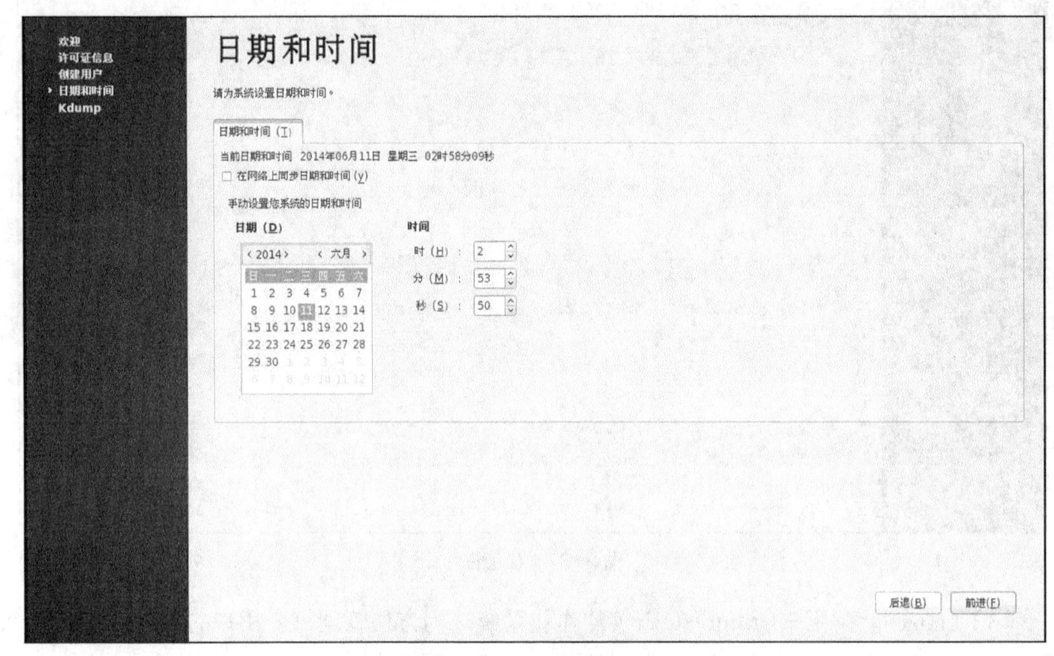

图 2-39　手动设置系统日期和时间

如果计算机此时连接了网络，就可以通过时间服务器来自动校准时间。只要勾选“在网络上同步日期和时间”，重启计算机后，它会自动与内置的时间服务器进行校准，如图 2-40 所示。

图 2-40　在网络上同步日期和时间

（6）Kdump 工具组合提供了新的崩溃转储功能，以及加快启动的可能，通过跳过引导时的固件，Kdump 可以提供前一个内核的内存转储以调试。在“Kdump”界面中，单击“完成”按钮即完成了首次启动的设置工作。接下来就可以开始使用 CentOS 6.4 了。

需要说明的是，Kdump 会占用宝贵的系统内存，所以在确保系统已经可以长时间稳定运行时，可以将其关闭，如图 2-41 所示。

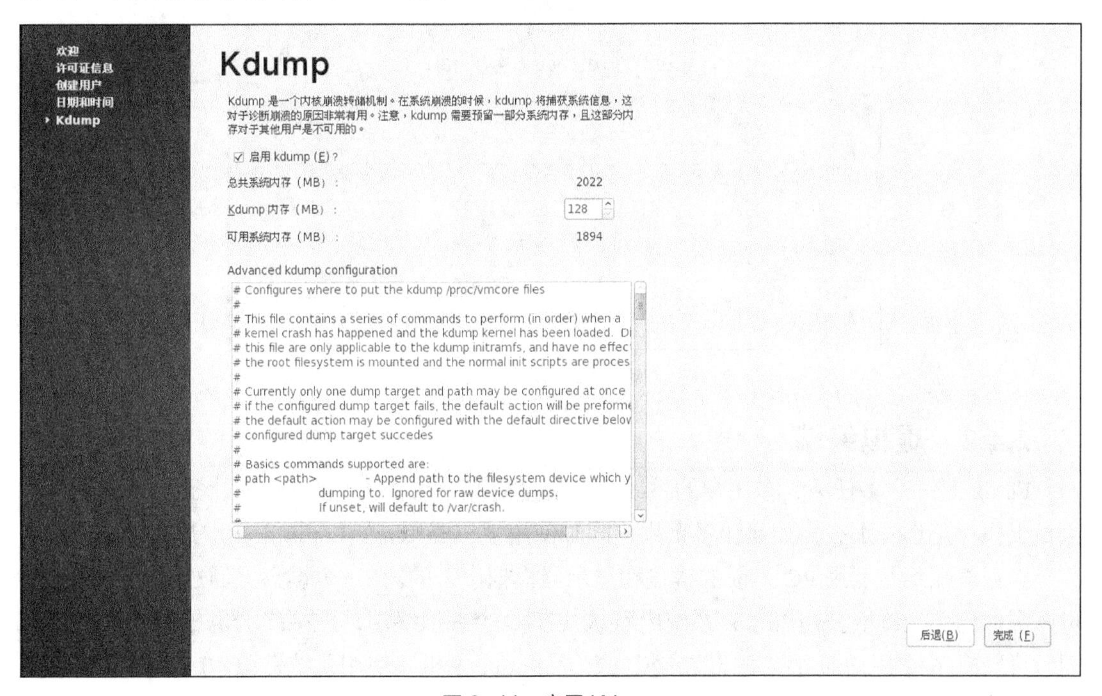

图 2-41　启用 Kdump

2.4　启动过程

下面以 CentOS 6.4 为例介绍启动过程。

系统的启动过程包括以下几个阶段。

主机启动并进行硬件检测后，读取硬盘 MBR 中的启动引导器程序，并进行加载。

启动引导器程序负责引导硬盘中的操作系统，根据用户在启动菜单中选择的启动项不同，可以引导不同的操作系统启动。对于 Linux 操作系统，启动引导器直接加载 Linux 内核程序。

Linux 内核程序负责操作系统启动的前期工作，并进一步加载系统的 INIT 进程。

INIT 进程是 Linux 系统中运行的第一进程，该进程将根据其配置文件执行相应的启动程序，并进入指定的系统运行级别。

在不同的运行级别中，根据系统的设置将启动相应的服务程序。

在启动过程最后，将运行控制台程序提示允许用户输入账户和口令进行登录。

2.4.1　进入 Linux 图形界面

现在的 CentOS 6.4 操作系统默认采用的是图形界面 GNOME 或 KDE 操作方式，如图 2-42 所示。一般的 Linux 系统使用者均为普通用户，而系统管理员则使用超级用户账号 root 完成系统的管理工作。如果只需要完成一些由普通账号完成的任务，建议不要使用超级用户账号，以免无意中破坏系统，影响系统的正常运行。

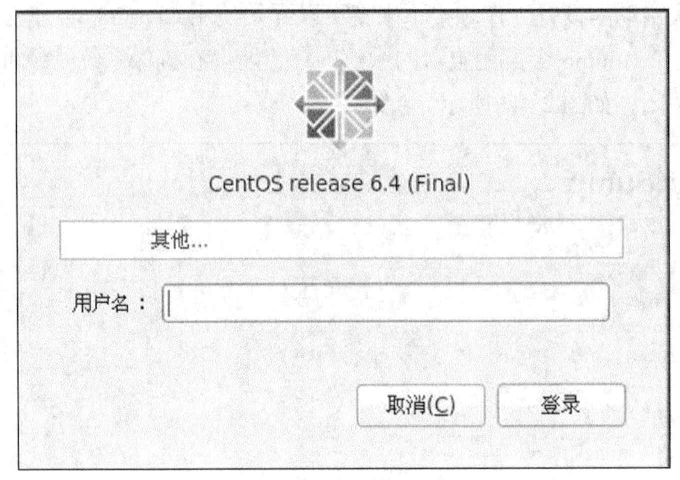

图 2-42　用户登录

2.4.2　虚拟终端

Linux 是一个多任务、多用户的系统，即使是只有一台 PC，一样可以让多个用户同时在主机上执行工作。那么，如何让多个用户同时使用主机资源呢？Linux 采用虚拟终端机制。

虚拟终端均是利用 PC 当前的键盘和显示器模拟出来的。在一个键盘上通过功能键的选择可以虚拟出多个终端。在 Linux 系统内默认共有 6 个虚拟终端，虚拟终端也是一个终端，即同时可以有 6 个用户通过终端以文字模式登录 Linux 主机，使用系统资源。虚拟终端结构如图 2-43 所示。

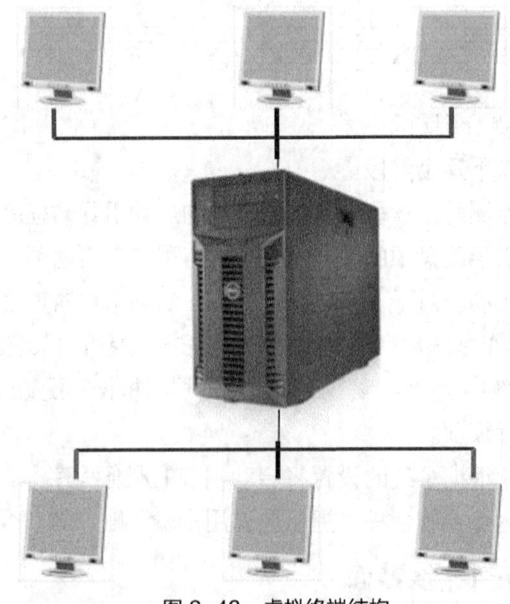

图 2-43　虚拟终端结构

虚拟终端在系统中分别以 tty1 ~ tty6 来表示。可以使用 Alt+Fl ~ Alt+F6 组合键在虚拟终端间切换，使用 Alt+F7 组合键将切换至 X Window 的图形终端界面，如图 2-44 所示。当用户处于 X Window 环境下，需要切换到 tty1 ~ tty6 中的任何一个文字模式的虚拟终端下时，可以使用 Ctrl+Alt+F1 ~ Ctrl+Alt+F6 组合键切换。

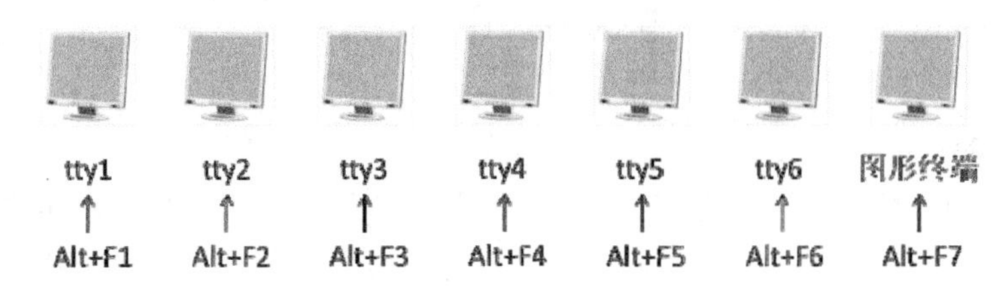

图 2-44　虚拟终端间的切换

2.4.3　INIT 进程

INIT 进程是由 Linux 内核引导运行的，是系统中运行的第一个进程，其进程号是（PID），永远是“1”。INIT 进程运行后将作为这些进程的父进程并按照其配置文件引导运行系统所需的其他进程。INIT 配置文件的全路径名为“/etc/inittab”，INIT 进程运行后将按照该文件中的配置内容运行系统启动程序。Inittab 文件作为 INIT 进程的配置文件，用于描述系统启动时和正常运行中所运行的那些进程。

```
[root@localhost ~]# cat /etc/inittab
# inittab is only used by upstart for the default runlevel.
#
# ADDING OTHER CONFIGURATION HERE WILL HAVE NO EFFECT ON YOUR SYSTEM.
#
# System initialization is started by /etc/init/rcS.conf
#
# Individual runlevels are started by /etc/init/rc.conf
#
# Ctrl-Alt-Delete is handled by /etc/init/control-alt-delete.conf
#
# Terminal gettys are handled by /etc/init/tty.conf and /etc/init/serial.
conf,
# with configuration in /etc/sysconfig/init.
#
# For information on how to write upstart event handlers, or how
# upstart works, see init(5), init(8), and initctl(8).
#
# Default runlevel. The runlevels used are:
#   0 - halt (Do NOT set initdefault to this)
#   1 - Single user mode
```

```
#   2 - Multiuser, without NFS (The same as 3, if you do not have networking)
#   3 - Full multiuser mode
#   4 - unused
#   5 - X11
#   6 - reboot (Do NOT set initdefault to this)
#
id:5:initdefault:
```

Inittab 文件中的每行是一个设置记录，每个记录中有 id、runlevels、action 和 process4 个字段，各字段间用“;”分隔，它们共同确定了某进程在哪些运行级别以何种方式运行。

2.4.4 系统运行级别

运行级别就是操作系统当前正在运行的功能级别。在 Linux 系统中，这个级别从 0 到 6，共 7 个级别，各自具有不同的功能。这些级别在/etc/inittab 文件里指定。各运行级别的含义如下。

- 0：停机，不要把系统的默认运行级别设置为 0，否则系统不能正常启动。
- 1：单用户模式，用于 root 用户对系统进行维护，不允许其他用户使用主机。
- 2：字符界面的多用户模式，在该模式下不能使用 NFS。
- 3：字符界面的完全多用户模式，主机作为服务器时通常在该模式下。
- 4：未分配。
- 5：图形界面的多用户模式，用户在该模式下可以进入图形登录界面。
- 6：重新启动，不要把系统的默认运行级别设置为 6，否则系统不能正常启动。

1．查看系统运行级别

runlevel 命令用于显示系统当前的和上一次的运行级别。举例如下。

```
[root@localhost ~]#runlevel
N 3
```

2．改变系统运行级别

使用 init 命令，后跟相应的运行级别作为参数，可以从当前的运行级别转换为其他运行级别。举例如下。

```
[root@localhost ~]#init 2
[root@localhost ~]#runlevel
```

2.5 虚拟机下的 Linux 安装

2.5.1 什么是虚拟机

1．虚拟化简介

虚拟化是一个抽象层，它将物理硬件与操作系统分开，从而提供更高的 IT 资源利用率和灵活性。

虚拟化允许具有不同操作系统的多个虚拟机在同一物理机上独立并行运行。每个虚拟机都有自己的一套虚拟硬件（例如 RAM、CPU、网卡等），可以在这些硬件中加载操作系统和应用程序。无论实际采用了什么物理硬件组件，操作系统都将它们视为一组一致、标准化的硬件。

虚拟机封装在文件中，因此可以快速对其进行保存、复制和部署。可在几秒钟内将整个系统（完全配置的应用程序、操作系统、BIOS 和虚拟硬件）从一台物理服务器移至另一台物理服务器，以实现零停机维护和连续的工作负载整合。

2．什么是虚拟机

在一台计算机上将硬盘和内存的一部分拿出来虚拟出若干台机器，每台机器可以运行单独的操作系统而互不干扰，这些“新”机器各自拥有独立的 CMOS、硬盘和操作系统，可以像使用普通机器一样对它们进行分区、格式化、安装系统和应用软件等操作，还可以将这几个操作系统联成一个网络。

3．使用虚拟机的好处

（1）如果要在一台计算机上装多个操作系统，不用虚拟机的话，有两个办法。一是装多个硬盘，每个硬盘装一个操作系统。这个方法比较昂贵。二是在一个硬盘上装多个操作系统。这个方法不够安全，因为硬盘 MBR 是操作系统的必争之地，搞不好会几个操作系统“同归于尽”。而如果是虚拟系统崩溃了，可直接删除它而并不影响本机系统，同样本机系统崩溃后也不影响虚拟系统，可以下次重装后再加入以前做的虚拟系统。如此看来，使用虚拟机软件既省钱又安全，对学习 Linux 和 UNIX 的初学者来说很方便。

（2）虚拟机可以在一台计算机同时运行几个操作系统。有了虚拟机，在家里只需要一台计算机，或出差时只带着一个笔记本电脑，就可以调试 C/S、B/S 的程序了。

（3）利用虚拟机可以进行软件测试。虚拟机软件不需要重开机，就能在同一台计算机使用多个操作系统，不但方便，而且安全。虚拟机在学习技术方面能够发挥很大的作用。

目前常用的虚拟机有 VMware Workstation，Oracle VM VirtualBox，Microsoft Virtual PC 等，本书以 VMware 虚拟机为例介绍虚拟机下 Linux 系统的安装。

2.5.2 VMware 虚拟机软件简介

VMware 是全球领先的业内标准系统虚拟基础架构软件提供商。全球许多大公司都在使用 VMware 解决方案来简化其 IT，且充分利用现有的计算投资以及更快地响应业务需求的变化。VMware 公司总部设在加利福尼亚州的帕罗奥多市（Palo Alto），是 EMC 公司（纽约证券交易所代码：EMC）旗下的子公司。

下面对 VMware 进行简要介绍。

（1）VMware 支持的 Guest OS 有：MS-DOS、Win3.1、Win9x/Me、WinNT、Win2000、WinXP、Win.Net、Linux、FreeBSD、NetWare6、Solaris x86。

（2）VMware 模拟出来的硬件包括：主板、内存、硬盘（IDE 和 SCSI）、DVD/CD-ROM、软驱、网卡、声卡、串口、并口和 USB 口。VMware 没有模拟出显卡。VMware 为每一种 Guest OS 提供一个叫作 VMware-tools 的软件包，来增强 Guest OS 的显示和鼠标功能。

（3）VMware 模拟出来的硬件是固定型号的，与 Host OS 的实际硬件无关。比如，在一台机器里用 VMware 安装了 Linux，可以把整个 Linux 复制到其他有 VMware 的机器里运行，而不必再安装。

（4）VMware 可以使用 ISO 文件作为光盘。比如从网上下载的 Linux ISO 文件，不需刻盘，可直接安装。

（5）VMware 为 Guest OS 的运行提供 3 种选项。

① persistent。Guest OS 运行中所做的任何操作都即时存盘。

② undoable。Guest OS shutdown 时会问是否对所做的操作存盘。

③ nonpersistend。Guest OS 运行中所做的任何操作，在 shutdown 后等于没做过。

如果要进行软件测试或试验，这是非常有用的功能，即使 Guest OS “死掉”无限次都不怕。

（6）VMware 的网络设置方式如下。

① Bridged 方式。用这种方式，虚拟系统的 IP 可设置成与本机系统在同一网段，虚拟系统相当于网络内的一台独立的机器，与本机共同插在一个 Hub 上，网络内其他机器可访问虚拟系统，虚拟系统也可访问网络内其他机器，当然，与本机系统的双向访问也不成问题。

② NAT 方式。这种方式也可以实现本机系统与虚拟系统的双向访问。但网络内其他机器不能访问虚拟系统，虚拟系统可通过本机系统用 NAT 协议访问网络内其他机器。

NAT 方式的 IP 地址配置方法：虚拟系统先用 DHCP 自动获得 IP 地址，本机系统里的 VMware services 会为虚拟系统分配一个 IP，之后如果想每次启动都用固定 IP 的话，在虚拟系统里直接设定这个 IP 即可。

③ host-only 方式。顾名思义，这种方式只能进行虚拟机和主机之间的网络通信，既网络内其他机器不能访问虚拟系统，虚拟系统也不能访问其他机器。

④ Custom 方式。自定义一个特殊的虚拟网络。

一般来说，Bridged 方式最方便好用。但如果本机系统是 Windows 2000 而网线没插（或者根本没有网卡），网络很可能不可用（大部分用 PCI 网卡的机器都如此），此时就只能用 NAT 方式或 host-only，之前所说的那两块虚拟网卡就是为适应这两种网络准备的。

（7）VMware 用 Host OS 的文件来模拟 Guest OS 的硬盘。一个 Guest OS 的硬盘对应一个或多个 Host OS 里的文件。如果往 Guest OS 里写入 100MB 的文件，Host OS 里虚拟硬盘文件就增大 100MB。在 Guest OS 里删除这 100MB 文件，Host OS 里虚拟硬盘文件不会减小。下次往 Guest OS 里写文件的时候，这部分空间可继续利用。VMware-tools 里还提供 shrink 功能可以立刻释放不用的空间，减小 Host OS 里虚拟硬盘文件的容量。

2.5.3 虚拟机下 Linux 的安装

启动虚拟机 VMware，创建一个新的虚拟机，单击“Custom”按钮来定制虚拟机选项，在安装选项对话框中选择“Installer disc image file”，选择安装文件 ISO，如果 2-45 所示。

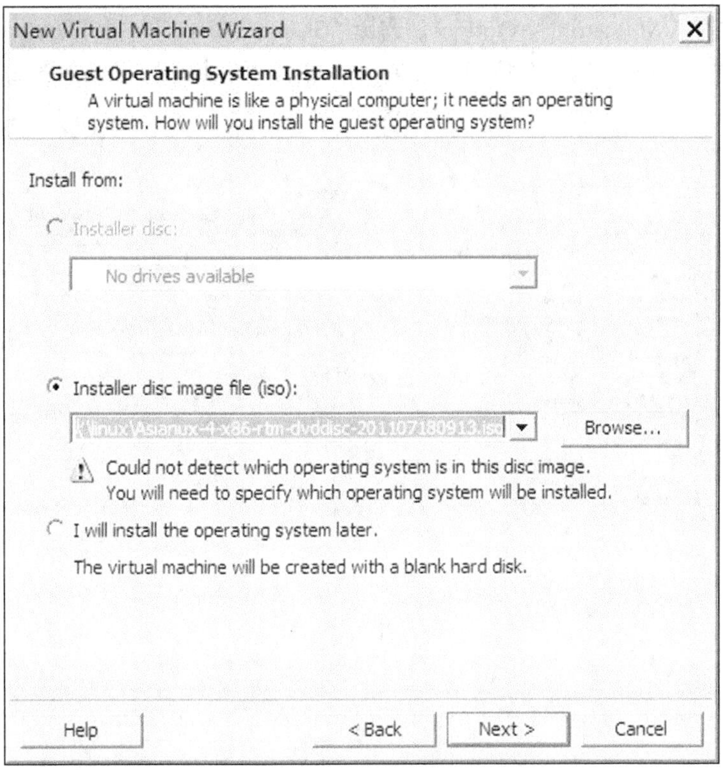

图 2-45 选择 ISO 镜像文件

选择相应的系统版本，并且选择虚拟机系统文件保存目录。设置虚拟机内存大小（建议512MB 以上），选择虚拟机使用的网络类型——bridged，在 SCSI adapter 选项窗口中选择“BusLogic”，在选择磁盘对话框中选择“创建一个新的虚拟磁盘文件”，磁盘接口设置为 IDE，设置磁盘空间（建议 10GB 以上），为虚拟机的磁盘文件选择保存位置。当重启以后，就进入安装画面了。安装过程和前面章节一样，这里不再重复。

2.5.4 VMware Tools 的安装

为了更好地解决虚拟机与主机的共享问题，VMware 公司通过 VMware tools 来实现文件共享。这里主要是实现 Windows 下用 VMware 虚拟 Linux 来与 Windows 系统文件共享。

安装过程如下。

（1）以 root 身份进入 iSoft Server Os V3.0。

（2）选择菜单 VM→Install VMware tools，这时 Linux 系统将会下载 VMware tools 的安装包 VMwareTools-5.5.3-34685.tar.gz。

（3）将 VMwareTools-5.5.3-34685.tar.gz 拷贝到/tmp 文件夹中。

（4）进入 TMP 目录，执行以下操作。

```
tar  -zxf  VMwareTools-5.5.3-34685.tar.gz    //解压缩软件包
cd  vmware-tools-distrib                     //进入解压后的目录
./vmware-install.pl                          //运行安装文件
```

这时 install 提示是否需要备份以前的配置文件，建议选择“y”。安装路径采用默认设置，一直回车确认即可，安装完成将会生成一个/mnt/hgfs 文件夹。

（5）选择菜单 VM→setting→Options，选择“Shared Folders”，将“Folder sharing”选择为“Always enabled”，并单击“add”按钮，添加 Windows 下的共享路径，如图 2-46 所示。

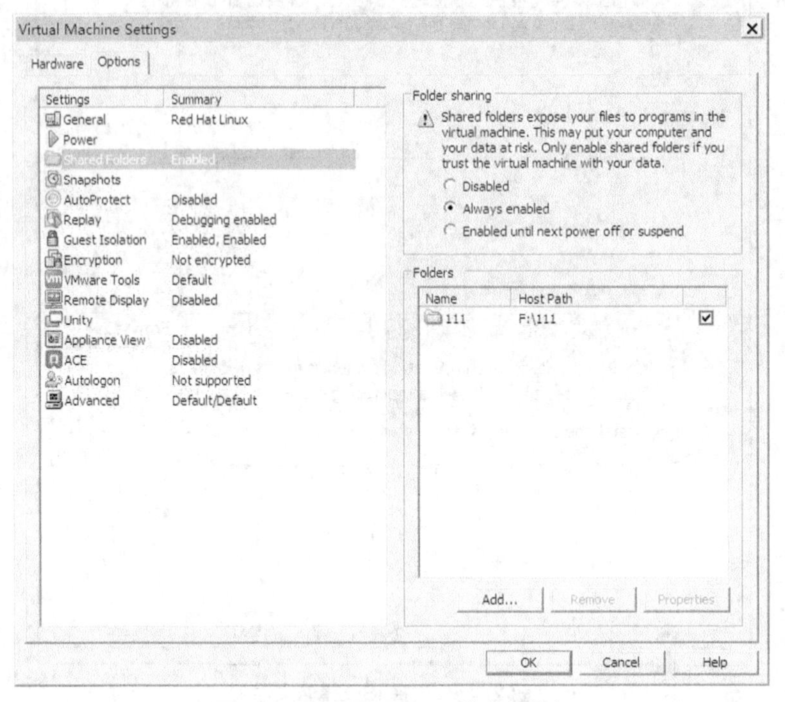

图 2-46 设置 Windows 共享文件夹

这样，在 Windows 下向指定的 share folders 写文件，在 Linux 客户机里面就能够看到，同样，在 Linux 上/mnt/hgfs 下写文件在 Windows 下也能够看到，并且可以修改。

习题 2

简答题

1. Linux 中为什么要设置“Linux swap”分区？其大小如何设置？
2. 目前国产 Linux 操作系统发行版有哪些？
3. 在一个实际环境中，安装 Linux 一般需要创建哪些分区？
4. /dev/hda2 表示什么？/dev/sdb6 又表示什么？
5. 常见的 Linux 系统安装方式有哪些？

实训 2.1 在 VMware 中安装 iSoft Server Os V3.0 系统

一、实训目的

掌握 iSoft Server Os V3.0 的安装方法。

二、实训内容

（1）安装 VMware。

（2）在 VMware 中新建虚拟机，设置相应参数。

（3）选择系统语言及键盘。

（4）选择“基本存储设备”。

（5）设置系统计算机名。

（6）设置时区。

（7）设置根用户密码。

（8）选择安装类型。

（9）系统分区。

（10）设置引导。

实训 2.2 在 VirtualBox 中安装 iSoft Server Os V3.0 系统

一、实训目的

掌握 iSoft Server Os V3.0 的安装方法。

二、实训内容

（1）安装 VirtualBox。

（2）打开 VirtualBox，单击“新建”按钮，然后在出现的对话框中设置虚拟系统的名字，再在操作系统中选择 Linux 及版本。

（3）设置内存大小。

（4）创建新的虚拟硬盘。

（5）单击设置/Storage， 单击 IDE 控制器下面的“没有盘片”按钮，选择“Choose a virtual CD/DVD disk file”，在弹出的对话框中选中系统 ISO 文件。

（6）单击“开始”按钮，系统开始安装。

实训 2.3 在虚拟机中安装 CentOS 6.4 系统

一、实训目的

掌握 CentOS 6.4 的安装方法。

二、实训内容

（1）启动 CentOS 6.4，练习切换运行级别。

（2）Web 网络安装 Linux 系统。

（3）本地安装 Linux 系统。

（4）简述虚拟终端的作用。

（5）简述系统启动引导器 GRUB 的功能。

（6）简述 X-Window System 的功能。

（7）设置 Linux 服务器的 IP 地址为 172.16.10.10。

（8）为 Linux 操作系统添加 root 超级账户密码。

（9）实施项目分区方案，要求有：swap 分区、/boot 分区、/var、/分区、/home 分区、/usr 分区。

PART 3

第 3 章 Linux 基本操作

本章教学重点

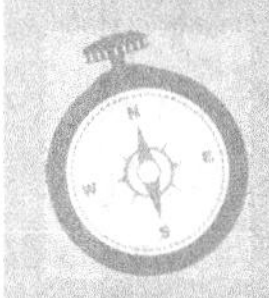

- 系统基本操作
- 系统基本命令

使用过 Windows 系统的人都了解 Windows 是在图形界面下通过鼠标操作来管理系统的，而与 Windows 系统不同的是，Linux 系统虽然也有图形管理环境，但类似 DOS 的命令行的字符界面管理系统则是最常用的，字符界面管理的方式功能强大、灵活。Linux 系统提供了丰富、功能强大的命令集，其中绝大部分来自于 UNIX，这些命令在 Linux 系统管理中起着十分重要的作用。

3.1 命令行界面简介

Linux 拥有一个功能强大的命令行界面，管理员可以频繁地编写命令行界面，还可以很容易地使用它们来自动操作一些重复性任务，例如系统管理和监视。而 Windows 系统强调图形界面，因此编写命令行要困难得多。

3.1.1 Linux 系统的启动

Linux 系统是一个多用户的操作系统。要使用该系统，用户必须先输入用户名和口令，并经过系统的确认后才能进入系统。

在 Linux 系统中存在着两种不同的登录模式。文本模式和图形模式。在图形模式下输入正确的用户名和口令后可以进入图形界面。在文本模式下，输入正确的用户名和口令后就可以进入提示符状态。对 iSoft Server Os V3.0 系统来说，默认是进入图形界面，如图 3-1 所示，输入用户名和密码即可登录系统。

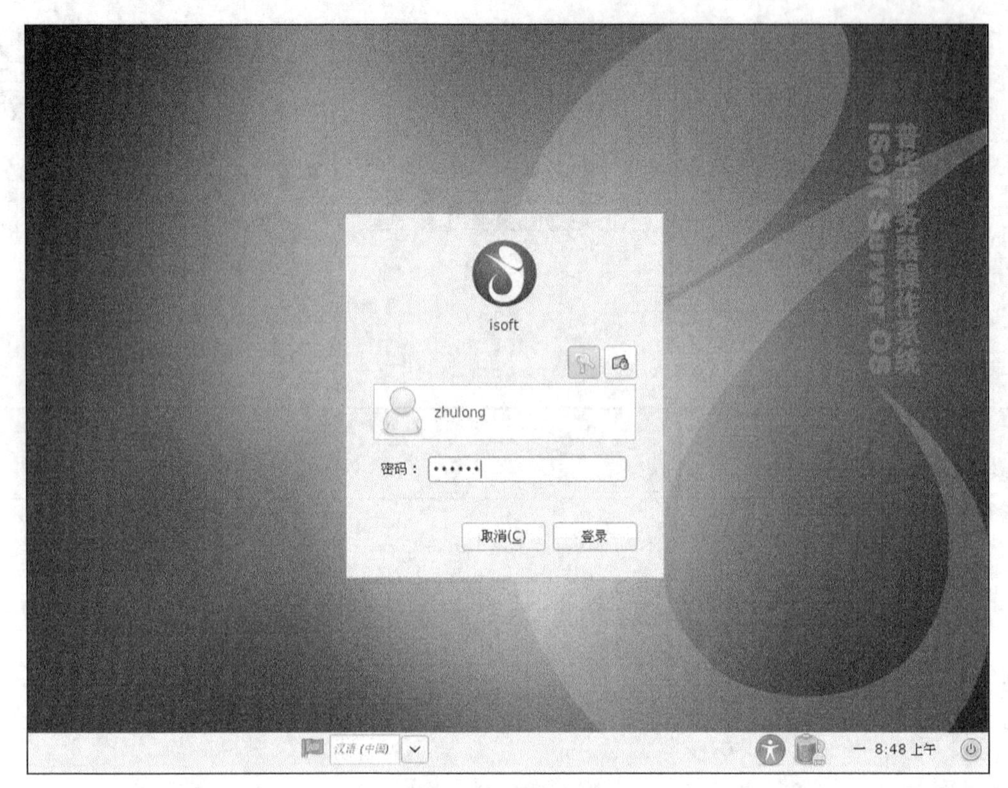

图 3-1 登录界面

对于早期的 Linux 系统，默认是进入文本模式，如果登录时使用的是 root 用户，则屏幕显示如下。

```
[root@admin/root]#
```

这表示用户是在名为 admin 的计算机上，用户名为 root ，当前的目录为/root，默认的提示符为#。如果用户是以普通的用户身份登录的，则屏幕显示如下。

```
[exp@admin/admin/exp]$
```

这表示用户是在名为 admin 的系统计算机上，用户名为 exp，当前的目录为/admin/exp，默认提示符为$。

用户如果需要进入图形界面，可以输入 startx 命令。

用户登录系统时进入哪种模式，可以自定义。

在/etc 目录下有一个 inittab 文件，其中有一行配置如下。

```
id:3:default
```

其中，数字 3 代表启动后进入多用户命令模式，如果改为 5 则代表启动后直接进入 X Window（图形界面）模式。

在图形界面中，可用通过打开终端来对系统进行命令行操作，可以选择“应用程序→系统工具→Konsole”或者在桌面上调出右键快捷菜单来选择“在终端中打开”，终端界面如图 3-2 所示。用户可以在终端中输入各种命令行，对系统进行设置，后面所提到的命令都是在终端中输入。

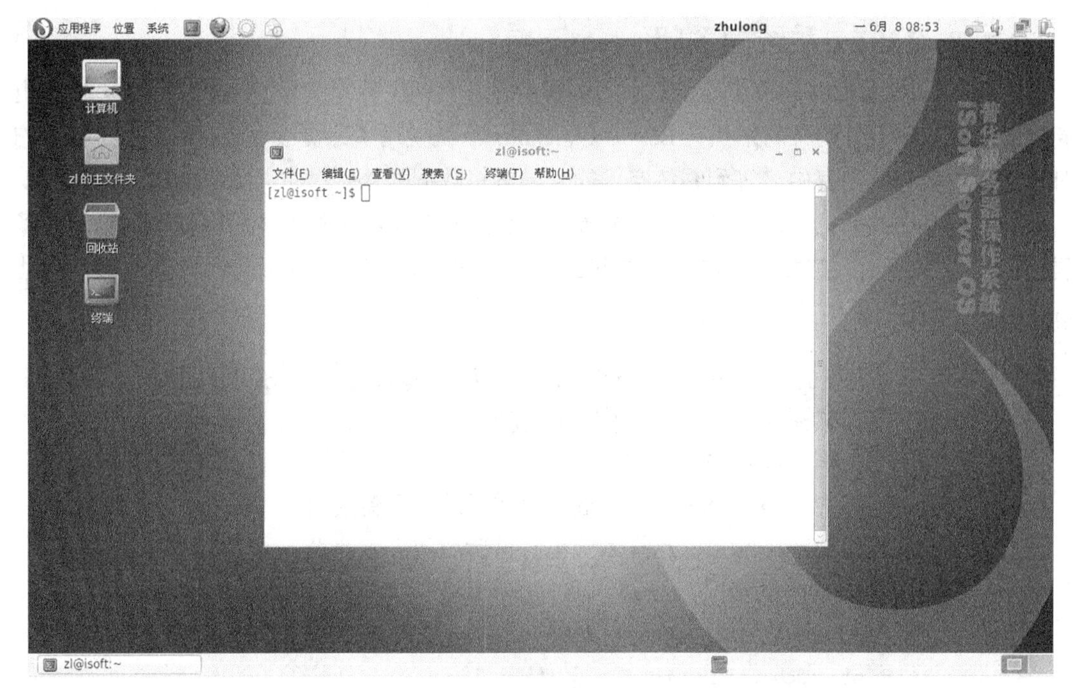

图 3-2 系统终端

3.1.2 Linux 系统口令的修改

为了更好地保护用户账号的安全，Linux 允许用户在登录之后随时使用 passwd 命令修改自己的口令。修改口令需要经历以下步骤。

（1）打开终端执行命令，输入原来的口令，如果口令输错，将中止程序，无法修改口令。

（2）输入新的口令。

（3）提示重复一遍新的口令，如果两次输入的口令相吻合，则口令修改成功。

例 3.1

下面是一段修改口令的程序。

```
$ passwd
   Changing password for user1
   (current) UNIX password:                              //在此输入原来的密码
   New UNIX password:                                    //输入新的密码
   Retype new UNIX password:                             //再输入一遍新的密码
   Passwd:all authentication tokens updated successfully //修改成功
```

在这里输入的口令不会显示出来。

而如果是 root 用户修改口令，则不需要输入老密码！也就是说，它可以修改任何用户的口令。

3.1.3 Linux 系统的关闭

关闭 Linux 系统时，应该遵循正确的关机步骤，否则文件系统可能被破坏，或者下次重新启动时就需要很长的时间来执行 fsck 命令。Linux 系统使用了磁盘缓存技术，在系统繁忙的时候将数据暂存入内存中，等到系统空闲的时候再将数据写入磁盘中。如果直接关闭电源就有可能使内存中的数据丢失，给系统造成损失。另外，在系统工作时，后台往往运行着许多看不见的程序，如果直接关闭电源则这些进程被迫终止，会给系统带来很大的危害。因此 Linux 系统提供了多种关机方法。

注意

在 Linux 系统中，普通用户是无权关闭系统的！只有 root 用户才能够关闭它。通常关闭系统或重启的方法有以下几种。

图形界面中直接单击。

按下 Ctrl+Alt+Delete 组合键，这样系统将重新启动。

执行 reboot 命令，这样系统也将重新启动。

执行 shutdown 命令，这样系统将根据参数关闭或者重启计算机。

例如，系统在十分钟后重新启动：

```
# shutdown -r +10
```

例如，系统马上关机：

```
# shutdown -h now
```

执行 halt 命令，可以关闭计算机。

执行 poweroff 命令，可以关闭计算机。

执行 init 命令，init 0 为关机，init 6 为重启。

3.1.4 虚拟控制台

Linux 是一个真正的多用户操作系统，它可以同时接受多个用户登录。Linux 还允许一个用户进行多次登录，这是因为 Linux 和 UNIX 一样，提供了虚拟控制台的访问方式，允许用户在同一时间从控制台进行多次登录。虚拟控制台的选择可以通过按下 Alt 键和一个功能键来实现，通常使用 F1 ~ F6 例如，以 AX4 为例，用户进入图形界面后，按 Shift+Ctrl+Alt+F2 组合键，又可以看到"login:"提示符，说明用户看到了第二个虚拟控制台。然后只需按 Alt−F1 键，就可以回到第一个虚拟控制台。一个新安装的 Linux 系统在命令行模式默认允许用户使用 Alt−F1 到 Alt−F6 键来访问前 6 个虚拟控制台。虚拟控制台可使用户同时在多个控制台上工作，真正体现 Linux 系统多用户的特性。用户可以在某一虚拟控制台上进行的工作尚未结束时，切换到另一虚拟控制台开始另一项工作。

3.1.5 命令行特征

命令行实际上是可以编辑的一个文本缓冲区，在按回车键之前，可以对输入的文本进行编辑。利用上箭头可以重新显示刚执行的命令，利用这一功能可以重复执行以前执行过的命令，而无须重新键入。

在一个命令行中还可以置入多个命令，用分号将各个命令隔开。

例 3.2

```
$ ls -F;cp -i mydata newdata
```

也可以在几个命令行中输入一个命令，用反斜杠将一个命令行持续到下一行。

```
$ cp -i \
mydata \
newdata
```

上面的 cp 命令是在 3 行中输入的，开始的两行以反斜杠结束，而把 3 行作为一个命令行。Linux 提供了大量的命令，利用它可以有效地完成大量的工作，如磁盘操作、文件存取、目录操作、进程管理、文件权限设定等。所以，在 Linux 系统上工作离不开使用系统提供的命令。要想真正理解 Linux 系统，就必须从 Linux 命令学起，通过基础的命令学习可以进一步理解 Linux 系统。

3.2 命令行帮助

Linux 提供了丰富的命令，它们分别完成不同的任务。基本命令的帮助可以通过键入帮助命令来获得。Linux 中的帮助命令是十分有用的，它对各种命令和参数的描述非常详细，完全可以满足一般用户的要求。

常见的 4 种帮助命令如下。

1. 通过帮助选项

shell 命令使用-help 的选项来获得帮助，即在输入相关命令后再加入-h 参数以了解该命令的使用方法。如：mount -h。

2. 使用 man 命令获得帮助

man 命令的查找路径为/usr/share/man，也就是说，所有 man 文件都存放在这个目录中。man 文件是用 less 程序来显示的。例如：man ls 就可以查看 ls 相关的用法。

注意

按 Q 键或者按 Ctrl+C 组合键退出，在 Linux 下可以使用 Ctrl+C 组合键终止当前程序运行。

3. 使用 info 查看信息

info 命令的查找路径为/usr/share/info，如 info mount。

4. help 命令

help 命令用于查看所有 shell 命令，如 help cd。

3.3 导航命令

3.3.1 pwd 命令

pwd 命令是最常用最基本的命令之一，用于显示用户当前所在的目录。举例如下。

```
$ pwd
$ /home/lily
```

表示用户当前所在路径为/home/lily。

3.3.2 cd 命令

cd 命令不仅显示当前状态，还改变当前状态，它的用法跟 DOS 下的 cd 命令基本一致。

cd ..可进入上一层目录。

cd –可进入上一个进入的目录。

cd ~可进入用户的 home 目录。

例 3.3

进入 /usr/bin/目录。

```
$ cd  /usr/bin
```

3.3.3 ls 命令

ls 命令跟 DOS 下的 dir 命令一样，用于显示当前目录的内容。

如果想取得详细的信息，可用 ls –l 命令，这样就可以显示目录内容的详细信息。

如果目录下的文件太多，用一屏显示不了，可以用 ls –l |more 分屏显示。

- –a 显示所有文件及目录（ls 内定将文件名或目录名称开头为“.”的视为隐藏档，不会列出）。
- –l：显示文件的详细信息，包括文件类型、权限、链接数、拥有者、所属组、文件大小、建档日期、文件名称。

```
$ ls -l
总用量 100
-rw-r--r--.  1 root root    0  5月 25 18:55 11
dr-xr-xr-x.  2 root root  4096  5月 26 09:29 bin
dr-xr-xr-x.  4 root root  4096  5月 25 18:49 boot
drwxr-xr-x.  2 root root  4096  1月  9 2011 cgroup
```

例 3.4

列出目前工作目录下所有名称是 d 开头的文件详细资料。

```
ls -l s*
```

例 3.5

将 /bin 目录以下所有目录及文件（包含隐藏文件）详细资料列出。

```
 ls -la  /bin
```

3.3.4 su 命令

su 命令是最基本的命令之一，常用于不同用户间切换。

例 3.6

如果登录为用户 user1，要切换为用户 user2，只需用如下命令。

```
$su user2
```

然后系统提示输入 user2 口令，输入正确的口令之后就可以切换到 user2。完成之后就可以用 exit 命令返回到 user1。su 命令的常见用法是变成根用户或超级用户。如果发出不带用户名的 su 命令，则系统提示输入根口令，输入之后则可切换为根用户。如果登录为根用户，则可以用 su 命令成为系统上任何用户而不需要口令。

3.3.5 who 命令

显示系统中登录了哪些用户，显示的资料包含了用户 ID、使用的终端机、上线位置、上线时间、呆滞时间、CPU 使用量、动作等。命令格式如下。

```
who - [husfV] [user]
```

参数说明如下。

- -h：不要显示标题列。
- -u：不要显示使用者的动作/工作。
- -s：使用简短的格式来显示。
- -f：不要显示使用者的上线位置。
- -V：显示程序版本。

```
$ who
root     tty2        2013-05-26 15:25
lily     tty3        2013-05-26 15:31
lily     tty1        2013-05-26 15:23 (:0)
lily     pts/0       2013-05-26 15:32 (:0.0)
```

3.3.6 which 命令

which——显示命令的全路径，如 which ls。

3.4 文件与目录基本操作

3.4.1 touch 命令

touch 命令用于改变文件的时间参数。可以改变文件的访问时间，修改时间为系统的当前时间，如果该文件不存在则建立一个空的新文件。

例 3.7

```
创建一个空白文件 newfile: touch newfile
```

3.4.2 cp 命令

cp 命令用于复制文件或目录。

例 3.8

$cp *.txt *.doc *.bak /home 是将当前目录中扩展名为 txt、doc 和 bak 的文件全部复制到/home 目录中。如果要复制整个目录及其所有子目录，可以用 cp –R 命令。

3.4.3 mv 命令

mv 命令用于移动文件和更名文件。

例 3.9

```
$mv aa.txt /home    //将当前目录下的 aa.txt 文件移动到/home 目录下
$mv aa.txt aa1.txt  //将 aa.txt 文件改名为 aa1.txt
```

3.4.4 rm 命令

rm 命令用于删除文件或目录。 rm 命令会强制删除文件，如果想要在删除时提示确认，可用 rm –i 命令。如果要删除目录，可用 rm –r 命令。rm –r 命令在删除目录时，每删除一个文件或目录都会显示提示，如果目录太大，响应每个提示是不现实的。这时可以用 rm –rf 命令来强制删除目录，这样即使用了–i 标志也当无效处理。

3.4.5 mkdir 命令和 rmdir 命令

mkdir 命令是创建一个目录，rmdir 是删除一个空目录。命令格式如下。

```
mkdir directory_name    rmdir direcotry_name
```

rmdir 常常用 rm –rf 命令替代，但该命令能删除不空的目录，因此要小心使用。

3.5 文件查看命令

3.5.1 file 命令

file 命令可探测文件和目录类型命令格式如下。

```
file [options] 文件名
```

参数如下。

- –v：在标准输出后显示版本信息，并且退出。
- –z：探测压缩过的文件类型。
- –L：查看软链接所对应文件的文件类型。
- –f name：从文件 namefile 中读取要分析的文件名列表。

例 3.10

如果看到一个没有后缀的文件 grap，可以使用下面的命令。

```
$ file grap
grap: English text
```

此时系统显示这是一个英文文本文件。需要说明的是，file 命令不能探测包括图形、音频、视频等多媒体文件类型。

3.5.2 cat 命令

cat 命令连接文件并打印到标准输出。cat 常常用来显示文件，类似于 DOS 下的命令 type。例如：显示文件 file 的内容，即可采用如下命令。

```
$cat file
```

将 file1，file2 连接起来输出到文件 file3 中，即可采用如下命令。

```
$cat file1 file2 > file3
```

3.5.3 head 命令

head 命令显示文件的前几行。

例如：输出文件/etc/crontab 的第一行。

```
$head -n 1 /etc/crontab
SHELL=/bin/bash
```

3.5.4 less 命令

less 命令类似于 more 命令，用来按页显示文件。但与 more 命令不同的是，less 命令可以向前后翻页，而 more 则只能用空格键后翻。

例 3.11

显示文件 test。

```
less test
```

3.5.5 more 命令

more——逐页阅读文本。more 命令十分有用，可以不需要修改就在屏幕上显示文件内容。

例 3.12

```
more name_of_text_file
```

使用 q 命令退出。

习题 3

一、选择题

1. 到达个人目录的命令是（　　）。

A. cd ..　　B. cd ~
C. cd /　　D. cd .

2. ls 命令——列出当前目录下的文件，显示隐藏文件的参数是（　　）。

A. l　　B. a
C. color　　D. x

3. 写出 file1，file2 连接起来输出到文件 file3 中的命令（　　）。

A. cat file1 file2 < file3

B. mv file1 file2　> file3

C. mv file1 file2 < file3

D. cat file1 file2 > file3

4. 下列哪个命令用来显示文件的前几行（　　）。

A. head

B. first

C. tail

D. hand

5. 重新启动 Linux 系统的命令是（　　）。

A. init 0

B. shutdown

C. reboot

D. reset

6. 默认情况下普通用户登录系统的提示符是（　　）。

A. 》

B. $

C. #

D. &

二、思考题

1. 开启 Linux 系统和关闭 Linux 系统的方法有哪些？

2. Linux 系统文件命令有哪些？各自的作用是什么？

3. Linux 下的隐含文件如何标识？如何显示？

实训 3　操作文件和目录

一、实训目的

掌握常用的操作文件和目录的命令。

二、实训内容

1．创建目录

（1）以普通用户身份登录系统后，进入用户的主目录。

（2）执行命令“mkdir mydoc/doc1/doc2”，系统提示“mydoc/doc1/doc2”不存在。

（3）执行命令“mkdir mydoc”创建目录 mydoc。然后，用 ls 命令显示当前目录下“mydoc”目录是否存在。

（4）执行命令“mkdir　–p　mydoc/doc1/doc2”。

（5）使用 cd 命令进入“mydoc/doc1/doc2”目录下，用 ls 命令显示当前目录下的文件。

2．复制和删除文件

（1）在用户主目录下用 touch 命令新建文件 mydoc，执行命令“cp　/usr/doc/fAQ/txt doc2”。系统提示不能复制目录。

（2）执行命令“cp –rf　/usr/doc/FAQ/txtdoc2”，用 ls 命令显示“mydoc/doc1/doc2”目录下复制的文件，是“txt”目录。

（3）用 mv 命令移动“txt*”下的几个文件到“mydoc1/doc1”目录下面。用 ls 命令验证文件确实被移走了。

（4）使用“rm -i mydoc/doc1/*”命令删除文件，之后用 ls 命令显示 mydoc/doc1 命令下面的文件，发现只有“doc2”目录依旧存在。

（5）复制 mydoc 到根目录下，重命名为 test，执行命令“cp mydoc /test”。

PART 4

第 4 章 VI 编辑器的使用

本章教学重点

- VI 编辑器的 3 种模式
- VI 编辑器的常用命令及操作

VI 是“Visual Interface”的缩写，VIM 意思是 VI IMproved（增强版的 VI）。VI（VIM）编辑器是 UNIX/Linux 系统上非常常用的编辑器，很多 Linux 发行版都默认安装了 VI（VIM）编辑器。VI（VIM）编辑器功能强大，命令繁多。但只要学会并能熟练使用之后，它将会帮助你大大提高工作效率。

4.1 VI 编辑器的 3 种模式

在使用 VI 编辑器之前，先了解一下 VI 编辑器的基本概念。基本上，VI 编辑器可分为 3 种操作状态，分别是命令模式（Command mode）、编辑模式（Insert mode）和底行命令模式（Last line mode）。各模式的功能如下。

（1）命令模式：控制屏幕光标的移动，字符的删除，移动、复制某区段；进入编辑模式或底行命令模式。

（2）编辑模式：唯有在编辑模式下，才可输入和编辑文本。按 Esc 键可回到命令模式。

（3）底行命令模式：储存文件，退出 VI 编辑器，设置 VI 编辑环境，查找字符串，列出行号等。

不过也可以把 VI 编辑器简化成两个模式，即将底行命令模式也算入命令模式，这样就可把 VI 编辑器分成命令模式和编辑模式。运行 VI 编辑器后，会先进入命令模式，此时输入的任何字符都被视为指令。

VI 编辑器的指令分为两种：长指令和短指令。底行命令模式下使用长指令，命令模式下执行短指令。

长指令大多以冒号开头，键入冒号后，屏幕最末尾一行会出现一个冒号提示符，等待用户键入后续的指令，输入完成后回车，VI 编辑器就会执行该指令。短指令很像是快捷键，键入短指令时，VI 编辑器不会给出任何提示，一个指令键入完毕后，VI 编辑器将立即执行该指令。本章中，所有的长指令前都标有冒号，以和短指令相区分。

4.2 VI 编辑器的常用命令及操作

为了更简单明了地介绍 VI 编辑器的各种命令，下面分为若干类来讲解。

1. 打开、保存和关闭文件（VI 编辑器命令模式下使用）

```
vi filename            //打开 filename 文件
:w                     //保存文件
:w file1               //保存至 file1 文件
:q                     //退出编辑器，如果文件已修改请使用下面的命令
:q!                    //强制退出编辑器，且不保存
:wq                    //保存文件并退出编辑器
```

2. 插入文本或行（VI 编辑器命令模式下使用）

执行下面命令后将进入编辑模式，按 Esc 键可退出编辑模式。

```
a                      //在当前光标位置的右边添加文本
i                      //在当前光标位置的左边添加文本
A                      //在当前行的末尾位置添加文本
I                      //在当前行的开始处添加文本（非空字符的行首）
O                      //在当前行的上面新建一行
o                      //在当前行的下面新建一行
R                      //替换（覆盖）当前光标位置及后面的若干文本
J                      //合并光标所在行及下一行为一行（依然在命令模式）
```

3. 移动光标（VI 编辑器命令模式下使用）

当在本地机上操作时，可直接使用上、下、左、右方向键及 PageUp、PageDown 翻页键移动光标。但当远程操作时，方向键及翻页键可能无效，这时需要使用命令控制光标移动。具体命令如下。

```
h 或 向左方向键                  //光标向左移动一个字符
j 或 向下方向键                  //光标向下移动一个字符
k 或 向上方向键                  //光标向上移动一个字符
l 或 向右方向键                  //光标向右移动一个字符
Ctrl + f                         //屏幕向前翻动一页(常用)
Ctrl + b                         //屏幕向后翻动一页(常用)
```

```
Ctrl + d              //屏幕向前翻动半页
Ctrl + u              //屏幕向后翻动半页
+                     //光标移动到非空格符的下一列
-                     //光标移动到非空格符的上一列
n<space>              //按下数字后再按空格键，光标会在这一行向右移动 n 个字
                        符，例如 20<space>，则光标会向右移动 20 个字符
0                     //（这是数字 0） 移动到这一行的第一个字符处（常用）
$                     //移动到这一行的最后一个字符处（常用）
H                     //光标移动到这个屏幕最上方的那一行
M                     //光标移动到这个屏幕中央的那一行
L                     //光标移动到这个屏幕最下方的那一行
G                     //移动到这个文件的最后一行（常用）
nG                    //移动到这个文件的第 n 行。例如 25G，则会移动到这个文件
                        的第 25 行（可配合:set nu）
n<Enter>              //光标向下移动 n 行（常用）
```

4. 删除、恢复字符或行（VI 编辑器命令模式下使用）

```
x                 //删除当前字符
nx                //删除从光标开始的 n 个字符
dd                //删除当前行
ndd               //向下删除当前行在内的 n 行
u                 //撤销上一步操作
U                 //撤销对当前行的所有操作
```

5. 搜索（VI 编辑器命令模式下使用）

```
/string1          //向光标下搜索 string1 字符串
?string1          //向光标上搜索 string1 字符串
n                 //向下继续执行前一个搜索动作
N                 //向上继续执行前一个搜索动作
```

6. 跳至指定行（VI 编辑器命令模式下使用）

```
n+                //向下跳 n 行
n-                //向上跳 n 行
nG                //跳到行号为 n 的行
G                 //跳至文件的底部
```

7. 设置行号（VI 编辑器命令模式下使用）

```
:set nu           //显示行号
:set nonu         //取消显示行号
```

8. 复制、粘贴（VI 编辑器命令模式下使用）

```
yy      //将当前行复制到缓存区，也可以用 “ayy”复制，a 为缓冲区，a 也可以替换为 a 到
          z 的任意字母，可以完成多个复制任务。
nyy     //将当前行向下 n 行复制到缓冲区，也可以用“anyy”复制，"a 为缓冲区，a 也可以替
          换为 a 到 z 的任意字母，可以完成多个复制任务
yw      //复制从光标开始到词尾的字符
nyw     //复制从光标开始的 n 个单词
y^      //复制从光标到行首的内容
y$      //复制从光标到行尾的内容
p       //粘贴剪切板里的内容在光标后，如果使用了前面的自定义缓冲区，建议使用“ap”进行
          粘贴。
P       //粘贴剪切板里的内容在光标前，如果使用了前面的自定义缓冲区，建议使用“aP”进
          行粘贴
```

9. 替换（VI 编辑器命令模式下使用）

```
:s/old/new              //用 new 替换行中首次出现的 old
:s/old/new/g            //用 new 替换行中所有的 old
:n, m s/old/new/g       //用 new 替换从 n 到 m 行里所有的 old
:%s/old/new/g           //用 new 替换当前文件里所有的 old
```

10. 编辑其他文件

```
:e otherfilename            //编辑文件名为 otherfilename 的文件
```

11. 修改文件格式

```
:set fileformat=UNIX        //将文件修改为 UNIX 格式，如 Windows 系统下面的文本文
                                 件在 Linux 下会出现^M
```

有关 VI 编辑器的使用方法还有很多，但不必刻意地去背诵这些指令，只要在使用 VI 编辑器的过程中能够有意地去查一下帮助和使用一下，就一定能很快地掌握这些指令的使用方法。

习题 4

选择题

1. VI 编辑器中删除当前整行文本的指令是（　　）。

A. d　　B. yy　　C. dd　　D. q

2. VI 编辑器中存盘并退出 VI 编辑器的指令是（　　）。

A. q!　　B. q　　C. w　　D. wq

3. 不保存强制退出 VI 编辑器的指令是（　　）。

A. q!　　B. q　　C. w　　D. wq

4. VI 编辑器中复制一行的指令是（　　）。

A. yw　　B. dd　　C. yy　　D. 2yy

5. VI 编辑器中粘贴指令是（　　）。

A. s　　B. q　　C. w　　D. p

6. 在 VI 编辑器命令模式下，要进入编辑状态，且在当前光标位置的左边添加文本的指令是（　　）。

A. a　　B. o　　C. i　　D. I

7. 在 VI 编辑器命令模式下，要在当前行的下面新建一行，且进入编辑状态的指令是（　　）。

A. a　　B. o　　C. i　　D. I

8. VI 编辑器中显示行号的指令是（　　）。

A. :set nu　　B. :set nonu　　C. :set　　D. set

9. VI 编辑器中向下搜索字符串 str1 的指令是（　　）。

A. :str1　　B. ?str1　　C. /str1　　D. n

10. VI 编辑器中撤销上一步操作的指令是（　　）。

A. q　　B. x　　C. U　　D. u

11. VI 编辑器中向前翻动一页的指令是（　　）。

A. Ctrl+u　　B. Ctrl+d　　C. Ctrl+b　　D. Ctrl+f

12. VI 编辑器中将全文的字符串 str1 替换为字符串 str2 的指令是（　　）。

A. :s/str1/str2　　B. :s/str1/str2/g

C. n，m s/str1/str2/g　　D. :%s/str1/str2/g

实训 4　使用 VI 编辑器

一、实训目的

（1）掌握 VI 编辑器中的文件操作：创建一个文本文件，打开一个已有的文件，保存编辑过的文件。

（2）掌握 VI 编辑器中的编辑命令：移动光标，插入、删除、修改文本。

（3）掌握 VI 编辑器中文本复制的命令和技巧。

（4）能够运用 VI 编辑器的查找和替换技巧，完成大量的修改任务。

二、实训内容

练习 1　创建一个新的文件

（1）执行无参数的 VI 编辑器命令，直接进入 VI 编辑器。

（2）在命令模式下按 I 键，进入文本编辑模式，可以随便输入一些文字。

（3）按 Esc 键，输入如下的底行命令。

```
:w filel
```

将文件存为“filel”。

（4）再输入一些文字，然后执行如下的底行命令。

```
:wq file2
```

将文件存为“file2”后退出。

（5）用 ls 命令检验“filel”和“file2”文件是否存在。

练习 2　在 VI 编辑器中移动光标

（1）执行如下命令，打开文件“/var/log/dmesg”。

```
vi /var/log/dmesg
```

（2）为了能清楚地看到文本的行号，可以用:set nu 命令给文本加上行号。

（3）在命令模式下，练习用键盘的光标键移动光标。

（4）练习用 H、J、K、L 键来移动光标。

（5）用 Home、End、$、－ 键来移动光标达到行首和行尾。

（6）用 G 命令跳到指定的行上。

（7）操作 H、M、L 命令，查看命令执行的效果。

（8）练习滚屏的命令，按 Ctrl+u、Ctrl+d、Ctrl+f、Ctrl+b 组合键。

（9）退出 VI 编辑器。

练习 3　插入文本

打开练习 1 中创建的文件 file1。

（1）练习使用 i 和 I 命令插入文本。

（2）练习使用 a 和 A 命令添加文本。

（3）练习使用 o 和 O 命令插入新行文本。

在练习中请注意这 3 组命令中每两个命令之间的区别。

练习 4　删除和恢复文本

（1）练习使用 x 命令删除字符，练习使用 dd 命令删除文本行，练习使用 dw 命令删除文本字。

（2）重复练习上面的命令，只是在命令前先输入一个数字，一次删除多个字符、文本行和字。

（3）配合移动光标的命令，重复练习上面的删除命令。

（4）练习使用 U 和 u 命令撤销上一次的编辑命令。

（5）使用 o 命令重复一次的编辑命令。例如用 o 命令输入一行新文本，多次执行命令后，将在文件中添加多行文本。

练习 5　文本替换命令

练习使用:%s/old/new/g 命令完成几个替换操作。

练习 6　字符串的查找

（1）先选中一个字符串，再用/命令向前搜索这个字符串。搜索的模式可以使用正则表达式。

（2）再用? 命令向后搜索这个字符串，搜索的模式可以使用正则表达式。

PART 5

第 5 章 用户管理

本章教学重点

- 用户管理
- 用户组管理
- 用户安全

当一台计算机为多人所用时，通常需要区分用户，可以使个人文件保持个人化。即使计算机只为一人所用，也需要通过用户管理保护个人信息。每个用户拥有一个单独的用户名，这个名字用于登录。因此，使用者需要掌握添加用户和用户组，删除用户和用户组，配置用户和用户组权限的方法，掌握限制用户对主机使用的方法。

5.1 用户类别

1．标准用户

标准用户也可以称为普通用户。对普通用户来说，他在硬盘上可以进行写操作的地方可能只有自己的主目录。它位于“/home/用户名”下。其中/home 目录保存所有用户文件，包括用户设置程序、配置文件、文档数据，netscape 的缓存文件以及用户邮件等。普通用户仅仅可以在自己的主目录下创建新的子目录来组织自己的文件，并且在没有赋予其他用户普通用户权限的情况下，其他用户是无权读写该用户主目录下的内容的。除了自己的主目录外，普通用户可以查找、读、执行系统内其他目录中的文件，但是一般情况下它们不能修改或移动这些文件。

2．标准用户组

标准用户组是由很多标准用户组成的一个组。在系统中可以有很多个标准用户组。在同一个标准用户组内的用户可以具有小组的存取许可权限，可以使用组内的共享文件。

3．私有用户组

该用户不属于任何一个现有的标准用户组，或者有的用户可能时常需要独自为一个小组；有的用户可能有一个 SGID 程序，需要独自为一个小组。这些用户可以称为私有用户。由他们所构成的组称为私有用户组。

5.2 用户管理

5.2.1 添加用户

添加用户的方法主要有以下 3 种。

1．用 useradd 命令

执行完毕也需要执行 passwd username。

例 5.1

```
useradd test1
passwd test1
```

下面输入 test1 的密码并确认。

2．vi /etc/passwd

加入下面一行。

```
用户名:密码:UID:GID:用户全名:用户 HOME 目录:用户的 shell
```

举例如下。

```
test1::500:500:TestUser:/home/test:/bin/bash
```

需要注意以下几点。

（1）密码一定什么也不填。

（2）用户的 HOME 目录一定要存在，不然用户无法登录。

（3）UID 不要和其他用户的相同。

（4）如果密码是经过 shadow 的，需要执行一下 pwconv，以便转换新加的密码。并更新 /etc/shadow，然后需要执行 passwd USERNAME，以设定用户密码。

3．用图形化用户管理工具。

（1）选择“系统→管理→用户和群组”，弹出“用户管理者”对话框，如图 5-1 所示。

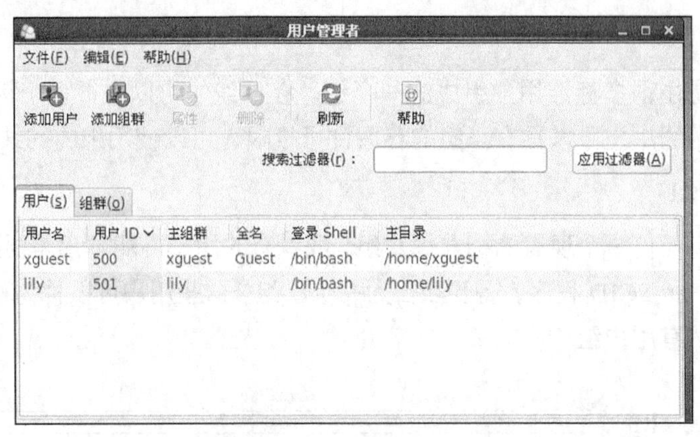

图 5-1 用户管理者

（2）单击“添加用户”按钮，弹出“添加新用户”对话框，如图 5-2 所示，填好相应信息后，单击“确定”按钮，新用户便添加成功了。

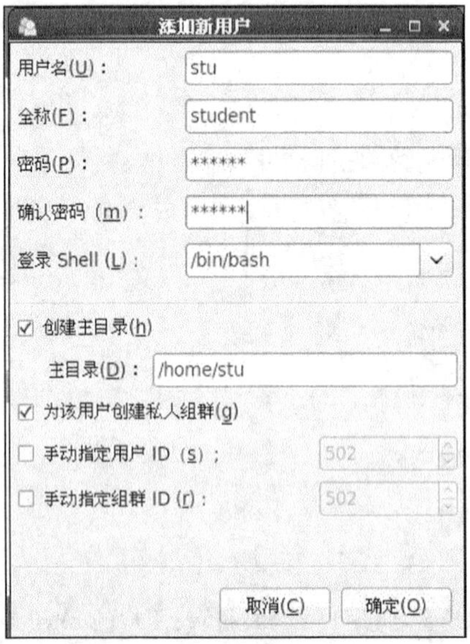

图 5-2 添加新用户

思考：如何创建无密码用户呢？

可以使用 passwd -d USERNAME 命令完成。USERNAME 用实际的用户名代替或者编辑/etc/passwd 文件，把该用户对应行的第一个冒号和第二个冒号之间的部分删除。如果有/etc/shadow 文件存在，也需要对/etc/passwd 文件执行相同的操作。

5.2.2 权限设置

1．用户权限需求分析

Linux 采用了将管理员和普通用户分开的策略。这种策略保证了系统的健壮性，同时也使 Linux 下的病毒难以编写（用户编写的程序仅对自己的目录有写权限，而与操作系统的其他部分是隔离开的）。

首先必须对用户设置访问与加入的口令，其中包括普通用户口令、组口令。如果以超级用户注册的话，还有超级用户的口令。口令是用一个单向加密算法加密的，并且将加密结果保存在文件/etc/passwd中。而原始口令并不保存。

对于普通用户的权限，只能在自己的主目录下创建新的子目录来组织自己的文件，如果在别的普通用户没有授予他用户权限的情况下，他无权读写其他用户主目录下的内容。不过可以查找、读、执行系统内其他目录中的文件，只是不能修改或移动这些文件。

同时，对于标准用户组以及私人用户组内的安全，以及组内用户的读写和程序的运行权限都需要进行设置。此外，还应该有超级用户的权限的操作命令。

2．修改口令方式

root 用户可以在不知道用户当前口令的前提下，修改任何一个用户的口令。注册时键入的口令被一个单向加密算法计算，并将结果与保存在/etc/passwd中的值进行比较。正确的话，用户就可以登录系统。

用户在第一次注册时，可修改自己的口令，命令如下。

```
$passwd
(current)UNIX Password[键入旧的口令字]
New UNIX Password[键入新的口令字]
Retype New UNIX password[再一次键入新的口令字]
```

出于安全考虑，键入的口令是不会显示在屏幕上的。

如果普通用户忘记了自己的口令，可以让root修改该用户的口令。例如要修改用户susan的口令，命令如下。

```
#passwd susan
```

该命令将提示输入用户susan的新的口令，它不需要输入旧的口令来确认。

此外，如果在/etc/passwd中有的口令项前有*号，这意味着此账号暂时不可用。想恢复这一账号时，只要删除这个*号，这个账号就可以用原来的口令注册了。

在图形化界面中，若要修改用户密码，只需在“用户管理者”对话框中双击用户所在行，在弹出的“用户属性”对话框中重新设置密码即可，如图5-3所示。

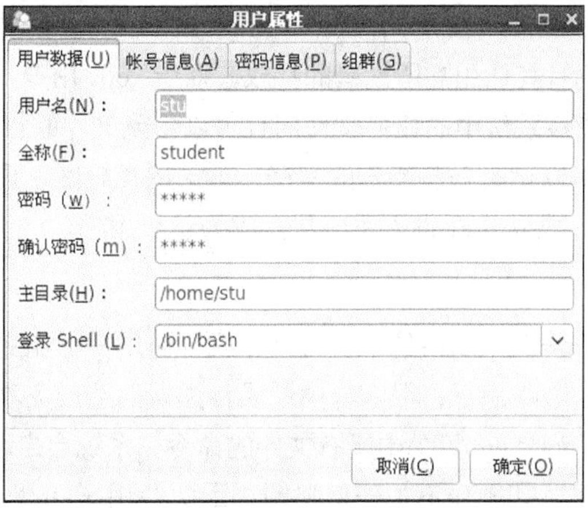

图5-3 用户属性

5.2.3 删除和查封用户

删除一个用户必须执行以下操作。

（1）删除/etc/passwd 文件中此用户的记录。

（2）删除/etc/group 文件中提及的此用户。

（3）删除用户的主目录。

（4）删除此用户创建或属于此用户的文件。

userdel 命令可删除用户及其主目录。

例 5.2

删除用户 test2 及其主目录。

```
userdel -r test2
```

此用户相关的文件如邮箱和 crontab 文件，必须手动删除。下面的命令:find/−user username −ls，可以迅速找到与某用户相关的文件。

注意：使用该命令的时候，/etc/passwd 文件中必须有 username 的记录。如果已经删除了用户 username，则换成如下的格式：find/−uidnumls.num，这是已经删除了用户的 UID。

临时查封一个用户有两种方法。

（1）把用户的记录从/etc/passwd 中去掉，保留主目录和其他文件不变。

（2）在/etc/passwd（或/etc/shadow）文件中，在该用户的 passwd 域的第一个字符前面加上一个“*”。

例 5.3

临时查封用户 test1: *gERo4lxhBzleUc:10084:0:180:7:::

在图形化界面中删除用户，只需在“用户管理者”对话框中选中相应的用户，然后单击“删除”按钮即可。

5.2.4 超级用户

1．超级用户的权限

超级用户属于系统指定的特殊用户，通常也称为 root 用户。一些系统管理命令只能由超级用户运行。超级用户拥有其他用户所没有的特权。对于 root 用户，权限上没有任何限制，他不仅可以读、写或者删除系统中的任何文件而且可以修改文件的权限以及所有者。

此外，root 用户还可以运行一些特殊的程序，如给磁盘分区，建立文件系统等。系统管理员通常使用命令/bin/su 或以 root 进入系统从而成为超级用户。

2．超级用户的管理

系统管理员以 root 账户登录到系统中，可以完成普通用户不能完成的任务。由于 root 能够做任何事情，因而在这个账户下，很容易由于操作失误而造成灾难性的后果。作为一般的用户，如果不小心使用了删除 etc 目录中所有文件的命令，系统会自动禁止。但是对于以 root 账户登录的用户，系统将对其操作不加任何限制，因此使用 root 账户时，稍有不慎就容易导致系统的崩溃，因而为了避免事故，需要对超级用户的使用进行有效的管理，较好的方法如下。

（1）在多用户系统下不让普通用户通过 root 账户登录，只允许系统管理员以 root 登录。可以通过口令设置来实行。

（2）为 root 账户提供一个不同于普通用户账户的提示符。这时需要修改 root 账户下的.bashrc 或.login 文件，把 shell 提示符设置成不同于普通账户的提示符。

（3）只有在完全必要的情况下才使用 root 账户登录。一旦作为 root 用户完成所需工作，就及时退出。使用的 root 账户越少，对系统造成损害的可能性就越小。

（4）不要习惯使用 root 账户。因为习惯了在 root 账户中操作，就有可能将 root 中的权限和普通用户的权限混淆，从而导致不必要的损害。如，在某个用户名下，用户自以为是普通用户时，可能实际上是以 root 用户登录的。

3．使用 su 命令改变身份

用户在使用过程中可以随时使用 su（setuser 的缩写）命令来改变身份。例如，root 账号一般用于系统管理，使用 root 账号时必须特别小心以防损坏系统。因此，管理员在平时工作时可以用普通账号登录，而在进行系统维护时用 su 命令获得 root 权限，维护完毕后再用 su 切回原账号。更为重要的是，考虑到系统安全问题，Linux 系统默认不允许以 root 身份进行远程登录（telnet），如果管理员要从客户机上进行远程管理，就必须先以普通用户登录，然后再用 su 获得 root 权限。

su 的用法如下。

```
#su [username]
```

username 是要切换到的用户名，如果省略 username，su 默认将用户身份切换至 root，当然需要给出正确的密码。只有 root 用户使用 su 时才不需要密码。

4．找回 root 口令

root 口令丢了，完全没必要重装。解决办法是：用 Linux 启动盘启动，进入安装状态，然后把文件系统 mount 到一个目录里，如/mnt 里，随后修改/etc/passwd 即可。或者干脆在 grub 出现的时候，输入 linuxsingle（或者是 singlelinux）登陆进去以后，修改/etc/passwd 中的 root 密码即可。

5.2.5 批量添加用户

1．创建用户文件和密码文件

要创建包含新用户的文件 user.txt ；另一个是为新添加的用户设置密码的 passwd.txt。

```
# touch user.txt
# touch passwd.txt
```

然后用文本编辑器打开文件 user.txt，添加如下内容。

```
stu01:x:520:520::/home/stu01:/sbin/nologin
stu02:x:521:521::/home/stu02:/sbin/nologin
stu03:x:522:522::/home/stu03:/sbin/nologin
```

user.txt 文件内容格式和 /etc/passwd 的格式是一样的，必须严格按照/etc/passwd 的格式来书写。上面所添加的用户都不能登录系统，但可以用于 ftp 登录，只需在相应 ftp 服务器的配置文件中打开让本地用户有读写权限的选项。如果想让上面的用户登录系统，可以把 shell 类型改一下，比如改成/bin/bash 。

再来书写新增用户的密码文件 passwd.txt 内容；这个文件内容中的用户名要与 user.txt 用户名相同，也就是先添加了 stu01 到 stu03 的用户，现在要为这些用户更新密码，密码如下。

```
stu01:123456
stu02:654321
stu03:123321
```

2．通过 newusers 和 chpasswd 完成批量添加用户

```
# newusers  <user.txt
# chpasswd  < passwd.txt
```

这样就算添加完成了，如果 /etc/passwd 中显示的是用户的明口令，可以通过下面的命令来映射到 /etc/shadow 文件。

```
[root@localhost ~]# pwconv
```

5.3 用户组管理

在 Linux 系统中，每个用户账号至少属于一个用户组，每个用户组可以包括多个账号。属于同一用户组的用户享有该组共有的权限（主要是文件使用权限）。例如，管理员可以创建 game 用户组，使该组中的用户都具有运行系统中的游戏程序的权利。

5.3.1 用户组的实例

在用户较多的大型系统中，使用用户组可以方便管理。有关用户组的信息存放在 /etc/group 文件中，下面给出一个 group 文件的内容。

```
root::0:root
bin::1:root，bin，daemon
daemon::2:root，bin，daemon
sys::3:root，bin，adm
adm::4:root，adm，daemon
tty::5:
disk::6:root，adm
lp::7:lp
wheel::10:root
floppy::11:
rootmail::12:
mailnews::13:
newsuucp::14:
uucpman::15:man
```

```
users::100:games
nogroup::-1:
```

group 文件的内容和 passwd 文件的格式很像，group 的每一行记录了一个群组的资料。

每个群组的资料包括 4 个栏位，以“:”隔开。它们分别如下。

群组名称：该群组的名称，如 rootbin。

群组密码：设置加入群组的密码，大部分的情况下不使用群组密码，所以这个栏位通常没有作用。

GID：群组号码，就像用户一样，群组也有自己的号码供系统识别，且每一个群组的号码一定不会相同。

群组成员：这一栏记录了属于该群组的成员，大部分用户的个人群组这一栏是空的，可以按照需求将用户加入某群组成为该群组的成员。

5.3.2 将用户添加至用户组

要将一个用户账号添加到某一工作组中，只需要修改 group 文件，将其用户名添加到该组的 users 列表中即可。

5.3.3 添加用户组

使用 groupadd 命令添加用户组，命令格式如下。

```
groupadd [option] groupname
```

例 5.4

添加用户组 grp01。

```
# groupadd grp01
```

5.3.4 删除用户组

将群组由系统内删除，命令格式如下。

```
groupdel groupname
```

例 5.5

用 groupdel 命令删除用户组 grp01。

```
#groupdel grp01
```

5.3.5 设置群组密码

gpasswd 可用来设置群组密码。但一般情况下，使用群组密码的情况并不多，而这个命令用来管理组内的用户倒很方便，gpasswd 可以把用户加入群组，也可以从群组内删除。

这个指令只有 root 或是群组的管理员有权使用，命令格式如下。

```
gpasswd [option] [group]
```

参数说明如下。

- -a：将用户 user 加入 group 群组。
- -d：将用户 user 从 group 群组里删除。
- -r：取消群组密码。

例 5.6

将用户 usr01 加入到 grp01 群组内。

```
$gpasswd -a usr01 grp01
```

例 5.7

给组 usr01 设置密码。

```
# gpasswd usr01
Changing the password for group usr01
New Password:
Re-enter new password:
```

5.3.6 修改群组记录

groupmod 指令可修改在/etc/group 文件中的资料，命令格式如下。

```
groupmod [options] group
```

参数说明如下。

- -g GID：更改群组号码。
- -n name：更改群组名称。
- -o：强制接受更改的群组号码为重复的号码。

例 5.8

将群组 group02 更名为 grp02。

```
$groupmod -n grp02 group02
```

5.3.7 在用户组间切换

从用户的角度来说，用户组分为主组和附属组。

主组：也被称为 primary group、first group 或 initial login group，用户的默认组，用户的 gid 所标识的组。

附属组：也被称为 Secondary group 或 supplementary group，用户的附加组。

一个用户可以分属于不同的用户组，用户可以使用 groups 命令来查看自己属于哪些用户组。

```
#groups [username]
```

username 是要查看的用户名，如果省略则查看自己所属的用户组。下面的命令查看 root 账号所属的工作组。

```
#groups root
root : root bin daemon sYs adm disk wheel
```

Linux 系统规定，任何用户在任意时刻只能属于一个用户组，也就是说，在同一时刻只能享有一个用户组的权利。当用户登录时，他所属的工作组由 passwd 文件中的 GID 字段指定。

使用 newgrp 命令在所属的用户组中切换，命令格式如下。

```
#newgrg [group]
```

group 参数给出欲切换到的目标用户组，如果没有给出该参数，则切回登录时所在的工作组。

5.3.8 图形界面中的用户组管理

（1）添加群组。在“用户管理者”对话框中单击“添加群组”按钮，弹出“添加新群组”对话框，输入新群组名字，单击“确定”按钮即可，如图 5-4 所示。

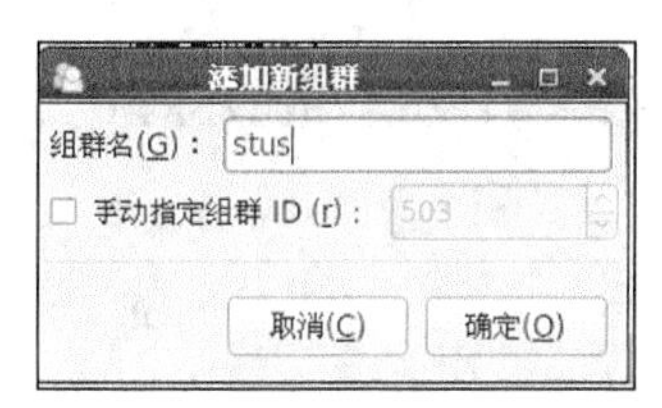

图 5-4 添加新群组

（2）为群组添加用户。在“用户管理者”对话框中双击群组所在行，弹出“群组属性”对话框，选择“群组用户”选项卡，选择相应的用户，单击“确定”按钮即可，如图 5-5 所示。

图 5-5 添加用户到组

（3）删除群组。若要删除群组，只需在“用户管理者”对话框中选中相应群组，单击“删除”按钮即可。要注意的是，在没删除相应用户的情况下，不能直接删除该用户的主组群。

5.4 用户口令安全

Linux 是多用户的操作系统，如果一个人想运行并操作 Linux 的话，就必须在系统中拥有一个合法的用户账号。现在读者应该至少已经拥有了两个账号，一个是 root，另一个则是在安装时设定的。为了使其他人也能够使用自己的 Linux，应当为他们建立账号。

注意

只有 root 超级用户才能管理用户账号，因此请读者在管理账号前以 root 身份登录。

5.4.1 passwd 文件

在任何一个 Linux 系统中，都有一个 passwd 文件，它存放在/etc 目录下。这个文件存放着所有用户账号的信息，包括用户名和密码，因此，它对系统来说是至关重要的。可以使用如下命令查看该文件。

```
#cat /etc/passwd
```

下面是一个 passwd 文件的内容。

```
root:sWMrPGa52GO1Y:0:0:root:/root:/bin/bash
bin:x:1:1:bin:/bin:
daemon:x:2:2:daemon:/sbin:
adm:x:3:4:adm:/var/adm:
lp:x:4:7:lp:/var/spool/lpd:
sync:x:5:0:sync:/sbin:/bin/sync
shutdown:x:6:0:shutdown:/sbin:/sbin/shutdown
halt:x:7:0:halt:/sbin:/sbin/halt
mail:x:8:12:mail:/var/spool/mail:
news:x:9:13:news:/var/spool/news:
uucp:x:10:14:uucp:/var/spool/uucp:
operator:x:11:0:operator:/root:
games:x:12:100:games:/usr/games:
gopher:x:13:30:gopher:/usr/lib/gopher-data:
ftp:x:14:50:FTPUser:/home/ftp:
nobody:x:99:99:Nobody:/:
arp:GFcoDv58s4YYg:500:500:user:/home/somebody:/bin/bash
```

可以看到 root、arp 等账号。

passwd 文件由许多条记录组成，每条记录占一行，记录了一个用户账号的所有信息。

每条记录由 7 个字段组成，字段间用冒号“:”隔开，其格式如下。

```
username:password:UserID:GroupID:comment:homedirectory:shell
```

各字段的含义如下。

（1）username。用户名，它唯一地标识了一个用户账号，用户在登录时使用的就是它。

（2）password。该账号的口令，passwd 文件中存放的密码是经过加密处理的。Linux 的加密算法很严密，其中的口令几乎是不可能被破解的。盗用账号的人一般都借助专门的黑客程序，构造出无数个密码，然后使用同样的加密算法将其加密，再和本字段进行比较，如果相同的话，就代表构造出的口令是正确的。正因为如此，笔者建议读者不要使用生日、常用单词等作为口令，它们在黑客程序面前几乎是不堪一击的。特别是对那些直接连入较大网络的系统来说，系统安全性显得尤为重要。

（3）UserID。用户识别码，简称 UID。Linux 系统内部使用 UID 来标识用户，而不是用户名。UID 是一个整数，用户的 UID 互不相同。

（4）GroupID。用户组识别码，简称GID。不同的用户可以属于同一个用户组，享有该用户组共有的权限。与UID类似，GID唯一地标识了一个用户组。

（5）comment。这是管理员给用户账号做的注解，它一般是用户真实姓名、电话号码、住址等，当然也可以是空的。

（6）home directory。家目录，这个目录属于该账号，当用户登录后，它就会被置于此目录中，就像回到家一样。一般来说，root账号的家目录是/root，其他账号的家目录都在/home目录下，并且和用户名同名。当然这个目录也可以改到别的地方。

（7）login command。用户登录后执行的命令，一般来说，这个命令将启动一个shell程序。使用过BBS的用户都知道，用BBS账号登录后，会直接进入BBS系统，这是因为BBS账号的login command指向的是BBS程序，等系统登录到BBS时就自动运行这些命令。

5.4.2 系统默认账号

系统中还有一些默认的账号，如adm、daemon、bin、sys等，读者可以在前面的passwd文件中找到它们。这些账号有着特殊的用途，一般用于进行系统管理，举例如下。

bin账号拥有可执行文件。

sys账号拥有可执行文件。

adm账号拥有账号文件（如passwd）和日志（log）文件。

在比较大型的工作站中，超级用户可能希望将繁重的维护任务分派给其他维护人员，但又不希望赋予他们root权限，这时这些账号就派上用场了。这些账号的口令大部分用星号表示，代表它们不能在登录时使用。

5.4.3 安全密码

为了增强系统的安全性，Linux系统还可以为用户提供MD5和Shadow安全密码服务。如果在安装Linux服务器版的时候在相关配置的选项上选中了MD5和Shadow服务，那么将看到的/etc/passwd文件和上边的例子文件稍有差别，差别就是在/etc/passwd里的passwd项上无论是什么用户，都是一个“*”，这就表示这些用户都登录不了；系统其实是把真正的密码数据放在了/etc/shadow文件里，用户只能以root身份来浏览这个文件。为什么要这样做呢？原因其实很简单，在系统设计的时候，/etc/passwd文件是任何人都可以读的，那么那些心有所图的人就可以利用这个文件，使用各种各样的工具按照Linux密码加密的方法把用户甚至root的密码试出来，这样，整个系统就会被他所控制，会严重危害系统的安全和用户数据的保密性。

/etc/passwd中存放的加密口令用于和用户登录时输入的口令经计算后相比较，符合则允许登录，否则拒绝用户登录。用户可用passwd命令修改自己的口令，不能直接修改/etc/passwd中的口令部分。

一个好的口令应当至少有6个字符长，不要用个人信息（如生日，名字，反向拼写的登录名，房间中可见的东西），普通的英语单词也不好（因为可用字典攻击法），口令中最好有一些非字母（如数字，标点符号，控制字符等），还要好记一些，不能写在纸上或计算机中的文件中，选择口令的一个好方法是将两个不相关的词用一个数字或控制字符相连，并截断为8个字符。当然，如果能记住8位乱码自然更好。

不应使用同一个口令在不同机器中使用，特别是在不同级别的用户上使用同一口令，因为一旦泄露则会引起全盘崩溃。用户应定期改变口令，至少 6 个月要改变一次，系统管理员可以强制用户定期做口令修改。为防止眼明手快的人窃取口令，在输入口令时应确认无人在身边。

习题 5

一、选择题

1. 删除一个用户必须（ ）。

A. 删除/etc/passwd 文件中此用户的记录　　B. 删除/etc/group 文件中提及的此用户

C. 删除用户的主目录　　D. 删除此用户创建或属于此用户的文件

2. 临时查封用户，可在该用户的 passwd 域的第一个字符前面加上一个（ ）。

A. &　　B. !　　C. ||　　D. *

3. 以下（ ）文件保存用户账号的加密信息。

A. /etc/passwd　　B. /etc/shadow　　C. /boot/shadow　　D. /etc/inittab

4. 超级用户 root 的 UID 是（ ）。

A. 0　　B. 1　　C. 500　　D. 600

5. 普通用户的 UID 是（ ）。

A. 0~100　　B. 1~400

C. 500　　D. 500 和 500 以上

6. （ ）可以删除一个名为 stu 的用户并同时删除用户的主目录。

A. rmuser –r stu　　B. deluser –r stu

C. userdel –r stu　　D. usermgr –r stu

7. 添加组群的命令是（ ）。

A. groupmod　　B. groupadd　　C. gpasswd　　D. chpasswd

二、思考题

1. 举例说明如何创建一个用户账号。
2. 请简述/etc/passwd 文件各字段的含义。
3. 请简述/etc/group 文件各字段的含义。
4. Linux 系统是如何标识用户和组的？

实训 5　用户和组操作

一、实训目的

掌握常用的用户和组操作。

二、实训内容

1. 冻结用户

请按照下面的方法在不删除它的前提下冻结一个用户（比如 nobody）的账户（注意不要冻结 root 账户）。

（1）以根用户身份登录进入系统。

（2）编辑 password 文件。

如果没有使用 shadow 隐藏密码字功能，编辑/etc/passwd 文件。

如果使用了 shadow 隐藏密码字功能，编辑/etc/shadow 文件。

（3）在文件中找到这个账户。

（4）把这个账户的密码字替换为一个星号“*”，密码字在用户数据段的第二个位置。

（5）保存并退出文件。

2. 批量新建用户

批量新建用户 li、zhou、wu，所有用户都属于 root 组群。

（1）创建包含新用户和密码的文件 user ，passwd。

```
# touch user
# touch passwd
```

（2）编写文件内容。

（3）#vi user，添加如下内容。

```
li:x:520:0::/home/li: /bin/bash
zhou:x:521:0::/home/zhou: /bin/bash
wu:x:522:0::/home/wu: /bin/bash
```

（4）#vi passwd，添加如下内容。

```
li:abc456
zhou:abc123
wu:abc321
```

（5）通过 newusers 和 chpasswd 完成批量添加用户。

```
# newusers  <user
# pwconv
# chpasswd  < passwd
```

PART 6

第 6 章 文件系统目录与磁盘管理

本章教学重点

- Linux 的目录结构
- Linux 文件系统文件与目录的常用管理
- 绝对路径与相对路径
- 文件与目录权限
- Linux 下文件与目录的权限类型
- 更改文件与目录的权限

6.1 Linux 支持的文件系统类型简介

1．ext2、ext3、ext4 文件系统

ext（Extended file System 扩展文件系统）是专为 Linux 设计的文件系统，由于稳定、兼容、速度等方面的原因，现在已经较少使用。

为解决 ext 文件系统存在的不足，1993 年 ext2 发布，它在速度和 CPU 的利用率方面有较为突出的优势。

ext3 是在 ext2 的基础上，增加了文件系统日志管理功能。

ext4 是针对 ext3 文件系统的扩展日志式文件系统，修改了 ext3 中部分重要的数据结构，提供了更加良好的性能和可靠性，Linux 自 2.6.28 内核版本之后开始支持新的文件系统。

2．swap 文件系统

swap 文件系统用于 Linux 的交换分区。交换分区一般为系统物理内存的两倍，类似于 Windows 的虚拟内存功能。

3. vFAT 文件系统

vFAT 文件系统是 Linux 对 DOS、Windows 系统下的 FAT（包括 FAT16 和 FAT32）文件系统的统称。CentOS 支持 FAT16 和 FAT32 分区，也可以在系统中通过命令创建 FAT 分区。

4. NFS 文件系统

NFS 是网络文件系统，一般用于类 UNIX 系统间的文件共享，用户可将 NFS 的共享目录挂载到本地目录中，从而可以像操作本地系统的目录一样操作共享目录。

5. SMB 文件系统

SMB 是另外一种网络文件系统，主要用在 Windows 和 Linux 之间共享文件和打印机。SMB 也可以用于 Linux 和 Linux 之间的共享。

6. ISO 9660 文件系统

这是 CD-ROM 所使用的标准文件系统，LINUX 对该文件系统也有很好的支持，不仅可以读取光盘和 ISO 映像文件，还支持刻录。

例 6.1

Linux 支持的文件系统类型可以通过命令来查看。

```
[root@www ~]#ls /lib/modules/2.6.32-358.el6.i686/kernel/fs
```

6.1.1 ext4 文件系统特点

（1）与 ext3 兼容。从 ext3 在线迁移到 ext4，执行简单的几条命令就可以了，无需重新格式化磁盘或重新安装系统。原有 ext3 数据结构仍然保留，ext4 作用于新数据。

（2）支持更大的文件系统和更大的文件。ext3 支持最大 16TB 文件系统和最大 2TB 文件，ext4 分别支持 1EB（1 048 576TB，1EB=1 024PB，1PB=1 024TB）的文件系统，以及 16TB 的文件。

（3）无限数量的子目录。ext3 支持 32 000 个子目录，而 ext4 支持无限数量的子目录。

（4）Extents、多块分配。ext3 采用间接块映射和多次分配策略，当操作大文件时，效率极其低下。而 ext4 引入了现代文件系统中流行的 Extents 概念和多块分配策略，每个 Extent 为一组连续的数据块，且在 ext4 中多块分配器“multiblock allocator”支持一次调用分配多个数据块，提高了效率。比如：一个 100MB 大小的文件，ext3 的数据块分配器每次只能分配一个 4KB 的块，在 ext3 中要调用 25 600 次数据块分配器，建立 25 600 个数据块（每个数据块大小为 4KB）的映射表。在 ext4 中调用一次多块分配器，直接为该文件分配接下来的 25 600 个数据块。

（5）延迟分配，ext3 的策略是尽快分配，但是现代操作系统和 ext4 则尽可能地延迟分配，直到文件在 cache 中写完才开始分配数据块并写入磁盘，如此可以优化整个文件的数据块分配，与 Extents 和多块分配搭配可以显著提升效能。

（6）快速 fsck。在 ext4 以前的文件系统中执行 fsck 很慢，因为它要检查所有的 inode，而 ext4 给每个组的 inode 表中都添加了一份未使用 inode 的列表，ext4 文件系统 fsck 就可以跳过未使用的 inode。

（7）日志校验和无日志模式。日志是最常用的部分，也极易导致磁盘硬件故障，往往而从损坏的日志中恢复数据会导致更多的数据损坏。ext4 的日志校验功能可以很方便地判断日志数据是否损坏，而且它将 ext3 的两阶段日志机制合并成一个阶段，在增加安全性的同时提高了性能。而且日志总归有一些开销，ext4 允许关闭日志，以便某些有特殊需求的用户可以借此提升性能。

（8）inode 相关特性。ext4 支持更大的 inode，ext3 默认的 inode 大小为 128 字节，ext4 为了在 inode 中容纳更多的扩展属性（如纳秒时间戳或 inode 版本），默认 inode 大小为 256 字节。

（9）默认启用 barrier。ext4 默认启用 barrier，只有当 barrier 之前的数据全部写入磁盘，才能写 barrier 之后的数据。（可通过 “mount -o barrier=0” 命令禁用该特性。）磁盘上配有内部缓存，以便重新调整批量数据的写操作顺序，优化写入性能，因此文件系统必须在日志数据写入磁盘之后才能写 commit 记录，若 commit 记录写入在先，而日志有可能损坏，那么就会影响数据完整性。

inode（索引节点）在 Linux 文件系统中用来记录文件的属性，它包含了一个文件的长度、创建及修改时间、权限、所属关系、磁盘中的位置（哪一个块内）等信息；inode 还具有指针功能，即指向文件内容放置的块，让操作系统可以正确获取文件的内容。一般来说，inode 记录如下信息。

- 该文件的拥有者与用户组（owner/group）。
- 该文件的访问模式（read/write/excute）。
- 该文件的类型（type）。
- 该文件的建立时间（ctime），最近一次访问时间（atime），最近修改时间（mtime）。
- 该文件的大小。
- 该文件真正内容的指针。

6.1.2 创建文件系统

分区完成后，硬盘仍然无法使用，需要格式化之后才能使用，格式化就是在指定的磁盘创建文件系统。

例 6.2

使用 “mkfs.ext4 /dev/sdb1” 将主分区/dev/sdb1 格式换成 ext4 分区。如图 6-1 所示。

创建文件系统还可以使用 mke2fs 命令，比如 “mke2fs /dev/sdb2”，但是 mke2fs 命令默认创建的是 ext2 文件系统，如图 6-2 所示，需要添加-j 参数才可以创建 ext3 文件系统，如图 6-3 所示。

mkfs.ext4 /dev/sdb1 与 mkfs -t ext4 /dev/sdb1 是等价的。

文件系统是 ext2、ext3 还是 ext4，挂载后即可查看。

```
[root@localhost ~]# mkfs.ext4 /dev/sdb1
mke2fs 1.41.12 (17-May-2010)
文件系统标签=
操作系统:Linux
块大小=4096 (log=2)
分块大小=4096 (log=2)
Stride=0 blocks, Stripe width=0 blocks
328656 inodes, 1313305 blocks
65665 blocks (5.00%) reserved for the super user
第一个数据块=0
Maximum filesystem blocks=1346371584
41 block groups
32768 blocks per group, 32768 fragments per group
8016 inodes per group
Superblock backups stored on blocks:
        32768, 98304, 163840, 229376, 294912, 819200, 884736

正在写入inode表: 完成
Creating journal (32768 blocks): 完成
Writing superblocks and filesystem accounting information: 完成

This filesystem will be automatically checked every 25 mounts or
180 days, whichever comes first.  Use tune2fs -c or -i to override.
```

图6-1 创建ext4文件系统

```
[root@localhost ~]# mke2fs /dev/sdb2
mke2fs 1.41.12 (17-May-2010)
文件系统标签=
操作系统:Linux
块大小=4096 (log=2)
分块大小=4096 (log=2)
Stride=0 blocks, Stripe width=0 blocks
328656 inodes, 1313313 blocks
65665 blocks (5.00%) reserved for the super user
第一个数据块=0
Maximum filesystem blocks=1346371584
41 block groups
32768 blocks per group, 32768 fragments per group
8016 inodes per group
Superblock backups stored on blocks:
        32768, 98304, 163840, 229376, 294912, 819200, 884736

正在写入inode表: 完成
Writing superblocks and filesystem accounting information: 完成

This filesystem will be automatically checked every 24 mounts or
180 days, whichever comes first.  Use tune2fs -c or -i to override.
```

图6-2 创建ext2文件系统

```
[root@localhost ~]# mke2fs -j /dev/sdb5
mke2fs 1.41.12 (17-May-2010)
文件系统标签=
操作系统:Linux
块大小=4096 (log=2)
分块大小=4096 (log=2)
Stride=0 blocks, Stripe width=0 blocks
328656 inodes, 1313305 blocks
65665 blocks (5.00%) reserved for the super user
第一个数据块=0
Maximum filesystem blocks=1346371584
41 block groups
32768 blocks per group, 32768 fragments per group
8016 inodes per group
Superblock backups stored on blocks:
        32768, 98304, 163840, 229376, 294912, 819200, 884736

正在写入inode表: 完成
Creating journal (32768 blocks): 完成
Writing superblocks and filesystem accounting information: 完成

This filesystem will be automatically checked every 34 mounts or
180 days, whichever comes first.  Use tune2fs -c or -i to override.
```

图 6-3 创建 ext3 文件系统

6.1.3 挂载/卸载文件系统

格式化完成后的分区必须挂载到 Linux 文件系统中才能进行读写操作。挂载就是将存储设备（如磁盘、光盘、U 盘等）的内容映射到指定目录，目录称为挂载点。访问挂载点目录就可以实现对设备的访问。

例 6.3

挂载命令用 mount，其格式如下。

```
mount [选项] [设备名称] [挂载点目录]
```

参数说明如下。

-t 指定挂载的文件系统类型。

-r 以只读方式挂载。

例 6.4

```
[root@www ~]mount -t iso9660 /dev/cdrom /mnt
//将光盘挂载到“/mnt”挂载点
[root@www ~]mount -t vfat /dev/sdc1 /mnt/usb
//将U盘挂载到“/mnt/usb”挂载点，U盘为FAT32格式
```

本例将“/dev/sdb1”挂载到“/data1”下，“/dev/sdb2”挂载到“/data2”下，“/dev/sdb5”挂载到“/data3”。具体操作如图 6-4 所示。

```
[root@localhost ~]# mkdir /data1
[root@localhost ~]# mkdir /data2
[root@localhost ~]# mkdir /data3
[root@localhost ~]# mount /dev/sdb1 /data1
[root@localhost ~]# mount /dev/sdb2 /data2
[root@localhost ~]# mount /dev/sdb5 /data3
[root@localhost ~]# mount |grep sdb
/dev/sdb1 on /data1 type ext4 (rw)
/dev/sdb2 on /data2 type ext2 (rw)
/dev/sdb5 on /data3 type ext3 (rw)
```

图 6-4　创建挂载点、挂载、查询挂载

例 6.5

查询挂载可以使用 df 命令，df 可以按照 KB、MB、GB 为单位显示挂载设备的使用情况，相关选项分别是-k，-m 和-g，如图 6-5 所示。

```
[root@localhost ~]# df -m |grep sdb
/dev/sdb1                 5050        139        4655    3% /data1
/dev/sdb2                 5050         11        4783    1% /data2
/dev/sdb5                 5050        139        4655    3% /data3
```

图 6-5　df 命令

从左到右依次显示的是“设备”“总空间”“已使用空间”“未使用空间”“百分比”和“挂载点”。

当设备挂载到指定的挂载点目录，则挂载点目录中原来的文件暂时隐藏，无法访问。此时挂载点目录显示的是设备上的文件，设备卸载后，挂载点目录的文件恢复。

6.1.4　自动挂载分区

mount 命令挂载的文件系统，当计算机重启或者关机再开时仍然需要人工执行 mount 命令才可挂载使用，这对于经常使用的分区来讲非常不便。如果希望文件系统在计算机重启的时候自动挂载，可以通过修改“/etc/fstab”文件来实现。

例 6.6

在系统每次运行时，将上述/dev/sdb1 分区自动以 defaults 方式挂载到/data1 挂载点。可以在“/etc/fstab”文件的末行添加如下内容。

```
/dev/sdb1         /data1          ext4    defaults        0 0
```

图 6-6 所示为修改后的“/etc/fstab”文件内容。

```
# /etc/fstab
# Created by anaconda on Sun Mar 30 08:36:07 2015
#
# Accessible filesystems, by reference, are maintained under '/dev/disk'
# See man pages fstab(5),findfs(8),mount(8) and/or blkid(8) for more info
#
UUID=b59d2ac4-ad2c-42a8-9427-64440d55c744    /            ext4     defaults            1 1
UUID=60ac413d-d134-4b60-a677-ad3e0d4c6e7f    /home        ext4     defaults            1 2
UUID=25892d5d-090c-4542-9cf9-81fa73073bee    swap         swap     defaults            0 0
tmfs                                         /dev/shm     tmpfs    defaults            0 0
devpts                                       /dev/pts     devpts   gid=5,mode=620      0 0
sysfs                                        /sys         sysfs    defaults            0 0
proc                                         /proc        proc     defaults            0 0
/dev/sdb1                                    /data1       ext4     defaults            0 0
```

图 6-6　修改后的/etc/fstab 文件内容

提示

图 6–6 所示文件各列内容含义如下。

第一列：要挂载的设备（分区号），有卷标可以使用卷标。

第二列：文件系统的挂载点。

第三列：所挂载文件系统的类型。

第四列：文件系统的挂载选项，选项有很多，如 async（异步写入），dev（允许建立设备文件），auto（自动载入），rw（读写权限），exec（可执行），nouser（普通用户不可 mount），suid（允许含有 suid 文件格式），defaults 表示同时具备以上参数，所以默认使用 defaults。还包括 usrquota（用户配额），grpquota（组配额）等。

第五列：提供 dump 功能来备份系统，0 表示不使用 dump，1 表示使用 dump，2 也表示使用，不过重要性比 1 小些。

第六列：指定计算机启动时文件系统的检查次序，0 表示不检查，1 表示最先检查，2 表示检查，但比 1 迟些检查。

6.2　Linux 系统目录结构

Linux 操作系统由一些目录和不同的文件组成。根据用户选择安装方式的不同，这些目录可能是不同的文件系统。但 Linux 至少要有一个分区用作根文件系统。若想建立多个文件系统，应为每个文件系统建立一个分区。

例如：在 CentOS 安装完成后，打开文件系统，可以看到图 6–7 所示的目录结构。从图中可以看出这些目录的上级是一个“/”目录，这个目录在 Linux 中称为根目录，其他目录、文件和外设（磁盘、光驱等）都以根目录为起点，所有的其他分区也都挂载到目录树的某个目录中。

如果用 cd /命令将当前目录改变到根目录，并用 ls –l 命令请求列出目录清单，这些目录组成了根文件系统的内容，它们也为其他文件系统提供了安装点。

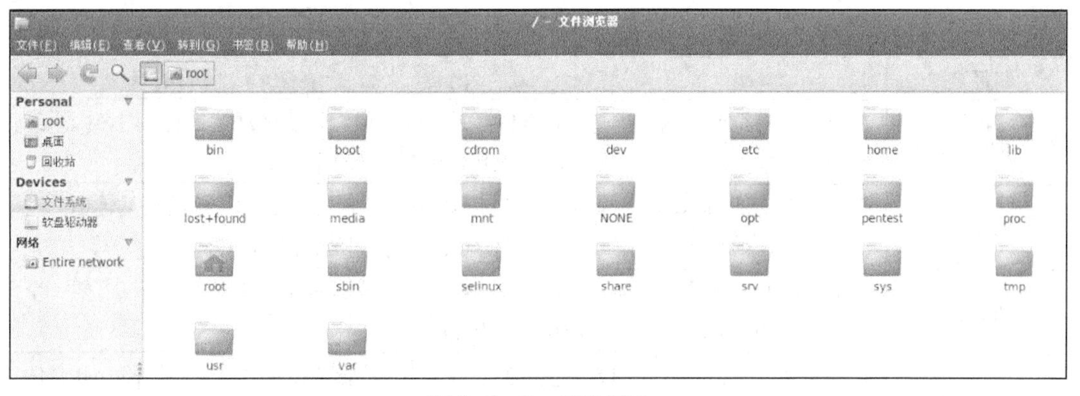

图 6-7　CentOS 目录

对于不同类型、性质的文件在子目录中所放置的位置，Linux 有特别的规定，这样就保证了由不同团体开发的应用程序当其利用到 Linux 的共享文件时，可以不用关心 Linux 的具体发行方，而是到统一的存放位置去寻找就可以了。

/ 文件系统，也就是常说的根目录，系统中所有的子目录均从根目录“/”下开始展开，对于系统管理员来说，明确不同目录的功能和在这些重要目录下常用文件的性质是十分重要的，如表 6-1 所示。

表 6-1　Linux 目录及其内容

路径名	内容
/	根目录
/bin	bin 是 Binary 的缩写，存放最经常使用的命令
/boot	内核以及加载内核所需的文件
/dev	dev 是 Device（设备）的缩写。在 Linux 下外设是以文件方式存在的，如：磁盘、Modem 等
/etc	启动文件以及配置文件
/etc	/etc 目录非常重要，它包含许多 Linux 系统配置文件。从本质上说，这些文件使用户的 Linux 具有自己的配置。口令文件（口令）就放在这里，在启动时要安装的文件系统列表也放在这里。另外，这个目录还包括 Linux 的启动脚本和许多其他类型的配置信息
/etc/passwd	用户数据库，其中的域给出了用户名、真实姓名、用户 ID 号、用户所属组的 ID 号、用户登录后的主目录以及用户登录使用的 shell 等信息
/etc/fdprm	软盘参数表。说明不同的软盘格式，用 setfdprm 设置，更多的信息见 setfdprm 的 man 页
/etc/fstab	启动时 mount -a 命令（在/etc/rc 或等效的启动文件中）自动运行 mount 的文件系统列表。Linux 下，也包括用 swapon -a 启用的 swap 区的信息
/etc/group	类似/etc/passwd，但说明的不是用户而是用户组
/etc/inittab	init 的配置文件

续表

路径名	内容
/etc/issue	在登录提示符前的输出信息。通常包括系统的一段短说明或欢迎信息；内容由系统管理员确定。/etc/issue.net 中的信息用于网络登录的用户使用
/etc/motd	当日信息（是 message of the day 中首字母的组合）在用户成功登录后自动输出。内容由系统管理员确定。经常用于通告信息，如计划关机时间的警告
/etc/mtab	当前安装的文件系统列表。由 scripts 初始化，并由 mount 命令自动更新。需要一个当前安装的文件系统列表时使用，例如 df 命令
/etc/shadow	在安装了影子口令软件的系统上的影子口令文件。影子口令文件将/etc/passwd 文件中的加密口令移动到/etc/shadow 中，而后者只对 root 可读。这使破译口令更困难
/etc/login.defs	创建新用户以及用户使用 login 登录命令时的配置文件。包含对用户密码默认最小长度的设定，用户默认的 ID 号范围以及用户密码的默认过期时间
/etc/printcap	类似/etc/termcap ，但针对打印机
/etc/profile /etc/csh.logi /etc/csh.cshrc	用户登录或启动时 Bourne shell 或 C shell 执行的文件。这允许系统管理员为所有用户建立全局默认环境变量的配置
/etc/securetty	确认安全终端，即哪个终端允许 root 登录。一般只列出虚拟控制台，这样就不可能通过 MODEM 或网络闯入系统并得到超级用户特权
/etc/shells	列出可信任的 shell。chsh 命令允许用户在文件指定范围内改变登录 shell；提供一台机器 FTP 服务的服务进程 ftpd 检查用户 shell 是否列在 /etc/shells 文件中，如果不是，将不允许该用户登录
/etc/termcap	终端性能数据库。说明不同的终端用什么“转义序列”控制。写程序时不直接输出转义序列（这样只能工作于特定品牌的终端），而是从/etc/termcap 中查找要做工作的正确序列。这样，多数的程序可以在多数终端上运行。程序运行时使用的共享库被存储在/lib 目录中。通过使用共享库，许多程序可以重复使用相同的代码，并且这些库遵循 UNIX 业界的标准，存储在一个公共的位置上，因此能显著减小运行程序的大小。/lib 目录下文件及目录如下。 alsa　　　　libipq.so.0.0.0 brltty　　　　libiptc.so …… 在该目录下经常可以看到.so.xx 结尾的目录或文件（xx 指代任何数字或字母），这些就是 Linux 共享库的库文件，xx 是该库文件的版本号。这些库文件，对于应用程序的正常运行非常重要，在软件运行过程中，出现 libxxx.so.xxx 找不到的信息，一般就是指软件相依赖的某个共享库不符合要求，这就需要用户将软件库升级，或者在/lib 目录下对该软件所依赖的库文件进行正确的链接，并通知应用程序
/home	用户的主目录，每个用户都有一个自己的目录，目录名与账号名相同
/lib	C 编译器的库和部分 C 编译器
/lost+found	这个目录一般情况下是空的，当系统非法关机后，这里会产生一些文件

续表

路径名	内容
/media	常用来挂载分区，比如双系统时候的 Windows 分区、U 盘、CD/DVD 等会自动挂载，并在此目录下自动产生一个目录
/misc	该目录可以用来存放杂项文件或目录，即那些用途或含义不明确的文件或目录可以存放在该目录下，默认是空的
/mnt	与/media 的功能相同，提供存储介质的临时挂载点，如光驱、U 盘等
/net	伪文件系统，存放网卡信息
/opt	该目录是可选的软件包安装目录
/proc	伪文件系统，包括所有正在运行进程的映像，还有当前内存内容中的 kernel 文件，管理员不需要操作
/proc/1	处理器信息，如类型、制造商、型号和性能
/proc/cpuinfo	当前运行的核心配置设备驱动的列表
/proc/devices	显示当前使用的 DMA 通道
/proc/dma	核心配置的文件系统
/proc/filesystems	显示使用的中断
/proc/interrupts	当前使用的 I/O 端口
/proc/ioports	系统物理内存映像，与物理内存大小完全一样，但不实际占用这么多内存
/proc/kcore	核心输出的消息，也被送到 syslog
/proc/kmsg	核心符号表
/proc/ksyms	系统“平均负载”，3 个指示器指出系统当前的工作量
/proc/loadavg	存储器使用信息，包括物理内存和 swap
/proc/meminfo	当前加载了哪些核心模块
/proc/modules	网络协议状态信息
/proc/net/	指向查看/proc 的程序进程目录的符号连接。当两个进程查看/proc 时，是不同的连接，这主要便于程序得到它自己的进程目录
/proc/self	系统的不同状态
/proc/stat	系统启动的时间长度
/proc/uptime	核心版本
/root	超级用户的主目录。这里主要存放第三方软件以及自己编译的软件包，特别是测试版的软件。安装到/opt 目录下的程序，所有的数据、库文件等都放在同一个目录下面，也可以随时删除，不影响系统的使用
/sbin	引导、修复或者恢复系统的命令
/selinux	selinux 相关文件
/srv	一些服务启动之后，这些服务所需要访问的数据目录
/sys	将内核的一些信息映射，可供应用程序所用
/tmp	临时文件夹
/usr	与用户相关的应用程序和库文件，用户自行安装的软件一般放至该目录
/usr/bin	用户的大多数命令和可执行文件

续表

路径名	内容
/usr/share	多种系统共同的东西（只读）
/usr/include	用来存放 Linux 下开发和编译应用程序所需要的头文件
/usr/local	用户编写或者安装的软件
/usr/man	联机用户帮助文档
/usr/src	非本地软件包的源代码
/usr/X11R6	XWindow 系统的所有文件。为简化 X 的开发和安装，X 的文件没有集成到系统中；注意 XWindow 自己在/usr/X11R6 下有类似/usr 的结构
/usr/sbin	根文件系统不必要的系统管理命令，例如多数服务程序
/usr/info /usr/doc	手册页、GNU 信息文档和各种其他文档文件
/usr/lib	应用程序所使用的库文件。名字 lib 来源于库（library），编程的原始库也存在/usr/lib 里。与/lib 目录中的库相配合
/var	这个目录中存放着在不断扩充着的东西，包括各种日志文件、E-mail、网站等
/var/log	各种系统日志文件
/var/spool	供打印机、邮件等使用的假脱机目录

对于系统管理员来说，明确不同目录的功能和在这些重要目录下常用文件的性质是十分重要的。

6.3 文件名与文件类型

6.3.1 文件名

文件名是文件的标识符，Linux 中文件名遵循以下约定。

（1）文件名可以使用英文字母、数字以及一些特殊字符，但是不能包含如下表示路径或者在 shell 中有含义的字符。

```
/!#*&?\,;<>[]{}()^@%|“‘`
```

（2）文件名严格区分大小写，如 A.txt、a.txt、A.TXT 是 3 个不同的文件。

（3）文件名以句点“.”开始，则该文件为隐藏文件，通常不显示，在使用 ls 命令时，启动“-a”选项才可以看到。

6.3.2 文件类型

在 Windows 中，文件的类型通常由扩展名决定，而在 Linux 中，文件的扩展名的作用则没有如此强调。当然在 Linux 下文件的扩展名也遵循一些约定，如压缩文件一般用“.zip”，RPM 软件包一般用“.rpm”（见第 12 章），TAR 归档包一般用“.tar”，GZIP 压缩文件一般用“.gz”等。

Linux 的文件类型一般由创建该文件的命令来决定，Linux 定义了 7 种文件类型，这里介绍最常见的 3 种，如表 6-2 所示。

表 6-2 常见文件类型

文件类型	符号（用 ls 查看）	说明
普通文件	-	一般由编辑器，cp，touch 等命令创建，使用 rm 删除
目录	d	一般由 mkdir 命令创建，使用 rmdir，rm -r 删除
符号链接	l	一般由 ln -s 命令创建，使用 rm 删除

（1）普通文件。Linux 下的文件只是一个装字节的包而已，与创建它的程序或命令有关而与扩展名无关，文本文件、数据文件、可执行程序和共享库都作为普通文件存储。

（2）目录。目录包含按名字对其他文件的引用。文件的名称实际上存储在它的父目录中，而不是存储在自身那里。有一些特殊的目录，如“.”和“..”分别代表目录本身和它的父目录，它们无法移动。根目录没有父目录所以在根目录下输入，“./”和“../”都等同于“/”。

（3）符号链接。符号链接也叫“软链接”，通过名字指向文件。当内核在查找路径名的过程中遇到符号链接时，就会重定向到作为该链接的内容而存储的路径名上。

6.3.3 绝对路径和相对路径

系统查找一个文件所经过的路径称为路径名。如果使用当前目录下的文件，可以直接引用文件名。如果要使用其他目录下的文件，就必须指定该文件是在哪个目录之中。

查找文件只能从两个起点开始：即从根目录开始或者从当前目录开始，于是出现了两种路径名：绝对路径名和相对路径名。从根目录开始的路径名为绝对路径名；从用户当前所在目录开始的路径名为相对路径名。

和 DOS 一样，在每个目录下面都有名为“.”和“..”的两个文件。前者代表当前目录，后者代表当前目录的父目录。相对路径名是从“..”开始的。

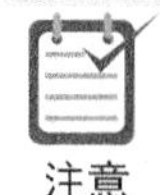
注意

在树型目录结构中到某一确定文件的绝对路径和相对路径均只有一条。绝对路径是确定不变的，而相对路径则随着用户工作目录的变化而不断变化。

操作文件或者文件夹时，一般应指定路径，否则默认是对当前的目录进行操作。路径一般分为绝对路径和相对路径。

1．绝对路径

据对路径就是从根目录“/”开始到指定文件或者目录的路径。总是从根目录“/”开始，通过“/”来分隔目录名来组成。

2．相对路径

相对路径是指从当前目录出发，到达指定文件或者目录的路径，当前目录一般不会出现在路径中。还可以配合特殊目录“.”和“..”来灵活切换路径，或者选择指定目录和文件。

如图 6-8 所示，当前目录是“abrt”，如要操作 abrt.conf，用绝对路径表示“/etc/abrt/abrt.conf”，用相对路径表示是“abrt.conf”或者“./abrt.conf”。再如当前目录是“abrt”，要操作“actions”文件夹，用绝对路径表示“/etc/acpi/actions”，用相对路径表示是“../acpi/actions”，即“../”表示“abrt”的父目录“etc”，接下来是“acpi/actions”。

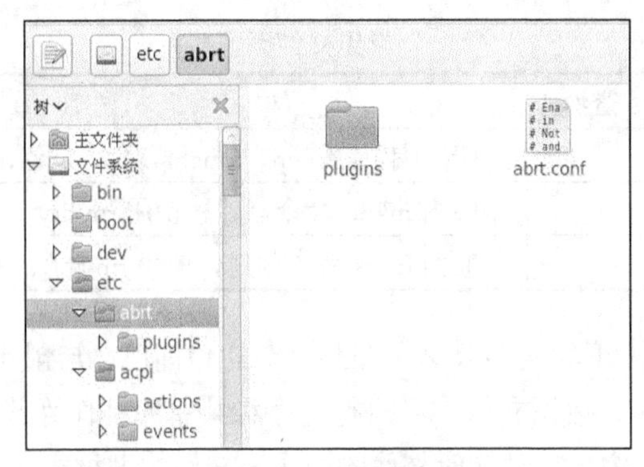

图 6-8　示例目录

相对路径和绝对路径是等效的，各有优缺点，绝对路径固定、唯一、容易理解，但是路径太长的情况下就显得繁琐；相对路径可以使路径变得简短，但是易错。读者可以根据实际情况灵活运用。

用户可以使用 pwd 命令来查看当前所在目录的目录名。

6.4　目录权限

6.4.1　许可的含义

有关目录的许可是与文件所用的许可相同的：读、写和执行。然而，实际许可的含义有所不同。对目录来说，读访问提供列出目录中文件名的能力，不允许查看其他的属性（拥有者、组、大小等）。写访问提供改变目录内容的能力，这就意味着用户能够在目录中创建和删除文件。最后，执行访问让用户能把目录设置为当前目录，如表 6-3 所示。

表 6-3　文件许可与目录许可

许可	文件	目录
R	查看内容	检查内容
W	改变文件内容	改变目录内容
X	运行可执行文件	把目录设置为当前目录

这些许可的组合也允许一定的任务。例如，前面曾经指出过，读和执行的许可用来执行脚本。其原因是，shell 首先必须读文件来查看如何使用它。另外，还存在允许某些功能的其他组合。表 6-4 描述了对文件和目录许可的不同组合及其含义。

表 6-4　文件和目录许可组合的比较

许可	文件	目录
---	无任何许可	不能访问目录或任何子目录
r--	能够查看内容	能够查看内容
rw-	能够查看和改变内容	能够查看和改变内容

续表

许可	文件	目录
rwx	能够查看和改变内容，以及执行文件	能够列出内容，添加或删除文件，能够把目录设置为当前目录（用 cd 命令）
r−x	如果是脚本，可执行它；否则，提供读和执行许可	提供改变目录和列出内容的能力，但不能在目录中删除或添加文件
−−x	如果是二进制，可执行	用户能够执行已知的二进制文件

由上所述，许可还能利用数字编码系统来设定。其基本概念同字母编码系统一样。实际上，这些许可看上去极其相似，所不同之处在于标识许可的方式。数字系统利用二进制来确定每种许可值，并进行设置。

下面的文件对拥有者具有全部许可，而对组及他人具有读许可。

例 6.7

```
[root@localhost root]#ls -l test
-rwxr--r--  1 user ftp 23 Sep 15 23:49 test
```

这些许可以数字编码来表示的话就为 744。表 6−5 说明了这个数字是如何得到的。

许可利用添加进程。所以，对文件拥有读、写和执行许可的人即设定为 7（4+2+1）。读和执行设定值为 5。记住，共有 3 组值，故而每项各有自己的值。

表 6-5　　数字许可

许可	值
读	4
写	2
执行	1

表 6−6 说明了有关数字系统和字母系统对应的两种许可。

表 6-6　　数字和字母许可的比较

许可	数字	字母
只读	4	r−−
只写	2	−w−
只执行	1	−−x
读和写	6	rw−
读和执行	5	r−x
读、写和执行	7	rwx

6.4.2 改变许可

在前面我们已经使用了“ls –l”命令显示任何文件所有者和所有者组（“–l”选项表示以长格式显示）。

例 6.8

执行如下命令。

```
root@localhost root]#ls -l test
-rwxr--r--  1 user ftp 23 Sep 15 23:49 test
```

将显示文件 test 的所有者为 user，所有者所在组为 ftp。一般来说，只有文件的所有者和 root 才能删除该文件（其他用户只有被授予了相应权限后才可以删除）。

文件的所有者可以通过命令 chown 改变所有者和命令 chgrp 改变所处的组。不过这些命令通常是 root 使用的，例如执行以下两条命令权限。

例 6.9

将文件 test 的所有者变为 peter，所有者所在的组变为 peter。

```
# chown peter  test
# chgrp peter  test
$ ls -l test
-rwxr--r-- 1 peter peter 23 Sep 15 23:49 test
```

利用命令 chmod 可以改变许可。利用数字系统时，chmod 命令必须对所有 3 个字段给出值。因而，如果改变文件为对任何人可读、写和执行，则发出如下命令。

```
$chmod 777 <filename>
```

如果利用字母系统执行同一任务，则发出如下命令。

```
$chmod a+rwx <filename>
```

当然，一次可以指定多种类型的许可。如下的命令对文件拥有者添加写访问，并对组和其他人添加读和执行访问。

```
$chmod u+w，og+rx <filename>
```

此处“+”代表增加，“-”表示禁止，“=”就是设置某个权限给对象。

利用字母系统的好处是，你不知道以前的许可是什么。你可以有选择地添加或删除许可，而不必顾虑其他。利用数字系统时，用户对每项一定要加以指定。当进行复杂的改变时，字母系统就不尽如人意了。如上面例子中（chmod u+w，og+rx <filename>），此例较容易利用数字系统，并以 3 个数字来替换所有的字母：755。

如果要改变目录及其子目录中的文件的许可，则发出如下命令。

```
$chmod +R 755 <dir>
```

6.5 文件或目录的默认模式

文件和目录的默认模式是利用 umask 来设置的。umask 利用数字系统来定义值。要设置 umask，就必须首先确定要求文件所具有的值。例如，通常文件的许可设置为 755，即拥有者有读、写和执行许可，而其他人有读和执行许可。在确定值之后，由 777 减去该值。仍用同一例子中的 755 来说明，其值是 022。这个值就是 umask 值。通常，在用户第一次进入系统时，这个值放在被读出的系统文件中。在设置值后，所创建的全部文件就利用该值来自动设置其许可。

6.5.1 查看当前目录

在命令行模式下，确认当前所使用的目录的绝对路径很重要。可以使用 pwd 命令来查看当前工作目录（present work directory）。

例 6.10

查看当前工作目录。

```
[root@www ~]#pwd
/root
```

6.5.2 查看目录或者文件信息

我们经常需要列出（list）某个目录下有哪些文件、目录，以及有关这些文件、目录的详细信息。可以通过 ls 命令并配合相关的选项来实现。

ls 命令格式如下。

```
ls [选项] [目录或者文件]
```

常见参数说明如下。

- -a：显示当前目录下所有文件和目录。
- -a：显示所有文件和目录，但不显示当前目录“.”和上层目录“..”。
- -d：显示目录本身而不是目录下的内容。
- -l：使用详细格式列表，显示类型、权限、所属用户、组等信息。
- -c：以更改时间排序，显示文件和目录。
- -s：显示文件和目录的大小，以 blocks 为单位。
- [目录或者文件]默认则显示当前目录下的文件与目录。

例 6.11

```
[root@www ~]#ls -al /etc/httpd
//查看/etc/httpd 目录下所有目录与文件的详细信息
```

提示

ls –l 在 Linux 下定义了别名，可以写作 ll，如[root@www ~]#ll /etc/httpd 等同于[root@www ~]#ls –l /etc/httpd。

6.5.3 切换目录

用户登录时默认工作目录是自己的家目录（root 的家目录为“/root”，普通用户的家目录在“/home/用户名”下）。如果切换工作目录（change directory），可以使用 cd 命令，它可实现不同目录切换。

cd 命令格式如下。

```
cd [目录路径]
```

例 6.12

```
[root@www ~]#cd
```

```
[root@www ~]#cd ~
//以上两个命令都可以切换至登录用户家目录，无论当前目录是什么
[root@www ~]#cd subdir
[root@www ~]#cd ./subdir
//改变目录至当前目录的子目录 subdir 下
[root@www ~]#cd /etc/httpd
//改变目录至绝对路径/etc/httpd 下
[root@www ~]#cd ..
//改变目录至父目录
[root@www ~]#cd ../subdir
//改变目录至父目录的 subdir 子目录
```

6.5.4 查看文件内容

在图形界面下可以通过双击文件的方式来查看文件内容，可是在命令行下如何查看文件内容呢？常用的命令如下。

1．cat 命令

cat 可以滚屏显示文件的内容。

cat 命令格式如下。

```
cat 文件1 [文件2]……
```

例 6.13

```
[root@www ~]# cat install.log
//在屏幕上滚动显示 install.log 的内容
```

2．more 和 less 命令

cat 命令输出的内容不能分页显示，如果文件内容较多，当前只能看到最后一屏，可以使用 more 或者 less 命令分屏查看，查看完毕可以按 q 键退出。

例 6.14

```
[root@www ~]# more install.log
//分屏查看 install.log 文件内容
```

3．head 和 tail 命令

有时只想查看一个文件的开头或者结尾而非文件的全部内容，可以使用 head 或者 tail 命令。

head 和 tail 命令格式如下。

```
head [-n] 文件名
tail [-n] 文件名
-n 参数指定查看文件多少行内容，缺省显示 10 行。
```

例 6.15

```
[root@www ~]# head /etc/passwd
//在屏幕上显示/etc/passwd 文件前 10 行的内容
[root@www ~]#tail -5 /etc/passwd
//在屏幕上显示/etc/passwd 文件后 5 行的内容
```

4. grep 命令

Linux 系统中 grep 命令是一种强大的文本搜索工具，它能使用正则表达式搜索文本，并把匹配的行打印出来。grep 全称是 Global Regular Expression Print，表示全局正则表达式版本，它的使用权限是所有用户。

grep 命令格式如下。

grep [选项] 文件

主要参数如下。

- —c：只输出匹配行的计数。
- —n：显示匹配行及行号。
- —v：显示不包含匹配文本的所有行。
- ^：匹配正则表达式的开始行。
- $：匹配正则表达式的结束行。
- [ ]：单个字符，如[A]即 A 符合要求。
- [-]：范围，如[A-Z]，即 A、B、C 一直到 Z 都符合要求。

例 6.16

```
[root@www ~]# grep 'Boss' /etc/passwd /etc/group
//显示/etc/passwd、/etc/group 文件中包含 Boss 的行
[root@www ~]# grep -v '^#' /etc/vsftpd/vsftpd.conf
//显示/etc/vsftpd/vsftpd.conf 文件中，所有非#开头的行，即不显示被注释掉的行
```

6.5.5 创建文件

一般来说，文件由相应的应用程序产生，比如 VIM 编辑器等编辑工具。除此之外 Linux 还提供了创建文件的命令 touch。

touch 命令格式如下。

```
touch 文件名 1 [文件名 2]……
```

例 6.17

```
[root@www ~]# touch a.txt b.txt
//在当前目录下创建 a.txt，b.txt 两个文件
```

6.5.6 创建目录

创建目录（make directory）一般使用 mkdir 命令。

mkdir 命令格式如下。

```
mkdir [参数] 目录名
```

常用参数说明如下。

- -p：若所要建立目录的上层目录目前尚未建立，则会一并建立上层目录。

例 6.18

```
[root@www ~]#mkdir /test1
//在根目录下创建 test1 子目录
[root@www ~]#mkdir -p /nfs/share
//创建 share 目录，如果其父目录 nfs 不存在将一并创建
```

6.5.7 删除文件或目录

rmdir 命令用于删除目录（remove directory），不能用于删除文件。

rmdir 命令格式如下。

```
rmdir [参数] 目录名
```

常用参数说明如下。

- -p：删除指定目录后，若该目录的上层目录已变成空目录，则将其一并删除。

rm 命令主要用于对文件或目录进行删除（remove）。

rm 命令格式如下。

```
rm [参数] 文件或目录
```

常用参数说明如下。

- -f：强制删除文件或目录，不进行提示。
- -i：删除既有文件或目录之前先询问用户。
- -R：递归处理，将指定目录下的所有文件及子目录一并处理。

例 6.19

```
[root@www ~]#rm *
//删除当前目录下所有文件，不包括隐藏文件和子目录
[root@www ~]#rm -R /test1
//删除/test1 以及其子目录
```

6.5.8 复制文件或目录

cp 命令用来复制（copy）文件或者目录。

cp 命令格式如下。

```
cp [参数] 源文件 目标文件
```

参数说明如下。

- -f：强行复制文件或目录，不论目标文件或目录是否已存在。
- -l：对源文件建立硬连接，而非复制文件。
- -s：对源文件建立符号连接，而非复制文件。
- -R：递归处理，将指定目录下的所有文件与子目录一并处理。

6.5.9 移动文件或者目录

mv 命令用于对文件或目录进行移动（move）或改名。

mv 命令格式如下。

```
mv [参数] 源文件或目录 目标文件或目录
```

常用参数说明如下。

- -f：若目标文件（目录）与现有的文件（目录）重复，则直接覆盖现有的文件（目录）。
- -i：覆盖前先行询问用户。

例 6.20

```
[root@www ~]#mv file1 file1.bak
//将 file1 改名成 file1.bak
[root@www ~]#mv /subdir1/file1 /subdir2/file2
//将/subdir1 下 file1 文件移动到/subdir2 下并改名为 file2
```

6.5.10 创建硬链接和软链接

链接有两种，一种叫硬链接，两个文件名指向的是硬盘上的同一块存储空间，对任何一个文件的修改将影响到另一个文件；一种叫软链接（符号链接），类似于快捷方式。ln 命令用来创建链接（link）。

ln 命令格式如下。

```
#ln [参数] 源文件或目录 链接名称
```

参数说明如下。

- -s：对源文件建立符号链接，而非硬链接。

例 6.21

```
[root@www ~]#ln -s file1 file2
//对 file1 文件建立名为 file2 的符号链接，如果不加任何参数即默认建立的是硬链接
```

提示

只能对文件进行硬链接，目录不可以。

6.5.11 文件的查找及操作

Linux 提供了功能强大 find 命令，用来查找文件。

find 命令格式如下。

```
find [路径] [匹配表达式]
```

匹配表达式是 find 命令最重要的内容，常见匹配表达式如下。

- -name<文件名>：查找指定文件名的文件或者目录（可以使用通配符）。
- -amin<分钟>：查找在指定时间曾被存取过的文件或目录，单位以分钟计算。
- -atime<24 小时数>：查找在指定时间曾被存取过的文件或目录，单位以 24 小时计算。
- -cmin<分钟>：查找在指定时间之时被更改的文件或目录。
- -ctime<24 小时数>：查找在指定时间之时被更改的文件或目录，单位以 24 小时计算。
- -mmin<分钟>：查找在指定时间曾被更改过的文件或目录，单位以分钟计算。

- -mtime<24 小时数>：查找在指定时间曾被更改过的文件或目录，单位以 24 小时计算。
- -gid<GID>：查找符合指定之群组识别码的文件或目录。
- -group<群组名称>：查找符合指定之群组名称的文件或目录。
- -links<链接数目>：查找符合指定的硬链接数目的文件或目录。
- -used<日数>：查找文件或目录被更改之后在指定时间曾被存取过的文件或目录，单位以日计算。
- -user<用户名>：查找符合指定的拥有者名称的文件或目录。
- -uid<UID>：查找符合指定的用户 ID 的文件或目录。

find 的匹配表达式较多，请读者查阅 man 手册或者使用--help 参数。

例 6.22

```
[root@www ~]#find /etc -name "*.conf"
//查找/etc 目录下所有扩展名为*.conf 的文件
```

6.6 管理文件与目录权限

6.6.1 权限概述

文件与（或）目录是文件系统的具体表现形式，在 Linux 系统管理部分，文件与目录管理映射了 Linux 文件系统管理策略的重要方面。本节主要就 Linux 文件系统（文件或目录）的默认权限与隐藏权限展开讲解，关于文件和目录的路径、权限、权限表示（和设置）方法等基本概念以及常规操作（移动、删除、复制、查看等）是学习本节的基础。如当我们在系统中新建一个文件或目录时，系统会自动赋予该文件或目录一个初始访问权限（Value），我们称为默认权限。了解 Linux 文件系统权限的表示方法及文件与目录的权限是很有必要的。

6.6.2 权限分类

Linux 的文件权限有如下几种。

- r（read）读取，对文件来说是读取内容，对目录来说是浏览目录内容。
- w（write）写入，对文件来说是修改文件内容，对目录来说是删除和修改目录内文件。
- x（execute）执行，对文件来说是执行文件，对目录来说是进入目录。
- -，表示不具有该项权限。

这几种权限又编为 3 组，分别是文件所有者（user）的权限，与文件所属组同组用户（group）的权限，其他用户（other）的权限，分别用 ugo3 个字母表示这 3 个组。

6.6.3 权限的表示

文件及目录的权限，是通过 3 组“rwx”字符来表示所有者、用户组和其他用户的权限。除了采用字符表示权限的方法外，还可以通过数字来表示权限，只需 3 个八进制数字就可以分别代表所有者、用户组和其他用户的权限。

r 对应数值 4，w 对应数值 2，x 对应数值 1，-对应数值 0。

将对应位置上的权限按照规则加起来就得到一组数字来表示权限。比如“rwxrwxrwx”对应权限“777”；“rwxr-xr-x”对应权限“755”；“rwx------”对应权限“700”。

6.7 查看权限信息

使用上一任务中的 ls 命令配合“-l”选项（也可以写成 ll）即可查看当前目录下的文件或目录的详细信息。包括文件类型、文件权限、文件链接数、文件所有者、文件所属组、文件大小、文件修改时间以及文件名称，如图 6-9 所示。

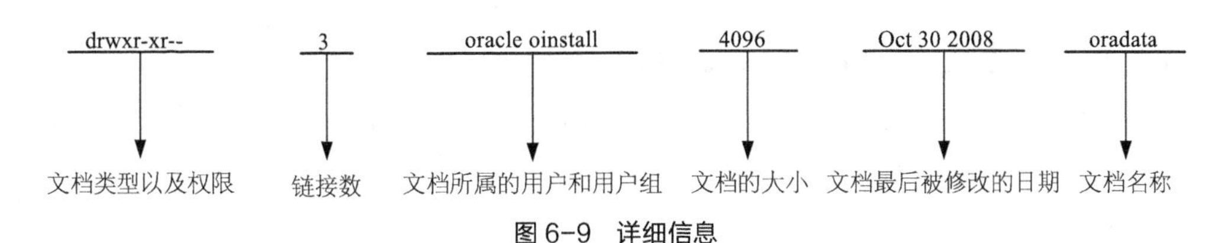

图 6-9 详细信息

第 1 个字符用于表示文件类型。

第 2～10 个字符表示文件的权限，每 3 个字符一组，左边 3 个字符表示所有者的权限，中间 3 个字符表示与所有者同一组用户的权限，右边 3 个字符表示其他用户的权限。

第 11 个字符表示文件的链接数。

接下来分别是文件所有者以及文件所属组。

接下来又是数字，表示文件大小的字节数。

再接下来是日期和时间，表示文件最后的修改时间（mtime）。

最后是文件或者目录的名称。

以上信息与权限相关的最重要 3 项是文件权限、文件所有者和文件所属组。

6.8 更改文件与目录权限

在 Linux 下，chmod 命令的主要作用是更改文件以及目录的权限。因为权限有两种表示方法，因此 chmod 命令也有对应的两种指定方法。

chmod 命令格式如下。

```
chmod  [选项] 对权限的设定 文件或者目录
```

-R 表示递归处理，当操作项是目录的时候，表示把目录中所有的文件以及子目录的权限全部修改。

例 6.23

```
[root@www ~]#chmod g+w,o+w install.log
//给 install.log 文件同组用户、其他用户添加写权限
[root@www ~]#chmod o-rw install.log
//给 install.log 文件其他用户删除读写权限
[root@www ~]#chmod a+x install.log
//给 install.log 文件所有者、用户组和其他用户添加执行权限
```

```
[root@www ~]#chmod u=rwx,g=rw,o=r install.log
//设定 install.log 文件所有者读写执行权限、用户组读写权限和其他用户只读权限
[root@www ~]#chmod -R 755 /home
//设定/home 目录及其目录下的文件和子目录权限为所有者读写执行权限、用户组和其他用户只读和执行权限
```

6.9 更改文件与目录所属用户和组

6.9.1 更改文件与目录所属用户

有的时候我们需要改变一个文件或者目录的所属用户（即拥有者），改变拥有者（change owner），chown 命令可以完成这个任务。

chown 命令格式如下。

```
chown [-R] 用户名 文件或者目录
```

-R 表示递归处理，当操作项是目录的时候，表示把目录中所有的文件以及子目录的拥有者全部更改。

例 6.24

```
[root@www ~]#chown cwuser1 install.log
//将 install.log 的所有者改为 cwuser1
```

6.9.2 更改文件与目录所属组

改变一个用户的所属群组也比较简单，改变组（change group），使用 chgrp 命令即可。

chgrp 命令格式如下。

```
chgrp 组名 文件或者目录
```

例 6.25

```
[root@www ~]#chgrp caiwu install.log
//将 install.log 的所属组改为财务（caiwu）
```

提示

chown 和 chgrp 命令后所使用的用户和组必须存在于/etc/passwd 和/etc/group 中，否则将会产生错误。

另外，如果想同时该变一个文件的所属用户和所属组。其实不用分别执行 chown 和 chgrp 命令，举例如下。

```
[root@www ~]#chown apache:apache /var/www/html/index.html
```

这个命令就是把“/var/www/html/”下的“index.html”所属组和所属用户都改为 apache。

6.9.3 更改默认权限

在建立一个新的文件或者目录时，它有一个默认权限，默认权限与 umask 有关。通常，umask 就是指定“当前用户在建立文件或者目录时权限默认值”。查看默认的 umask，可以输

入 umask 以数字形式查看；或者输入 umask -S 以符号类型的方式查看。

例如：默认的 umask 是 022，这是什么意思呢？ 权限设置中，r、w、x 分别对应数值 4、2、1，umask 指定的是需要减掉的权限，u、g、o 3 组权限，文件默认没有执行权限，对于文件来说默认满权限是 666，目录满权限是 777。所以当 umask 为 022 时，默认建立的文件的权限就是 666 减去 022 得到 644，目录的权限就是 777 减去 022 得到 755。

umask 可以修改，例如：要求使创建的新目录的默认权限为同组的用户和创建者相同，都为 rwx，其他用户为 r-x。可执行如下命令。

```
[root@www ~]#umask 002
```

6.10 磁盘配额

磁盘配额，顾名思义就是对用户或者用户组能使用磁盘的空间进行分配和限制。Linux 是一个多用户的操作系统，如/home 下有几个用户的家目录，每个用户的喜好不同。假设有一个用户喜欢到网上下载一些比较大的文件，那么很快/home 所在分区就被占满了，这个时候势必影响其他用户的正常使用。在一个公司里面有很多不同的部门，不同的部门产生的文件量也不同，也可以针对不同部门即用户组进行磁盘配额。还有，比如 ftp、邮件等服务也是对多用户提供服务的，也应限定每个用户的可用空间。

磁盘配额必须是针对整个分区进行限制。所以上面说的如“/home”，“/var/ftp”等应该是在一个独立的分区上，最好是在安装的时候就规划好。

6.11 让分区支持磁盘配额

以 root 用户身份登录，编辑“/etc/fstab”文件，根据任务描述，既需要支持用户配额，又需要支持组配额，需要在进行磁盘配额的磁盘上添加 usrquota（用户配额）以及 grpquota（用户组配额）选项，如图 6-10 所示，修改完成后重启系统。

```
UUID=b59d2ac4-ad2c-42a8-9427-64440d55c744  /          ext4    defaults                    1 1
UUID=60ac413d-d134-4b60-a677-ad3e0d4c6e7f  /home      ext4    defaults,usrguota,grpguota  1 2
UUID=25892d5d-090c-4542-9cf9-81fa73073bee  swap       swap    defaults                    0 0
tmfs                                       /dev/shm   tmpfs   defaults                    0 0
devpts                                     /dev/pts   devpts  gid=5,mode=620              0 0
sysfs                                      /sys       sysfs   defaults                    0 0
proc                                       /proc      proc    defaults                    0 0
/dev/sdb1                                  /data1     ext4    defaults                    0 0
```

图 6-10 添加用户配额

6.12 创建磁盘配额文件

重启后使添加了磁盘配额项的磁盘重新挂载，此时仍需执行 quotacheck 命令检查添加了配额项的磁盘，并为磁盘建立一个当前磁盘用量表并在文件系统创建 aquota.user 和 aquota.group 配额文件，才可以针对用户和组进行磁盘使用空间的限制。

quotacheck 命令格式如下。

```
quotacheck [选项]
```

常用参数如下。

- -a：扫描已添加 usrquota 或者 grpquota 的分区。
- -g：扫描磁盘空间时，计算每个群组识别码所占用的目录和文件数目。
- -u：扫描磁盘空间时，计算每个用户识别码所占用的目录和文件数目。
- -v：显示命令执行过程。

本例首先查看/home 目录，发现并没有 aquota.user 和 aquota.group 配额文件，然后执行“quotacheck -avug”建立这两个文件，最后再查看/home 文件夹，发现这两个文件已经产生，如图 6-11 所示。

```
[root@localhost ~]# ll /home
总用量 20
drwx------. 2 root    root    16384 3月  30 08:33 lost+found
drwx------. 4 Manager Manager  4096 4月   5 11:28 Manager
[root@localhost ~]# quotacheck -avug
quotacheck: Your kernel probably supports journaled quota but you are not using
it. Consider switching to journaled quota to avoid running quotacheck after an u
nclean shutdown.
quotacheck: Scanning /dev/sda2 [/home] done
quotacheck: Cannot stat old user quota file: 没有那个文件或目录
quotacheck: Cannot stat old group quota file: 没有那个文件或目录
quotacheck: Cannot stat old user quota file: 没有那个文件或目录
quotacheck: Cannot stat old group quota file: 没有那个文件或目录
quotacheck: Checked 7 directories and 3 files
quotacheck: Old file not found.
quotacheck: Old file not found.
[root@localhost ~]# ll /home
总用量 36
-rw-------. 1 root    root     7168 4月   5 11:43 aquota.group
-rw-------. 1 root    root     7168 4月   5 11:43 aquota.user
drwx------. 2 root    root    16384 3月  30 08:33 lost+found
drwx------. 4 Manager Manager  4096 4月   5 11:28 Manager
```

图 6-11 使用 quotacheck 扫描磁盘并创立配额文件

6.13 执行 edquota 命令，设置用户和组的配额

在创建 aquota.user 和 aquota.group 配额文件后，必须通过 edquota 命令编辑 user 或者 group 的配额数值。

edquota 命令格式如下。

```
edquota 选项 用户名|组名
```

常用参数如下。

- -u：设置用户磁盘配额，后接用户名。
- -g：设置组磁盘配额，后接组名。
- -p：将一个用户或者组的磁盘配额复制给另外一个用户或者组。

本例使用“edquota -u Manager”命令来对用户 Manager 进行配额限制，使用“edquota -g caiwu”命令来对 caiwu 组进行配额限制。

启用编辑后，系统自动进入 VI 编辑器界面，如图 6-12 所示。

```
Disk quotas for user Manager (uid 500):
  Filesystem                   blocks       soft       hard     inodes     soft     hard
  /dev/sda2                        32     593920     614400          8        0        0
Disk quotas for group caiwu (gid 501):
  Filesystem                   blocks       soft       hard     inodes     soft     hard
  /dev/sda2                         0     819200     921600          0        0        0
```

图 6-12　使用 edquota 进入配额编辑

edquota 中的各项内容说明如表 6-7 所示。

表 6-7　edquota 中的各项内容说明

名称	说明
Filesystem	进行配额的文件系统名称
blocks	当前用户在这个文件系统上所使用磁盘容量，单位是 Kbytes
soft	当前用户在这个文件系统上最低限制容量，当前用户在宽限期间之内，他的使用容量可以超过 soft 规定的数值，但必须在宽限时间之内将磁盘容量降低到 soft 的容量限制之下
hard	当前用户在这个文件系统上最高限制容量，是绝对不可超过的，hard 的值通常比 soft 大，可以认为 hard 和 soft 的差值，就是系统给这个用户宽限的空间，达到 soft 值时将给用户一个警告
inodes	当前用户在这个文件系统上所使用磁盘容量，用 inodes 状态来表示，计算方法比较难掌握，故很少对其进行设置

提示

（1）如果对其他用户进行配额复制，如对 CTO 这个用户的磁盘限额和 Manager 相同，可以执行如下命令“edquota –p Manager CTO”。

（2）如果既设置了组配额，又对该组下的某些用户设置了配额，必须考虑两者的关系，最好用户配额的总和接近组配额，否则即便用户配额设置得很大，由于组配额的限制，该用户也使用不了那么多空间。

6.14　设定宽限时间

在设置磁盘配额后，可以使用“edquota -t”命令来配置宽限时间，即当用户的磁盘空间使用量达到设定的 soft 限制值后，还有多少时间来清理磁盘，使用户的使用容量降到 soft 以下，默认是 7days（7 天），可以修改为如：1days（1 天），12hours（12 小时），60minutes（60 分钟）或者 300seconds（300 秒）等，如图 6-13 所示。

```
Grace period before enforcing soft limits for users:
Time units may be: days, hours, minutes, or seconds
  Filesystem             Block grace period     Inode grace period
  /dev/sda2                     7days                  7days
```

图 6-13　使用“edquota -t”命令设置宽限时间

6.15 启动和关闭磁盘配额

在配置完成之后，quota 就已经生效，如果 quota 被关闭了，可使用“quotaon”命令来启动磁盘配额，如图 6-14 所示。

```
[root@localhost ~]# quotaon -aguv
/dev/sda2 [/home]: group quotas turned on
/dev/sda2 [/home]: user quotas turned on
```

图 6-14 使用 quotaon 命令启动磁盘配额

也可以使用“quota”命令来查看用户的磁盘使用情况，如用“quota Manager”来查看 Manager 用户的配额使用情况，如图 6-15 所示。

```
Disk quotas for user Manager (uid 500):
     Filesystem  blocks   quota   limit   grace   files   quota   limit   grace
      /dev/sda2      32  593920  614400               8       0       0
```

图 6-15 使用 quota 命令查看用户的磁盘

如果不需要配额功能，可使用“quotaoff”来关闭磁盘配额，如图 6-16 所示。

```
[root@localhost ~]# quotaoff -aguv
/dev/sda2 [/home]: group quotas turned off
/dev/sda2 [/home]: user quotas turned off
```

图 6-16 使用 quotaoff 命令关闭磁盘配额

习题 6

选择题

1. 欲把当前目录下的 file1.txt 复制为 file2.txt，正确的操作是（　　）。

A. copy file1.txt file2.txt　　B. cp file1.txt file2.txt

C. cat file2.txt file1.txt　　D. mv file1.txt　file2.txt

2. 将文件 file1.txt 的拥有者设为 users 群体的使用者 john（　　）。

A. chown john:users file1.txt　　B. chown file1.txt　john:users

C. chmod john:users file1.txt　　D. chmod file1.txt　john:users

3. 如果要列出一个目录下的所有文件，需要执行（　　）命令。

A. ls －l　　B. ls　　C. ls －a　　D. ls –d

4. 以下哪个命令是用来创建文件的（　　）。

A. touch　　B. cat　　C. more　　D. mkdir

5. 以下哪个目录用来存放用户密码信息（　　）。

A. /boot/shadow　　B. /etc/shadow

C. /var/shadow　　D. /dev/shadow

6. 删除文件命令为（　　）。

A. mkdir　　B. rmdir　　C. mv　　D. rm

7. 以下哪个目录用于存放硬件设备文件（　　）。

A. /bin　　B. /tmp　　C. /dev　　D. /mnt

8. 以下哪个目录用于存放临时文件（　　）。

A. /home　　B. /tmp　　C. /mnt　　D. /bin

9. Linux 用（　　）表示当前目录。

A. *　　B. .　　C. ..　　D. ?

10. 文件标志 b 表示（　　）。

A. 字符设备文件　　B. 目录文件

C. 块设备文件　　D. 套接字

11. Linux 支持哪些文件系统（　　）。

A. Minix　　B. ext3　　C. Msdos　　D. NFS　　E. ISO 9660

实训 6

一、实训目的

（1）掌握文件的基本操作命令，包括新建、复制、移动、删除等。

（2）掌握一次性创建多个文件的基础命令。

（3）掌握利用通配符完成文件的移动、复制、删除等操作命令。

（4）掌握非空文件移动、复制、删除等操作命令。

（5）掌握目录的基础操作命令，包括新建、复制、移动、删除等。

（6）掌握多级目录的创建操作命令。

（7）掌握多个目录同时创建的操作命令。

（8）掌握非空目录的删除操作命令。

二、实训内容

练习 1　确认在自己的主目录下

（1）列出主目录下面的文件，它们的排列是否有一定的规律?

（2）用列表显示主目录。

（3）查阅主目录下面都有哪些文件类型，是否所有的目录都是大写字母开始?

（4）创建一个文本文件 letter，输入内容，并在屏幕上显示 letter 的内容。

（5）列出根目录下的文件。

练习 2　管理文件

（1）进入主目录。

（2）创建文本文件 proposal1 和 proposal2。分别将文件 proposal1 和 proposal2 复制到 prop1.bak 和 prop2.bak，查看一下结果。

（3）将文件 proposal2 和 proposal2 改名为 prop1 和 prop2，查看一下结果。

（4）在主目录下创建一个名为 class 的子目录。

（5）将文件 prop1 移动到 class 目录下并改名为 proposal1。

（6）将文件 prop2 复制到 class 目录下。

（7）删除文件 prop1 和 prop2。

练习 3　创建目录

（1）以普通用户身份登录系统后，进入用户的主目录。

（2）执行命令“mkdir mydoc/doc1/doc2”，系统提示“mydoc/doc1/doc2”不存在。

（3）执行命令“mkdir mydoc”创建目录 mydoc。然后，用 ls 命令显示当前目录下“mydoc”目录是否存在。

（4）执行命令“mkdir -p　mydoc/doc1/doc2”。

（5）使用 cd 命令进入到“mydoc/doc1/doc2”目录下，用 ls 命令显示当前目录下的文件。

（6）执行“cd $HOME”或者“cd ~”命令，返回到用户主目录下。环境变量$HOME 保存用户的主目录。

（7）执行命令“ln -s mydoc/doc1/doc2　lnkdoc2”，在当前用户主目录下创建一个软件链接文件 lnkdoc2。

练习 4　删除目录

（1）用“ls –l”命令查看“~/mydoc”目录的文件访问权限。

（2）去除目录“mydoc”的用户可写的权限。

（3）执行“ls –l”命令查看“mydoc”目录的访问权限。

（4）执行命令“rm mydoc”试图删除子目录“mydoc”。系统提示“mydoc 是目录”不能删除。

（5）执行命令，允许用户对目录“mydoc”执行写操作。

（6）执行命令，删除子目录“mydoc”以及它下面的所有子目录和文件。

（7）用 ls 命令显示符号链接文件“lnkdoc2”。

PART 7

第7章 输入/输出及管道

本章教学重点

- 标准输入/输出以及错误输出
- 重定向
- 管道

7.1 标准输入/输出及错误输出

在 Linux 中，每一个进程都有 3 个特殊的文件描述指针：标准输入（standard input，文件描述指针为 0）、标准输出（standard output，文件描述指针为 1）、标准错误输出（standard error，文件描述指针为 2）。这 3 个特殊的文件描述指针使进程在一般情况下接收标准输入终端的输入，同时由标准终端来显示输出。标准输入文件（stdin），通常对应终端的键盘；标准输出文件（stdout）和标准错误输出文件（stderr），这两个文件都对应终端的屏幕。标准输入/输出文件存放在/dev 目录下。

但直接使用标准输入/输出文件存在以下问题。

输入数据从终端输入时，用户输入的数据只能用一次。下次再想用这些数据时就得重新输入。而且在终端上输入时，若输入有误修改起来也不是很方便。

输出到终端屏幕上的信息只能看不能动。用户无法对此输出做更多处理，如将输出作为另一命令的输入进行进一步的处理等。

为了解决上述问题，Linux 系统为输入/输出的传送引入了另外两种机制，即输入/输出重定向和管道。

7.2 重定向

在 Linux 命令行模式中，如果命令所需的输入不是来自键盘，而是来自指定的文件，这就是输入重定向。同理，命令的输出也可以不显示在屏幕上，而是写入到指定文件中，这就是输出重定向。在 shell 中，用户可以利用“>”“>>”“<”等符号来进行输入输出重定向。

7.2.1 输入重定向

输入重定向是指把命令（或可执行）的标准输入重定向到指定的文件中。也就是说，输入可以不来自键盘，而来自一个指定的文件。所以说，输入重定向主要用于改变一个命令的输入源，特别是改变那些需要大量输入的输入源。

例 7.1

命令 wc 统计指定文件包含的行数、单词数和字符数。如果仅在命令行上键入

```
$ wc
```

wc 将等待用户告诉它统计什么，这时 shell 似乎没什么作用，从键盘键入的所有文本都出现在屏幕上，但并没有什么结果，直至按下 Ctrl+D 组合键，wc 才将命令结果写在屏幕上。

如果给出一个文件名作为 wc 命令的参数，如下例所示，wc 将返回该文件所包含的行数、单词数和字符数。

```
$ wc /etc/passwd
68  142 3682 /etc/passwd
$
```

另一种把/etc/passwd 内容传给 wc 命令的方法是重定向 wc 的输入。输入重定向的一般格式如下。

```
命令<文件名
```

可以用下面的命令把 wc 命令的输入重定向为/etc/passwd。

```
$ wc < /etc/passwd
68  142 3682
$
```

7.2.2 输出重定向

在默认的情况下，Linux 从键盘接受输入，并将命令的输出送到屏幕。在有时候，这样做并不方便。例如，在一个目录里有很多文件，如果只用简单的 ls 命令，在屏幕上显示的输出结果可能上千行。为了得到我们需要的信息，我们或许需要把这些结果存储到一个文件中然后再查看这个文件，这就要用到系统的输出重定向功能。

1．输出重定向

输出重定向的操作符为“>”和“>>”。

（1）使用单个大于号（>）操作符，则为覆盖重定向。如果指定的文件不存在，则将新建这一文件；如果指定的文件存在，则该文件原有的内容将被覆盖。

例 7.2

输出重定向。

```
$ df -h> mydisk
 $ cat mydisk
```

输出重定向的结果如表 7-1 所示。

表 7-1　　输出重定向

文件系统	容量	已用	可用	已用百分比	挂载点
/dev/mapper/vg_as4-lv_root	15GB	8.7GB	4.9GB	65%	/
tmpfs	250MB	260KB	250MB	1%	/dev/shm
/dev/sda1	485MB	29MB	431MB	7%	/boot

（2）如果使用两个大于号（>>）操作符，则为追加重定向。它会把输出内容追加到原来文件里面。举例如下。

```
①$ ls /sbin >> file1
②$ wc -l file1
③321 file1
④$ ls /sbin >> file1
⑤$ wc -l file1
⑥642 file1
⑦$ ls /sbin > file1
⑧$ wc -l file1
⑨321 file1
```

注意

行号是为了行文方便加入的，并不是 shell 的输出。

第 1 行，/sbin 中的文件列表被写入文件 file1，由于这个文件原来并不存在，系统会自动创建。从第 3 行可以看出 file1 的行数。在第 4 行又重复了第 1 行的命令，由于使用的是“>>”，/sbin 中的文件列表被追加写入文件，file1 的行数也就增加了一倍。在第 7 行我们使用了“>”，/sbin 中的文件列表被写入文件，file1 中原有的内容被覆盖了，行数也变成了新的值。

2．错误输出重定向

与程序的标准输出重定向一样，程序的错误输出也可以重新定向。使用符号“2>”（或追加符号“2>>”）表示对错误输出设备重定向。例如下面的命令。

```
$ ds -h 2> errofile
```

也可使用“2>>”将报错信息追加入一个文件，如下所示。

```
$ lt -l 2>> errofile
```

两次命令后都查看 errofile 文件的内容，就可以看出执行的效果。

3. 双重输出重定向

（1）如果用户想将正确的输出结果与错误输出结果一次性单独地送到不同的地方则可使用下面的双重输出重定向。

例 7.3

```
①$ ls -l 2> error > results
  $ LS -a 2>> error >> results
②$ find /etc -name passwd 2> stderr > stdout
  $ find /boot -name passwd 2> stderr > stdout
```

（2）无论是正确的输出结果还是错误的输出结果，如果用户将结果都送到同一个指定的文件则可使用“&>”或“&>>”来完成。

例 7.4

```
①$ ls -l  &>  results
  $ LS -l  &>>  results
②$ find /etc -name passwd &> allout
  $ find /boot -name passwd &>> allout
```

利用重定向将命令组合在一起，可实现系统单个命令不能提供的新功能。例如使用下面的命令序列，可以统计出/usr/bin 目录下的文件个数。

```
$ ls /usr/bin > /tmp/dir
$ wc -l < /tmp/dir
3653
```

7.3 管道

将一个程序的标准输出写入一个文件中去，再将这个文件的内容作为另一个命令的标准输入，等效于通过临时文件将两个命令结合起来。Linux 系统提供了一种功能，它不需要或不必使用临时文件，就能将两条命令结合在一起。这种功能就是管道。

管道是 Linux 中很重要的一种通信方式，它是把一个程序的输出直接连接到另一个程序的输入。管道的操作符是一个竖杠“|”，即管道符左边命令的输出就会作为管道符右边命令的输入。管道可以出现多重管道，因此可以把多个命令结合在一起。

接上例，如果执行下面的命令将直接返回/usr/bin 中的文件列表的行数，而不是列表的内容。

```
$ ls /usr/bin | wc -l
```

例 7.5

分屏显示/etc 目录下的文件。

```
$ ls -l /etc | more
```

例 7.6

查看文件/var/log/dmesg 中含有字符串“cpu”的行。

```
$ cat /var/log/dmesg | grep cpu
```

例 7.7

利用多个管道，找出系统中有多少个用户使用 bash。

```
$ cat /etc/passwd | grep /bin/bash | wc -l
```

这条命令使用了两个管道，利用第一个管道将 cat 命令（显示 passwd 文件的内容）的输出送给 grep 命令，grep 命令找出含有“/bin/bash”的所有行；第二个管道将 grep 的输出送给 wc 命令，wc 命令统计出输入中的行数。

7.4 综合应用

（1）$ cat < file1 > file2。

拷贝文件 file1 到文件 file2。

（2）$ cat file1 file2 file3 > fileall。

将数个小文件合并成一个文件。

（3）$ man ls | col –b > ls.man.txt。

这条命令同时运用了输出重定向和管道两种技巧，作用是将 ls 的帮助信息转成一个可以直接阅读的文本文件。col 是过滤控制字符的命令，参数–b 表示过滤掉所有的控制字符，包括 RLF 和 HRLF。

（4）$ rpm –qa | grep name。

这条命令使用一个管道符“|”建立了一个管道。管道将 rpm –qa 命令的输出（包括系统中所有安装的 RPM 包）作为 grep name 命令的输入，从而列出带有 name 字符的 RPM 包来。

（5）禁止标准输出，将标准输出重定向到/dev/null。

当你调试 shell 脚本且不想看标准的输出，只想看错误信息的时候，这个命令会非常有用。

```
$ cat file.txt > /dev/null
$ ./shell-script.sh > /dev/null
```

注意

/dev/null 是 UNIX/Linux 里的“无底洞”，或称空设备，是一个特殊的设备文件，它丢弃一切写入其中的数据（但报告写入操作成功），读取它则会立即得到一个 EOF。

习题 7

按以下要求分别完成相关操作。

1. 创建文件/tmp/file1，并输入内容。

2. 将当前的系统时间追加在 file1 文件之后。

3. 分别输入一个正确与错误的指令，并将正确的输出结果保存在/tmp/right 文件中，将错误的信息保存在/tmp/wrong 文件中。

4. 通过管道来显示“df -h”指令执行结果的第 2、3、4 行。(提示：命令 sed -n '1，3p' file1 的作用是显示文件 file1 的第 1 行至第 3 行。)

5. 将/bin 目录下的文件名存入文件/tmp/file2 当中。

6. 将/etc 目录下含有“named”字符串的文件名存入/tmp/file3 中。

实训 7

一、实训目的

熟悉输入/输出和管道的基本概念和用法。

二、实训内容

(1) 在系统中创建用户 student，并以该用户登录。

(2) 输入 cd ~命令回到 student 用户主目录。

(3) 输入 ls -l unknown.txt (一个不存在的文件)，查看其输出。

(4) 输入 ls -l unknown.txt > out.txt，查看其输出，查看 out.txt 文件的内容。

(5) 输入 ls -l unknown.txt 2> err.txt，查看其输出，查看 err.txt 文件的内容。

(6) 输入 ls -l unknown.txt > all.txt 2>&1，查看其输出，查看 all.txt 文件的内容。

(7) 解释 (4)(5)(6) 3 个步骤各自命令的效果。

(8) 使用 find / -name out.txt 命令全盘查找 out.txt 文件。

(9) 使用 find / -name err.txt -exec rm -fr {} \;命令来删除 err.txt 文件。

(10) 使用 ps -aux | grep XXX，查看输入结果，XXX 为当前用户名，例如 student。

ps 的参数含义：a 显示现行终端机下的所有程序，包括其他用户的程序；u 以用户为主的格式来显示程序状况；x 显示所有程序，不以终端机来区分。

(11) 按照用户 GID 排序。

```
$ tail /etc/passwd | cut -d ":" -f4 | sort -nur
```

sort 参数含义：-n 使用纯数字排序，否则以字母顺序排序；-r 反向排序；-u 相同行只列出一次。

(12) 统计 student 用户的登录次数。

```
$ last | grep student | wc -l
```

last 命令功能：列出目前与过去登入系统的用户相关信息，即读取/var/log/wtmp 文件的内容。

(13) 查看当前登录用户的数量。

```
$ who | wc -l
```

(14) 使用输入重定向，将 student 用户主目录下的文件.bash_profile 的大写字符全部转换为小写字符并显示出来。

```
$ tr 'A-Z' 'a-z' < .bash_profile
```

若用管道则如下。

```
$ cat .bash_profile | tr'A-Z' 'a-z'
```

PART 8

第8章 文件查找及归档

本章教学重点

- 文件的搜索
- 常用的文件操作指令
- 文件的压缩与解压
- 文件的备份

8.1 文件的搜索指令

8.1.1 locate 命令

locate 命令用于查找文件，它比 find 命令的搜索速度快，它需要一个数据库，这个数据库由每天的例行工作（crontab）程序来建立。当我们建立好这个数据库后，就可以方便地来搜寻所需文件了。

命令格式如下。

```
locate 相关字
```

查找相关字 issue。

```
$ locate issue
/etc/issue
/etc/issue.net
/usr/man/man5/issue.5
/usr/man/man5/issue.net.5
```

8.1.2 slocate 命令

slocate 命令用于查找文件或目录，命令格式如下。

```
slocate [-u][--help][--version][-d <目录>][查找的文件]
```

slocate 本身具有一个数据库，里面存放了系统中文件与目录的相关信息。

参数说明如下。

- -d<目录>或--database=<目录>：指定数据库所在的目录。
- -u：更新 slocate 数据库。
- --help：显示帮助。
- --version：显示版本信息。

8.1.3 find 命令

find 命令用于查找文件。这个命令可以按文件名、建立或修改日期、所有者（通常是建立文件的用户）、文件长度或文件类型进行搜索。

例如，要搜索系统上所有名称为 aa 的文件，可用如下命令。

```
$find / -name aa -print
```

这样就可以显示出系统上所有名称为 aa 的文件。

8.1.4 whereis 命令

whereis 命令是定位可执行文件、源代码文件、帮助文件在文件系统中的位置，命令格式如下。

```
whereis [-bmsu] [BMS 目录名 -f ] 文件名
```

各参数含义如下。

- -b： 定位可执行文件。
- -m：定位帮助文件。
- -s：定位源代码文件。
- -u：搜索默认路径下除可执行文件、源代码文件、帮助文件以外的其他文件。
- -B：指定搜索可执行文件的路径。
- -M：指定搜索帮助文件的路径。
- -S：指定搜索源代码文件的路径。

例 8.1

查找 apache 文件。

```
# whereis apache2
apache2: /usr/local/apache2
# whereis mysql
mysql: /usr/local/mysql
```

8.1.5 which 命令

which 命令用于显示命令的全路径，如 which ls。

8.2 常用的文件操作指令

8.2.1 head 命令

head 命令用于显示文件的前几行。

例 8.2

输出文件/etc/crontab 的第一行。

```
$head -n 1 /etc/crontab
SHELL=/bin/bash
$
```

8.2.2 tail 命令

tail 命令用于显示文件的末尾几行。

例 8.3

输出文件/etc/crontab 的最后一行。

```
$tail -n 1 /etc/crontab
SHELL=/bin/bash
$
```

8.2.3 less 命令

less 命令相对于 more 命令，用来按页显示文件，且可以前后翻页。

例 8.4

显示文件 test。

```
less test
```

8.2.4 more 命令

More 命令用于逐页阅读文本。

例 8.5

```
more name_of_text_file
```

使用 q 命令退出。

8.2.5 grep 命令

grep 命令可以在指定文件中搜索特定的内容，并将含有这些内容的行标准输出。grep 全称是 Global Regular Expression Print，表示全局正则表达式版本，它的使用权限是所有用户。命令格式如下。

```
grep [options]
```

[options]主要参数说明如下。

- —c：只输出匹配行的计数。

- –I：不区分大小写（只适用于单字符）。
- –h：查询多文件时不显示文件名。
- –l：查询多文件时只输出包含匹配字符的文件名。
- –n：显示匹配行及行号。
- –s：不显示不存在或无匹配文本的错误信息。
- –v：显示不包含匹配文本的所有行。

pattern 正则表达式主要参数说明如下。

- \：忽略正则表达式中特殊字符的原有含义。
- ^：匹配正则表达式的开始行。
- $：匹配正则表达式的结束行。
- \<：从匹配正则表达式的行开始。
- \>：到匹配正则表达式的行结束。
- [ ]：单个字符，如[A]即 A 符合要求。
- [–]：范围，如[A–Z]，即 A、B、C 一直到 Z 都符合要求。
- .：所有的单个字符。
- *：有字符，长度可以为 0。

例 8.6

在文件/etc/passwd 中查找含有 root 的行。

```
$grep root /etc/passwd
root:x:0:0:root:/root:/bin/bash
operator:x:11:0:operator:/root:
$
```

8.2.6 sort 命令

sort 命令的功能是对文件中的各行进行排序。sort 命令有许多非常实用的选项，这些选项最初是用来对数据库格式的文件内容进行各种排序操作的。

sort 命令对指定文件中所有的行进行排序，并将结果显示在标准输出上。如不指定输入文件或使用“–”，则表示排序内容来自标准输入。

sort 排序是根据从输入行抽取的一个或多个关键字进行比较来完成的。排序关键字定义了用来排序的最小的字符序列。缺省情况下以整行为关键字按 ASCII 字符顺序进行排序。命令格式如下。

```
sort [选项] 文件
```

改变缺省设置的选项主要如下。

- -m：若给定文件已排好序，合并文件。
- -c：检查给定文件是否已排好序，如果它们没有排好序，则打印一个出错信息，并以状态值 1 退出。
- -u：对排序后认为相同的行只留其中一行。
- -o：输出文件，将排序输出写到输出文件中而不是标准输出，如果输出文件是输入文件之一，sort 先将该文件的内容写入一个临时文件，然后再排序和写输出结果。

改变缺省排序规则的选项主要如下。

- -d：按字典顺序排序，比较时仅字母、数字、空格和制表符有意义。
- -f：将小写字母与大写字母同等对待。
- -I：忽略非打印字符。
- -M：作为月份比较："JAN"<"FEB"<? <"DEC"。
- -r：按逆序输出排序结果。
- -b：在每行中寻找排序关键字时忽略前导的空白（空格和制表符）。
- -t separator：指定字符 separator 作为字段分隔符。

例如：用 sort 命令对 text 文件中各行排序后输出其结果。请注意，在原文件的第 2、3 行上的第 1 个单词完全相同，该命令将从它们的第 2 个单词 vegetables 与 fruit 的首字符处继续进行比较。

```
$ cat text
        vegetable soup
        fresh vegetables
        fresh fruit
        lowfat milk
$ sort text
        fresh fruit
        fresh vegetables
        lowfat milk
        vegetable soup
```

8.2.7 uniq 命令

文件经过处理后在它的输出文件中可能会出现重复的行。例如，使用 cat 命令将两个文件合并后，再使用 sort 命令进行排序，就可能出现重复行。这时可以使用 uniq 命令将这些重复行从输出文件中删除，只留下每条记录的唯一样本。

这个命令读取输入文件，并比较相邻的行。在正常情况下，第 2 个及以后更多个重复行将被删去，行比较是根据所用字符集的排序序列进行的。该命令加工后的结果写到输出文件中。输入文件和输出文件必须不同。如果输入文件用"- "表示，则从标准输入读取。命令格式如下。

```
uniq [选项] 文件
```

该命令各参数含义如下。

- -c：显示输出中，在每行行首加上本行在文件中出现的次数。它可取代- u 和- d 选项。
- -d：只显示重复行。
- -u：只显示文件中不重复的各行。
- -n：前 n 个字段与每个字段前的空白一起被忽略。一个字段是一个非空格、非制表符的字符串，彼此由制表符和空格隔开（字段从 0 开始编号）。
- +n：前 n 个字符被忽略，之前的字符被跳过（字符从 0 开始编号）。

- -f n：与- n 相同，这里 n 是字段数。
- -s n：与 + n 相同，这里 n 是字符数。

例 8.7

（1）显示文件 example 时，去掉其中重复的行。

```
#uniq  example
```

（2）显示文件 example 中不重复的行。

```
#uniq - u example
```

（3）显示文件 example 中不重复的行，从第 2 个字段的第 2 个字符开始做比较。

```
#uniq - u - 1 +1 example
```

8.2.8 tr 命令

该命令用于删除文件中的控制字符或进行字符转换。

1．关于 tr

通过使用 tr，可以非常容易地实现 sed 的许多最基本功能。可以将 tr 看作 sed 的（极其）简化的变体：它可以用一个字符来替换另一个字符，或者可以完全除去一些字符。也可以用它来除去重复字符。

tr 用来从标准输入中通过替换或删除操作进行字符转换。tr 主要用于删除文件中控制字符或进行字符转换。使用 tr 时要转换两个字符串：字符串 1 用于查询，字符串 2 用于处理各种转换。tr 刚执行时，字符串 1 中的字符被映射到字符串 2 中的字符，然后转换操作开始。

带有最常用选项的 tr 命令格式如下。

```
tr -c -d -s ["string1_to_translate_from"] ["string2_to_translate_to"] <
input-file
```

各参数说明如下。

- -c：用字符串 1 中字符集的补集替换此字符集，要求字符集为 ASCII。
- -d：删除字符串 1 中所有输入字符。
- -s：删除所有重复出现的字符序列，只保留第一个；即将重复出现字符串压缩为一个字符串。

input-file 是转换文件名。虽然可以使用其他格式输入，但这种格式最常用。

2．字符范围

指定字符串 1 或字符串 2 的内容时，只能使用单字符或字符串范围或列表。

- [a-z]：a-z 内的字符组成的字符串。
- [A-Z]：A-Z 内的字符组成的字符串。
- [0-9]：数字串。
- \octal：一个 3 位的八进制数，对应有效的 ASCII 字符。
- [O*n]：表示字符 O 重复出现指定次数 n。因此[O*2]匹配 OO 的字符串。

tr 中特定控制字符的不同表达方式如表 8-1 所示。

表 8-1 tr 特定控制字符含义

特定控制字符	热键	对应八进制
\a	Ctrl−G	铃声\007
\b	Ctrl−H	退格符\010
\f	Ctrl−L	走行换页\014
\n	Ctrl−J	新行\012
\r	Ctrl−M	回车\015
\t	Ctrl−I	水平制表键\011
\v	Ctrl−X	垂直制表键\030

3．应用例子

（1）去除 oops.txt 里面的重复的小写字符。

```
tr -s "[a-z]"<oops.txt >result.txt
```

（2）删除空行。

```
tr -s "[\012]" < plan.txt 或 tr -s ["\n"] < plan.txt
```

（3）有时需要删除文件中的^M，并代之以换行。

```
tr -s "[\015]" "[\n]" < file 或 tr -s "[\r]" "[\n]" < file
```

（4）将大写字母转换为小写字母。

```
cat a.txt | tr "[A-Z]" "[a-z]" >b.txt
```

（5）删除指定字符。

以一个星期的日程表为例。任务是从其中删除所有数字，只保留日期。日期有大写也有小写格式。因此需指定两个字符范围[a−z]和[A−Z]，命令 tr −cs "[a−z][A−Z]" "[\012*]" 将文件每行所有不包含在[a−z]或[A−Z]（所有希腊字母）的字符串放在字符串 1 中并转换为一新行。−s 选项表明压缩所有新行，−c 表明保留所有字母不动。原文件如下，后跟 tr 命令。

```
tr -cs "[a-z][A-Z]" "[\012*]" <diary.txt
```

8.2.9 cut 命令

cut 命令用于从一行上移除部分内容，选择性显示。使用权限为所有使用者。命令格式如下。

```
cut -cnum1-num2 filename
```

说明：显示每行从开头算起 num1 到 num2 的文字。

例 8.8

```
#cat example
test2
this is test1
# cut -c1-6 example ## print//开头算起前 6 个字元，从 1 开始计数
test2
this i
```

可以将一行分割成多列，通过-d ':'，将分隔符改为:。再通过-f n 指定选用的列。

举例如下。

```
$ echo 12:00:01 | cut -d ':' -f 2
00
```

8.2.10 paste 命令

cut 用来从文本文件或标准输出中抽取数据列或者域，然后再用 paste 命令可以将这些数据粘贴起来形成相关文件。

粘贴两个不同来源的数据时，首先需将其分类，并确保两个文件行数相同。paste 将按行将不同文件行信息放在一行。默认情况下， paste 连接时，用空格或 Tab 键分隔新行中不同文本，除非指定-d 选项，否则它将成为域分隔符。命令格式如下。

```
paste -d -s -file1 file2
```

参数含义如下。

- -d：指定不同于空格或 Tab 键的域分隔符。例如用@分隔域，使用- d @。
- -s：将每个文件合并成行而不是按行粘贴。
- -：使用标准输入。例如 ls -l | paste ，意即只在一列上显示输出。

例 8.9

```
# cat pas1
ID897
ID666
ID982
# cat pas2
P.Jones
S.Round
L.Clip
```

基本 paste 命令将 pas1 和 pas2 两文件粘贴成两列，如下。

```
# paste pas1 pas2
ID897 P.Jones
ID666 S.Round
ID982 L.Clip
```

通过交换文件名即可指定哪一列先粘，如下。

```
# paste pas2 pas1
P.Jones ID897
S.Round ID666
L.Clip ID982
```

要创建不同于空格或 Tab 键的域分隔符，使用-d 选项。下面的例子用冒号作为域分隔符。

```
# paste -d: pas2 pas1
P.Jones:ID897
```

```
S.Round:ID666
L.Clip:ID982
```

要合并两行，而不是按行粘贴，可以使用-s 选项。下面的例子中，第一行粘贴为 ID 号，第二行是名字。

```
# paste -s pas1 pas2
ID897 ID666 ID982
P.Jones S.Round L.Clip
```

paste 命令还有一个很有用的选项（-）。意即对每一个（-），从标准输入中读一次数据。使用空格作为域分隔符，以一个 6 列格式显示目录列表。方法如下。

```
# ls /etc | paste -d" " - - - - - -
MANPATH PATH SHLIB_PATH SnmpAgent.d/ TIMEZONE X11/
acct/ aliases@ arp@ audeventstab audomon@ auto_master
......
```

也可以以一列格式显示输出。

```
# ls /etc | paste -d"" -
MANPATH
PATH
SHLIB_PATH
......
```

8.3 文件的压缩与解压命令

8.3.1 zip 命令

```
zip -r myfile.zip ./*
```

该命令用于将当前目录下的所有文件和文件夹全部压缩成 myfile.zip 文件，-r 表示递归压缩子目录下所有文件。

8.3.2 unzip 命令

把 myfile.zip 文件解压到 /home/sunny/目录下的命令如下。

```
unzip -o -d /home/sunny myfile.zip
```

- -o:不提示的情况下覆盖文件。
- -d:-d /home/sunny 指明将文件解压缩到/home/sunny 目录下。

8.3.3 其他

删除压缩文件中的 smart.txt 文件。

```
zip -d myfile.zip smart.txt
```

向压缩文件 myfile.zip 中添加 rpm_info.txt 文件。

```
zip -m myfile.zip ./rpm_info.txt
```

要使用 zip 来压缩文件，可在 shell 提示下键入下面的命令。

```
zip -r filename.zip filesdir
```

在这个例子里，filename.zip 代表所创建的文件，filesdir 代表你想放置新 zip 文件的目录。-r 选项指定递归（recursively）包函的意思，包括 filesdir 目录中所有的文件及子目录。

要抽取 zip 文件的内容，可键入以下命令。

```
unzip filename.zip
```

你可以使用 zip 命令同时处理多个文件和目录，方法是将它们逐一列出，并用空格隔开。

```
zip -r filename.zip file1 file2 file3 /usr/work/school
```

上面的命令把 file1、file2、file3 以及 /usr/work/school 目录的内容（假设这个目录存在）压缩起来，然后放入 filename.zip 文件中。

8.3.4 tar 命令

tar 命令可以为文件和目录创建档案。利用 tar 命令，用户可以为某一特定文件创建档案（备份文件），也可以在档案中改变文件，或者向档案中加入新的文件。tar 命令最初被用来在磁带上创建档案，现在，用户可以在任何设备上创建档案，如软盘。利用 tar 命令，可以把一大堆的文件和目录全部打包成一个文件，这对于备份文件或将几个文件组合成为一个文件以便于网络传输是非常有用的。Linux 上的 tar 是 GNU 版本的。命令格式如下。

```
tar [主选项+辅选项] 文件或者目录
```

使用该命令时，主选项是必须要有的，它告诉 tar 要做什么事情，辅选项是辅助使用的，可以选用。

参数说明如下。

- -c：建立压缩档案。
- -x：解压。
- -t：查看内容。
- -r：向压缩归档文件末尾追加文件。
- -u：更新原压缩包中的文件。

这 5 个是独立的命令，压缩解压都要用到其中一个，可以和别的命令连用但只能用其中一个。

下面的参数-f 是必须的。

-f：使用档案名字，切记，这个参数是最后一个参数，后面只能接档案名。

```
# tar -cf all.tar *.jpg
```

这条命令是将所有.jpg 的文件打成一个名为 all.tar 的包。-c 表示产生新的包，-f 指定包的文件名。

```
# tar -rf all.tar *.gif
```

这条命令是将所有.gif 的文件增加到 all.tar 的包里面去。-r 表示增加文件的意思。

```
# tar -uf all.tar logo.gif
```

这条命令是更新原来 tar 包 all.tar 中的 logo.gif 文件，-u 表示更新文件的意思。

```
# tar -tf all.tar
```

这条命令是列出 all.tar 包中所有文件，-t 是列出文件的意思。

```
# tar -xf all.tar
```

这条命令是解出 all.tar 包中所有文件，-x 是解开的意思。

1．压缩

```
tar -cvf jpg.tar *.jpg //将目录里所有jpg文件打包成tar.jpg
tar -czf jpg.tar.gz *.jpg //将目录里所有jpg文件打包成jpg.tar后，将其用gzip压缩，生成一个gzip压缩过的包，命名为jpg.tar.gz
tar -cjf jpg.tar.bz2 *.jpg //将目录里所有jpg文件打包成jpg.tar后，将其用bzip2压缩，生成一个bzip2压缩过的包，命名为jpg.tar.bz2
tar -cZf jpg.tar.Z *.jpg //将目录里所有 jpg 文件打包成 jpg.tar 后，将其用compress压缩，生成一个umcompress压缩过的包，命名为jpg.tar.Z
rar a jpg.rar *.jpg //rar格式的压缩，需要先下载rar for linux
zip jpg.zip *.jpg //zip格式的压缩，需要先下载zip for linux
```

2．解压

```
tar -xvf file.tar //解压 tar包
tar -xzvf file.tar.gz //解压tar.gz
tar -xjvf file.tar.bz2 //解压 tar.bz2
tar -xZvf file.tar.Z //解压tar.Z
unrar e file.rar //解压rar
unzip file.zip //解压zip
```

3．总结

（1）*.tar 用 tar –xvf 解压。

（2）*.gz 用 gzip –d 或者 gunzip 解压。

（3）*.tar.gz 和*.tgz 用 tar –xzf 解压。

（4）*.bz2 用 bzip2 –d 或者用 bunzip2 解压。

（5）*.tar.bz2 用 tar –xjf 解压。

（6）*.Z 用 uncompress 解压。

（7）*.tar.Z 用 tar –xZf 解压。

（8）*.rar 用 unrar e 解压。

（9）*.zip 用 unzip 解压。

习题 8

选择题

1. 把一个流中所有字符转换成大写字符，可以使用下面哪个命令？（　　）

A. tr a–z A–Z　　B. tac a–z A–Z　　C. sed /a–z/A–Z　　D. sed ––toupper

2. 如何在文件中查找显示所有以“*”打头的行？（　　）

A. find * file　　B. wc –l *　　C. grep –n * file　　D. grep * file

3. 一个文件名字为rr.Z，可以用来解压缩的命令是（　　）。

A. tar　　B. gzip　　C. compress　　D. uncompress

4. 下列哪个命令在建立一个tar归档文件的时候列出详细列表。(　　)

A. tar –t　　B. tar –cv　　C. tar –cvf　　D. tar –r

5. 对文件进行归档的命令为（　　）。

A. dd　　B. cpio　　C. gzip　　D. tar

6. 有关归档和压缩命令，下面描述正确的是（　　）。

A. 用uncompress命令解压缩由compress命令生成的后缀为.zip的压缩文件

B. unzip命令和gzip命令可以解压缩相同类型的文件

C. tar归档且压缩的文件可以由gzip命令解压缩

D. tar命令归档后的文件也是一种压缩文件

实训8　文件查找及归档

一、实训目的

（1）掌握文件查找的基础操作命令。

（2）掌握文件压缩归档的基础操作命令。

二、实训内容

练习1　文件的压缩与备份

（1）执行如下命令。

```
tar czvf mybackup.tar.gz ~
```

把主目录下包含的所有子目录中的文件进行备份。

（2）执行如下命令。

```
tar tvf mybackup.tar.gz | more
```

可以查看备份文件的内容。

（3）执行如下命令。

```
$mkdir restore
 $mv mybackup.tar restore
$cd restore
$tar xzvf mybackup.tar
```

上述命令可以将备份文件恢复到“restore”目录下。

（4）要将文件备份到U盘，既可以将“/dev/sda1”作为tar命令的目标文件，用tar命令来备份，也可以将备份文件用cp命令拷贝到U盘“/dev/sda1”中。读者可以对这两种方法都做一下尝试。

（5）在主目录下执行如下命令。

```
gzip *
```

把“root”下面的所有文件进行压缩，但是子目录下面的文件不能压缩。可以用 ls 命令看到压缩过的“*.gz”文件。

（6）执行如下命令。

```
gzip -l *
```

可以显示当前目录下压缩文件的详细信息。

（7）执行“gzip -dv *”命令，可以解开“/root”目录下所有的压缩文件，并列出详细的信息。

练习 2　文件处理命令（选做）

（1）执行如下的 cat 命令，创建一个文本文件。

```
$ cat -> student1
Tom  A B C D
Mike  B C D A
Mary  C D A B
Jean  D A B C
```

（2）执行 sort 命令对“student1”文件进行排序并将排序结果放入“student2”文件中。

```
$sort student1>student2
$cat student2
```

查看“student2”文件显示的排序结果。

（3）用 wc 命令对“student1”文件中的字符数和行数进行统计。

（4）分别用 comm 和 diff 命令对文件的“student1”和“student2”进行比较。

练习 3　查找文件（选做）

（1）练习使用 grep、egrep 或 fgrep 命令按照文件的内容查找文件。

（2）练习使用 find 命令，按照文件名、文件属性、文件类型和时间来查找文件，并对所找到的文件进行指定操作。

（3）用 locate 命令按文件名称查找文件。

PART 9

第 9 章 Linux 系统的开机与启动

本章教学重点

- Linux 系统的启动过程
- 系统备份

本章主要讲解 Linux 系统的开机启动流程。同时通过实训帮助读者掌握 Linux 启动 U 盘（或 Live CD）的制作方法和用 Windows 系统的 ntloader 加载 GRUB 的方法。

9.1 Linux 系统的启动过程

Linux 系统的启动过程大体上可分为 5 部分：内核的引导、运行 init、系统初始化、建立终端和用户登录系统。

9.1.1 内核引导

当计算机打开电源后，首先是 BIOS 开机自检，按照 BIOS 中设置的启动设备（通常是硬盘）来启动。紧接着由启动设备上的 GRUB 程序开始引导 Linux 系统，当引导程序成功完成引导任务后，Linux 系统从它们手中接管了 CPU 的控制权，然后 CPU 就开始执行 Linux 的核心映象代码，开始了 Linux 系统的启动过程，也就是所谓的内核引导开始了。内核引导过程其实是很复杂的，Linux 内核做了一系列工作，最后内核加载了 init 程序，至此，内核引导的工作就完成了。然后交给下一个主角——init。具体过程如下。

1．BIOS 开机自检

系统首先由 POST（PowerOnSelfTest，上电自检）程序来对内部各个设备进行检查；自检后，首先按照系统 CMOS 设置中保存的启动顺序搜寻软硬盘驱动器及 CD-ROM、网络服务器等有效的启动驱动器，读入操作系统引导记录，然后将系统控制权交给引导记录，由引导记录来实现系统的顺利启动。

2．MBR 引导

在 MBR 中定义了如何启动本硬盘上的系统（根据分区表找到对应分区上的内核）；而对于 Linux 系统，一般多用 GRUB 引导，由于 GRUB 相对较大，所以分为两段式进行引导，第一段存储于硬盘 MBR 中，第二段放置于操作系统内核所在的分区上。GRUB 根据 MBR 中第一段找到第二段，继续引导，第二段中放置有 GRUB 菜单等信息，可以让用户选择需要继续引导启动的系统；并且菜单中指定有内核及 RamDisk 信息。

MBR，全称为 Master Boot Record，即硬盘的主引导记录，位于硬盘的 0 柱面、0 磁头、1 扇区。它由 3 个部分组成，主引导程序、硬盘分区表 DPT（Disk Partition Table）和硬盘有效标志（55AA）。在总共 512 字节的主引导扇区里，主引导程序（Boot Loader）占 446 字节，第二部分是 DPT，占 64 字节，硬盘中分区有多少以及每一分区的大小都记在其中。第三部分是硬盘有效标志（Magic Number），占 2 字节，固定为 55AA。

GRUB 是 GRand Unified Bootloader 的缩写，它是一个多重操作系统启动管理器。用来引导不同系统，如 Windows 和 Linux。GRUB 是多启动规范的实现，它允许用户在计算机内同时拥有多个操作系统，并在计算机启动时选择希望运行的操作系统。GRUB 可用于选择操作系统分区上的不同内核，也可用于向这些内核传递启动参数。

3．Linux 内核引导

根据用户选择将对应的内核读到内存，解压展开；然后内核开始初始化；初始化完成后需要读取根分区（根是一切的起点），这时候如果系统不是普通磁盘，而是 SCSI 或是 RAID 形式时，就需要先加载相关的文件系统驱动来驱动该磁盘设备，从而读取根分区；这时候给内核提供了一个 minilinux，即 initrd，它是一个基于内存的根文件系统（RAMDISK），用来支持两阶段的引导过程。initrd 文件中包含了各种可执行程序和驱动程序，它们可以用来挂载实际的根文件系统，然后再将这个 initrd RAM 磁盘卸载，并释放内存。

9.1.2 运行 init

init 进程是系统所有进程的起点，没有这个进程，系统中任何进程都不会启动。Linux 系统初始化时需要读取多个配置文件，具体如下。

（1）默认启动级别配置文件：/etc/inittab。

（2）系统初始化配置文件：/etc/init/rcS.conf。

（3）个人运行级别配置文件：/etc/init/rc.conf。

（4）系统重启热键“Ctrl–Alt–Delete”配置文件：/etc/init/control–alt–delete.conf。

（5）终端配置文件：/etc/init/tty.conf。

（6）自动启动串行控制台配置文件：/etc/init/serial.conf。

这些配置文件都是不可执行的文本文件，例如：/etc/inittab 文件内容如下。

```
******************************************************************************
# inittab is only used by upstart for the default runlevel.
# ADDING OTHER CONFIGURATION HERE WILL HAVE NO EFFECT ON YOUR SYSTEM.
```

```
# System initialization is started by /etc/init/rcS.conf
# Individual runlevels are started by /etc/init/rc.conf
# Ctrl-Alt-Delete is handled by /etc/init/control-alt-delete.conf
# Terminal gettys are handled by /etc/init/tty.conf and /etc/init/serial. conf,
# with configuration in /etc/sysconfig/init.
# For information on how to write upstart event handlers, or how
# upstart works, see init(5), init(8), and initctl(8).
# Default runlevel. The runlevels used are:
#   0 - halt (Do NOT set initdefault to this)
#   1 - Single user mode
#   2 - Multiuser, without NFS (The same as 3, if you do not have networking)
#   3 - Full multiuser mode
#   4 - unused
#   5 - X11
#   6 - reboot (Do NOT set initdefault to this)
#
id:5:initdefault:
*********************************************************************************
```

/etc/init/rcS.conf文件内容如下。

```
*********************************************************************************
# rcS - runlevel compatibility
# This task runs the old sysv-rc startup scripts.
start on startup
stop on runlevel
task
# Note: there can be no previous runlevel here, if we have one it's bad
# information (we enter rc1 not rcS for maintenance). Run /etc/rc.d/rc
# without information so that it defaults to previous=N runlevel=S.
console output
exec /etc/rc.d/rc.sysinit
post-stop script
        if [ "$UPSTART_EVENTS" = "startup" ]; then
                [ -f /etc/inittab ] && runlevel=$(/bin/awk -F ':' '$3 ==
"initdefault" && $1 !~ "^#" { print $2 }' /etc/inittab)
                [ -z "$runlevel" ] && runlevel="3"
                for t in $(cat /proc/cmdline); do
                        case $t in
                                -s|single|S|s) runlevel="S" ;;
```

```
                                [1-9])      runlevel="$t" ;;
                        esac
                done
                exec telinit $runlevel
        fi
end script
*********************************************************************************
```

其中以#开始的行是注释行，其中 runlevel 是 init 的运行级别的标识，一般使用 0~6 以及 S 或 s。0、1、6 运行级别被系统保留：其中 0 作为 shutdown 动作，1 作为重启至单用户模式，6 为重启；S 和 s 意义相同，表示单用户模式，且无需 inittab 文件，因此也不在 inittab 中出现，实际上，进入单用户模式时，init 直接在控制台（/dev/console）上运行/sbin/sulogin。在一般的系统实现中，都使用了 2、3、4、5 几个级别，通常，2 表示无 NFS 支持的多用户模式，3 表示完全多用户模式(也是最常用的级别)，4 保留给用户自定义，5 表示图形登录方式。runlevel 可以是并列的多个值，以匹配多个运行级别。

9.1.3 系统初始化

在 init 的配置文件/etc/init/rcS.conf 中有这么一行：exec /etc/rc.d/rc.sysinit 它调用执行了/etc/rc.d/rc.sysinit，而 rc.sysinit 是一个 bash shell 的脚本，它主要是完成一些系统初始化的工作，rc.sysinit 是每一个运行级别都要首先运行的重要脚本。它主要完成的工作有：激活交换分区，检查磁盘，加载硬件模块以及其他需要优先执行任务。

rc.sysinit 当中每个单一的功能比较简单，而且带有注释，读者可自行阅读，以了解系统初始化的详细情况。由于此文件较长，所以不在本文中列出来，也不做具体的介绍。当 rc.sysinit 程序执行完毕后，将返回 init 继续下一步。通常接下来会执行到/etc/rc.d/rc 程序。以运行级别 5 为例，init 将执行配置文件/etc/init/rc.conf 中的以下命令。

```
exec /etc/rc.d/rc $RUNLEVEL
```

该命令表示以 5 为参数运行/etc/rc.d/rc，/etc/rc.d/rc 是一个 shell 脚本，它接受 5 作为参数，去执行/etc/rc.d/rc5.d/目录下的所有的 rc 启动脚本，/etc/rc.d/rc5.d/目录中的这些启动脚本实际上都是一些链接文件，而不是真正的 rc 启动脚本，真正的 rc 启动脚本实际上都是放在/etc/rc.d/init.d/目录下。而这些 rc 启动脚本有着类似的用法，它们一般能接受 start、stop、restart、status 等参数。

/etc/rc.d/rc5.d/中的 rc 启动脚本通常是 K 或 S 开头的链接文件，后面跟上 01 ~ 99 的数字；S 代表启动时执行；K 代表关闭时执行；01 ~ 99 代表启动或关闭的级别（数字越小越优先）；对于以 S 开头的启动脚本，将以 start 参数来运行。而如果发现存在相应的脚本也存在 K 打头的链接，而且已经处于运行态了（以/var/lock/subsys/下的文件作为标志），则将首先以 stop 为参数停止这些已经启动了的守护进程，然后再重新运行。这样做是为了保证当 init 改变运行级别时，所有相关的守护进程都将重启。

至于在每个运行级中将运行哪些守护进程，用户可以通过 chkconfig 或 setup 中的“System Services”来自行设定。

需要注意以下几点。

（1）rc N。表示用 rc 脚本去运行 rc N.d 目录下的脚本；rc 脚本就是去执行所需级别脚本的功能脚本。

（2）初始化结束前执行最后一个文件。/etc/rc.d/rc.local，系统会读取该脚本中的所有命令并执行一遍；但是该脚本只在启动时执行一次，系统关闭时不能执行，所以不要为了实现开机启动而将某些服务写入这个脚本，那样会造成服务关机时的非正常关闭。

（3）内核采用模块化设计，大部分设备模块是在需要时加载驱动，并且大部分模块的驱动放置于根分区上。

9.1.4 建立终端

rc 执行完毕后，返回 init。这时基本系统环境已经设置好了，各种守护进程也已经启动了。init 接下来会打开 6 个终端，以便用户登录系统。配置文件/etc/init/tty.conf 内容如下。

```
**********************************************************************************
# tty - getty
# This service maintains a getty on the sepcified device.
stop on runlevel [016]
respawn
instance $TTY
exec /sbin/mingetty $TTY
**********************************************************************************
```

从上面可以看出在 2、3、4、5 的运行级别中都将以 respawn 方式运行 mingetty 程序，mingetty 程序能打开终端、设置模式。同时它会显示一个文本登录界面，这个界面就是我们经常看到的登录界面，在这个登录界面中会提示用户输入用户名，而用户输入的用户名将作为参数传给 login 程序来验证用户的身份。

提示

tty 是 teletypewriters 的缩写，原来指的是电传打字机，现指终端设备。

getty（get teletypewriter）是 UNIX 类操作系统启动时必需的 3 个步骤之一，用来开启终端，进行终端的初始化，设置终端。

mingetty，即精简版的 getty，适用于本机的登录程序。

respawn，指该进程只要终止就立即重新启动。

9.1.5 用户登录系统

对于运行级别为 5 的图形方式用户来说，他们的登录是通过一个图形化的登录界面。登录成功后可以直接进入 KDE、Gnome 等窗口管理器。而此处主要讲的还是文本方式登录的情况：当我们看到 mingetty 的登录界面时，就可以输入用户名和密码来登录系统了。

Linux 的账号验证程序是 login，login 会接收 mingetty 传来的用户名作为用户名参数。然后 login 会对用户名进行分析：如果用户名不是 root，且存在/etc/nologin 文件，login 将输出 nologin 文件的内容，然后退出。这通常用于系统维护时防止非 root 用户登录。只有/etc/securetty

中登记了的终端才允许 root 用户登录，如果不存在这个文件，则 root 可以在任何终端上登录。/etc/usertty 文件用于对用户做出附加访问限制，如果不存在这个文件，则没有其他限制。

在分析完用户名后，login 将搜索/etc/passwd 以及/etc/shadow 来验证密码以及设置账户的其他信息，比如：主目录是什么、使用何种 shell。如果没有指定主目录，将默认为根目录；如果没有指定 shell，将默认为/bin/bash。

login 程序成功后，会向对应的终端输出最近一次登录的信息（在/var/log/lastlog 中有记录），并检查用户是否有新邮件（在/usr/spool/mail/的对应用户名目录下）。然后开始设置各种环境变量：对于 bash 来说，系统首先寻找/etc/profile 脚本文件，并执行它；然后如果用户的主目录中存在.bash_profile 文件，就执行它，在这些文件中又可能调用了其他配置文件，所有的配置文件执行后，各种环境变量也设好了，这时会出现大家熟悉的命令行提示符，到此整个启动过程就结束了。Linux 系统的开机启动如图 9-1 所示。

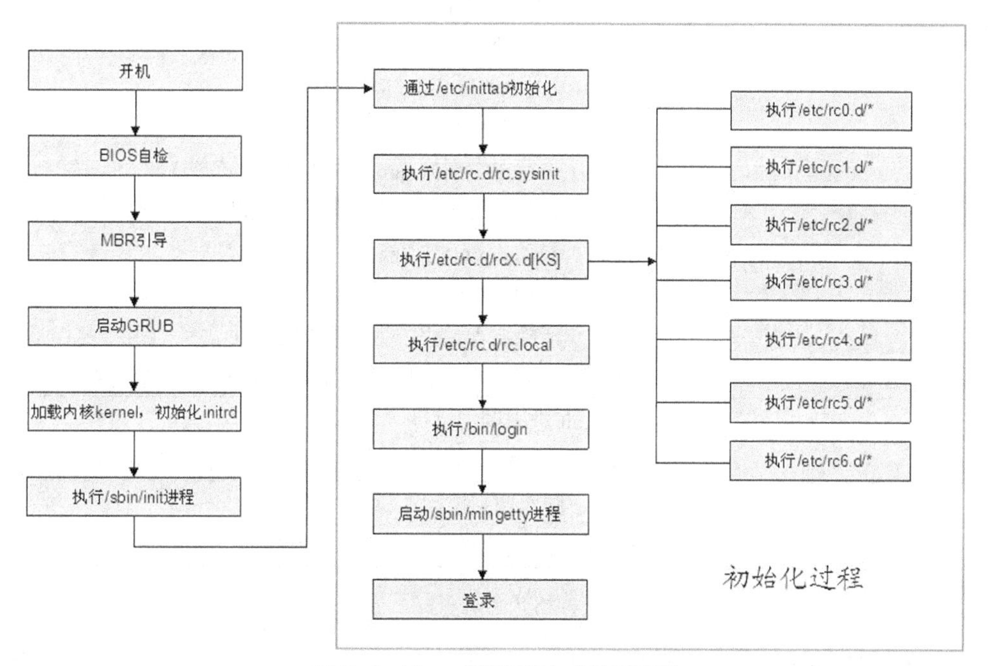

图 9-1 Linux 系统开启与启动示意图

启动过程中的几个主要文件及其作用如表 9-1 所示。

表 9-1 Linux 系统启动过程主要文件及其作用

文件名称（按照加载次序列出）	作用
/etc/inittab	配置默认启动级别
/etc/init/rcS.conf	完成系统初始化
/etc/init/rc.conf	配置个人运行级别
/etc/init/control-alt-delete.conf	定义系统重启热键
/etc/init/tty.conf	配置终端
/etc/init/serial.conf	自动启动配置串行控制台

续表

文件名称（按照加载次序列出）	作用
/etc/rc.d/rc.sysinit	由 init 进程调用执行 完成下面的初始化工作 （1）获取网络环境及主机类型 （2）测试与载入内存设备/proc 及 USB 设备/sys （3）决定是否启动 SELinux （4）接口设备的检测与即插即用（PNP）参数的测试 （5）用户自定义模块的加载 （6）加载核心的相关设置 （7）设置系统时间 （8）设置中断控制台（console）的字形 （9）设置 RAID 与 LVM 等硬盘功能 （10）以 fsck 检验磁盘文件系统 （11）进行磁盘配额 quota 的转换（非必要） （12）重新以可读取模式载入系统磁盘 （13）启动 quota 的功能 （14）启动随机数设备 （15）清除启动过程中生成的临时文件 （16）将启动相关信息加载到/var/log/message 文件中
/etc/rc.d/rc	由 init 进程调用执行 根据制定的运行级别，加载或终止相应的系统服务
/etc/rc.local	由 rc 脚本调用执行 保存用户定义的开机后自动执行的命令

9.2 系统备份

不管系统是多么可靠，总会发生一些意想不到的事情，致使系统数据丢失。例如硬件故障或人为操作失误等。因此，通过备份来保护数据不丢失是一种非常重要的手段，尤其在系统数据非常重要的时候。经常进行数据备份能够减少偶然破坏造成的损失，而且能够保证系统在最短的时间内从错误中恢复正常运行。

数据丢失的原因有多种。第一种原因是粗心，比如说在错误的目录中执行了 rm -r 命令。第二种原因是硬件发生故障，虽然较新的硬盘要比老的硬盘可靠一些，但它们有时也会发生故障，数据也会因此而丢失。第三种原因是软件存在错误而造成的数据丢失。一些不完美的工具对数据进行了一些小破坏，但软件编制者却没有意识到这一点，可能等到有用户反映的时候，才会有一个更新的版本出现，解决这个问题。这些偶然因素加在一起，就要求：即使基本用户没有提出要求，也应该将用户和系统的重要资料进行备份，来保证数据安全。

对于备份来说，最理想的情况是：绝对可靠、随时可以使用、操作简单、速度快。在实际情况中，这是难以同时具备的，而往往是根据情况有所取舍。

在这一过程中，需要权衡的是以下几个问题。

（1）备份介质的选择。

（2）备份策略的选择。

（3）备份工具的选择。

实际上这 3 层是一个并列而不存在先后的排序，下面依照这个顺序依次进行阐述。

1．备份介质的选择

有很多介质可以用来进行备份。目前，比较常用的备份介质有软盘、磁带、光盘和硬盘。对软盘来说，可能对于少量数据比较好，但在有大量数据的情况下就不可取了，光盘非常适于档案文件的存储，但它们一般只能被写入一次而不能重写，因此费用有些偏高。对于硬盘来说，除了价钱外的所有项目均是最优的。所以在选择上可以从以下几个方面来综合权衡。

（1）可靠性。

（2）速度。

（3）可用性。

（4）易用性。

（5）费用。

2．备份策略的选择

通常使用的备份方式有 3 种。

（1）完全备份。每隔一定时间就对系统进行一次全面的备份，这样在备份间隔期间出现数据丢失等问题，可以使用上一次的备份数据恢复到前次备份时的情况。这是最基本的备份方式，但是每次都需要备份所有的数据，并且每次备份的工作量也很大，需要太多的备份介质，因此这种备份不能进行得太频繁，只能每隔一段较长时间才进行一次完整的备份，例如以一个月为一个备份周期。但是这样一旦发生数据丢失，只能恢复到上次备份的数据，这个月内更新的数据就有可能丢失。

（2）增量备份。首先进行一次完全备份，然后每隔一个较短时间进行一次备份，但仅仅备份在这个期间更改的内容。当经过一个较长的时间后再重新进行一次完全备份，开始前面的循环过程。由于只有每个备份周期的第一次进行完全备份，其他只对改变的文件进行备份，因此工作量小，就能够进行更频繁的备份。例如以一个月为一个周期，一个月进行一次完全备份，每天晚上 0 点进行这一天改变的数据的备份。这样一旦发生数据丢失，首先恢复前一个完全备份，然后按日期一个一个恢复每天的备份，就能恢复到前一天的情况。这种备份方法比较经济。

（3）更新备份。这种备份方法与增量备份相似，首先每月进行一次完全备份，然后每天进行一次更新数据的备份。但不同的是：增量备份是备份该天更改的数据，而更新备份是备份从上次进行完全备份后更改的全部数据文件。一旦发生数据丢失，可以使用前一个完全备份恢复到前一个月的状态，再使用前一个更新备份恢复到前一天的情况。这样做的缺点是每次小备份工作的任务比增量备份的工作量要大，但好处在于，增量备份每天都有备份，因此要保存数据备份数量太多，而更新备份则不然，只需保存一个完全备份和一个更新备份就可以恢复故障以前的状态。另外在进行恢复工作时，增量备份要顺序进行多次备份的恢复，而更新备份只需两次恢复，因此它的恢复工作相对简单。

增量备份和更新备份都能以比较经济的方式对系统进行完全备份，在这些不同的策略之间进行选择不但与系统数据更新的方式相关，也依赖于管理员的习惯。通常，系统数据更新不是太频繁的话，可以选用更新备份的方式。但是如果系统数据更新太快，使每个备份周期后面几次更新备份的数据量已经相当大，使用更新备份已经不太经济了，这时候可以考虑增量备份或混用更新备份和增量备份的方式，或者缩短备份周期。

3．备份工具的选择

选定了备份方式之后，可以使用 tar、cpio、dump 等备份工具软件将数据进行备份。对于一般的备份，使用 tar 就足够了。

类似于 tar 命令的 cpio 具有如下几个优点。

（1）它对数据的压缩要比 tar 命令更有效。

（2）它是为备份任何文件集而设计的（tar 旨在备份子目录）。

（3）cpio 能够处理跨多个磁带的备份。

（4）cpio 能够跳过磁带上的坏区继续工作，而 tar 则不能，它的命令参数的用法同 tar 比较相似，这里就不再介绍了。

4．进行备份的时机

备份需要定期执行，不能完全依赖于管理员手动进行备份。备份也应该选择在系统比较空闲时进行，以免影响系统的正常处理任务。通常可以选择凌晨 0:00 之后进行备份。备份也需要有良好的计划并加以正确的实施，不是可以一劳永逸的。

习题 9

简答题

1. 简述 Linux 系统从开机到登录界面的启动过程。
2. MBR 和 GRUB 各代表什么，它们有何关系？
3. /etc/inittab 文件的主要作用是什么？

实训 9

一、实训目的

通过 ntloader 加载 GRUB，实现对 Linux 的引导。

二、实训内容

通常情况下，Linux 会默认将 GRUB 安装到 MBR，但如果这样，则 MBR 被修改后可能导致原有的系统无法引导和启动，因此，为了让 Linux 的 GRUB 不去修改 MBR，则应使多个并行操作系统的引导程序各自保持相对独立，即令 Linux 的 GRUB 安装到本分区上。

假设你的电脑上已经有 Windows 系统，并且已经为 Linux 预留了硬盘分区（建议分区大小为 25～50GB）。

（1）选择并下载一款 Linux 桌面发行版的 iso 文件，如 Isoft、ubuntu 等。

（2）将下载的 Linux 系统的 iso 文件刻成 LiveCD 光盘或制作成 USB 启动安装盘。

（3）安装 Linux 系统时，选择将 GRUB 安装在 Linux 分区上，而不是 MBR 上。但此时 GRUB 还不能引导系统。

（4）修改 Windows 的 ntloader 来加载 GRUB 并实现引导和启动 Linux 系统。具体修改方法如下。

① 将 GRUB 与 ntloader 连接起来，由 ntloader 对 GRUB 加以引导。通过把安装 Linux 的 hdaX 分区内的 GRUB 引导扇区转换为文件，并装配到 Windows 的 ntloader 内来实施。

用 LiveCD 或启动 U 盘启动 Linux 系统后，执行以下指令。

```
# mount -t vfat /dev/hda1 /mnt
# dd if=/dev/hdaX of=/mnt/linux.lnx bs=512 count=1
```

以上两条指令将 Windows 的启动分区（此处指 hda1）挂载到/mnt 下，然后把 Linux 分区（hdaX）的第一个扇区（大小为 512 字节）复制为 Windows 启动分区根目录下名为 linux.lnx 的文件。

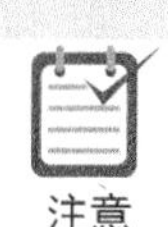

注意

如果你的 Windows 启动分区（即 Windows 下的 C 盘）不是 FAT32 文件系统，而是 NTFS 文件系统，建议将 U 盘格式化为 FAT32 格式，并将第一条指导更换为

```
# mount -t vfat /dev/hdb1 /mnt
```

此处 hdb1 指的是 U 盘分区。然后通过 U 盘把 linux.lnx 放入 C 盘。

② 编辑 C 盘根目录下的 boot.ini 文件。boot.ini 通常是隐藏、只读的系统文件，所以需要把它的“隐藏”“只读”属性去掉，才可以编辑。在 boot.ini 内的[operating systems]栏增添一行命令即可。

```
c:\linux.lnx="Grub Menu"
```

并将[boot loader]栏内的“timeout=0”，改为“timeout=5”，这样引导 Windows 时将会显示带有“Grub Menu”字样的操作系统选择菜单，并持续 5 秒。如果选择 Grub Menu，就会进入 Grub 菜单。

③ 设置 grub.cfg（或 menu.lst）文件。GRUB 的主要配置文件是 grub.cfg（或 menu.lst），位于/boot/grub 目录内。我们前面虽然已经把 GRUB 安装到了 Linux 根分区上，但如果没有生成 grub.cfg（或 menu.lst）文件并对它加以设置，GRUB 是没有任何作用的。如果你的 GRUB 是由安装程序自动设置的，那么通常 grub.cfg（或 menu.lst）已经被设置好了，我们只需根据自己的需要进行一些修改和调整即可。

（5）如果你的 GRUB 已经安装到了 MBR，并且能够引导所安装的 Linux，那么你只需把 GRUB 重新安装到 Linux 系统根分区，恢复 Windows 下的原初 MBR，再按上述方法把 Linux

系统根分区的 GRUB 引导代码装载到 ntloader 就可以了。具体操作方法如下。

① 把 GRUB 重新安装到 Linux 系统根分区。进入 Linux 系统 shell 环境，执行以下指令。

```
# grub
grub > root (hd0, X-1)
grub > setup (hd0, X-1)
grub > quit
```

以上指令首先定位 GRUB 所需的/boot 目录在分区（hd0，X-1），然后将 GRUB 的引导代码写入(hd0,X-1)分区的第一个扇区,所以你首先应该确保(hd0,X-1)分区内的/boot/grub 目录下已经有 stage1、stage2、*_stage*等文件，这些文件可以通过释放 GRUB 的打包文件来获得，或者直接从 LiveCD 光盘内的/boot/grub 目录复制。

如果 LiveCD 带有 grub-install 脚本，也可以直接执行如下命令。

```
# mount /dev/hdaX  /mnt
# grub-install --root-directory=/mnt  /dev/hdax
```

以上指令首先将带有 GRUB 目录/boot/grub 的/hdaX 挂载到/mnt，然后将 GRUB 安装到/hdaX。

② 恢复 Windows 下的原始 MBR。进入 DOS 环境，执行以下命令。

```
A:\>fdisk /mbr
```

即可恢复 MBR，并能正常引导 Windows。

PART 10

第 10 章 shell 基础及编程

本章教学重点

- shell 的基本概念、类型及功能
- shell 基本语法
- shell 命令行
- 条件语句
- 循环命令

Linux 是真正的多用户操作系统，可以同时接受多个用户的远程和本地登录，也允许同一个用户多次登录。大家可以通过使用虚拟控制台来感受 Linux 系统多用户的特性。例如用户可以在某一虚拟控制台上进行的工作尚未结束时，就切换到另一个虚拟控制台上开始另一项工作。例如在开发软件时，可以在一个控制台上编辑程序，在另一个控制台上进行编译，在第三个控制台上查阅信息。

每个虚拟控制台都是通过 shell 与用户进行沟通的。

10.1 shell 的基本概念

shell 是一个命令语言解释器（command-language interpreter），拥有自己内建的 shell 命令集，是命令语言、解释程序以及编程语言的统称。此外，shell 也能被系统中其他有效的 Linux 实用程序和应用程序（utilities and application programs）所调用。它是 Linux 系统的重要组成部分。

shell 是操作系统最外面的一层，是用户和 Linux 内核之间的接口程序，负责管理用户与操作系统之间的交互。用户在提示符下输入的每个命令都由 shell 先解释然后传给 Linux 内核。

shell 的另一个重要特性是它自身就是一个解释型的程序设计语言，shell 程序设计语言支持在高级语言里所能见到的绝大多数程序控制语句，比如循环、函数、变量和数组。shell 编程语言很易学，并且一旦掌握后它将成为你的得力工具。任何在提示符下能键入的命令也能放到一个可执行的 shell 程序里，这意味着用 shell 语言能简单地重复执行某一任务。

10.2 主要的 shell 类型

在 Linux 和 UNIX 系统里有多种不同的 shell 可以使用。最常用的几种是 Bourne shell（sh），C shell（csh），和 Korn shell（ksh）。这 3 种 shell 都有优点和缺点。Bourne shell 的作者是 Steven Bourne。它是 UNIX 最初使用的 shell 并且在每种 UNIX 上都可以使用。Bourne shell 在 shell 编程方面相当优秀，但在处理与用户的交互方面做得不如其他几种 shell。

C shell 由 Bill Joy 所写，它更多地考虑了用户界面的友好性。它支持像命令补齐（command-line completion）等一些 Bourne shell 所不支持的特性。普遍认为 C shell 的编程接口做得不如 Bourne shell，但 C shell 被很多 C 程序员使用，因为 C shell 的语法和 C 语言的确很相似，这也是 C shell 名称的由来。

Korn shell（ksh）由 Dave Korn 所写。它集合了 C shell 和 Bourne shell 的优点并且和 Bourne shell 完全兼容。

除了这些 shell 以外，许多其他的 shell 程序吸收了这些原来的 shell 程序的优点而成为新的 shell。在 Linux 上常见的有 tcsh（csh 的扩展），Bourne Again shell（bash，sh 的扩展），和 Public Domain Korn shell（pdksh，ksh 的扩展）。bash 是大多数 Linux 系统的缺省 shell。

Bourne Again shell（bash），正如它的名字所暗示的，是 Bourne shell 的扩展。bash 与 Bourne shell 完全向后兼容，并且在 Bourne shell 的基础上增加和增强了很多特性。bash 也包含了很多 C 和 Korn shell 里的优点。bash 有很灵活和强大的编程接口，同时又有很友好的用户界面。本书将以 bash 为主介绍 shell。

Bash 代替了 sh 成为 Linux 默认的 shell。为什么要用 bash 来代替 sh 呢？Bourne shell 最大的缺点在于它处理用户的输入方面。在 Bourne shell 里键入命令会很麻烦，尤其在键入很多相似的命令时。而 bash 准备了几种特性使命令的输入变得更容易。

10.3 shell 的主要功能

10.3.1 解释用户输入的终端命令

当用户在提示符下输入一条命令时，shell 首先要对它进行分解。解析的单位是 token。分隔符可以是空格、制表符或换行符。例如一条命令：ls -l /root。shell 将把这条命令以分隔符为标识，分成“ls”“-l”“/root”3 部分。如果遇到转义符“\”，shell 将进行替换。

10.3.2 定制用户的环境

包括各种命令搜索路径、权限、别名、编程库以及终端变量等。shell 是通过一系列登录配置文件来设置的。例如，bash 会在用户登录时，读取以下 4 个环境配置文件。

全局设置文件如下。

/etc/profile：为系统的每个用户设置环境变量，当用户第一次登录，该文件被执行，并从/etc/profile.d 目录中的配置文件中搜集 shell 设置。

/etc/bashrc：为每个运行 bash shell 的用户执行此文件。

用户设置文件如下。

~/.bash_profile:每个用户都可以使用该文件导入专用于自己的使用信息，该文件只执行一次。

~/bashrc：包含专属于当前用户的 bash 信息，当登录时以及打开新的 shell 时，该文件被读取。

读取顺序依次是：/etc/profile、~/.bashrc、/etc/bashrc、~/.bash_profile。当退出 bash 时，$HOME/.bash_logout 同样将被执行。例如 Java 的 CLASSPATH 就可以定义在/etc/profile（全局）或~/.bash_profile（用户）中。

10.3.3 脚本编程，自动批处理

shell 脚本是解释性语言，实际上就是由一系列命令和一些控制语句组成。脚本执行时，shell 将负责进行逐行解释，进而实现自动化系统管理。

10.4 shell 的命令解析过程

无论是终端命令还是脚本，shell 都会试图进行解析以便转交内核处理。首先，shell 检查命令的合法性，是否为 shell 内部的命令集，例如 cd、fg 等，或是包含在用户搜索路径中的单独程序。如果能够成功匹配，该命令将被解析为系统调用（system call）并传给内核，否则将显示一条错误信息。

提示

搜索路径（PATH）是 shell 用来查找命令所在目录的环境变量，每个用户都可能不同。如果 shell 所解析的命令不包含在 PATH 所定义的路径中，则必须指定该命令的绝对路径。这个值可以用“echo $PATH”查看。

10.5 shell 与系统登录过程

我们知道，系统启动的第一个进程是 init，它是所有进程的父进程。init 启动后，负责启动终端并设置文件描述符 0、1、2，分别对应标准输入（stdin）、标准输出（stdout）和标准错误输出（stderr）。然后就开始登录交互了。

文件描述符是一个比较小的无符号整数，是文件描述符表的索引，它由内核维护，内核用它来访问打开的文件和 I/O 流。

对于物理终端，有一个名叫 getty 的程序负责等待用户登录，这就是我们在终端上看到的“login:”。当用户输入用户名并回车后，getty 进程将结束并启动 login 程序，即在终端显示字符串“password:”。接下来用户输入密码并回车，login 将验证用户名密码是否与系统文件/etc/passwd 中的记录以及/etc/shadow 中的密码一致。如果通过，则激活/etc/passwd 中该用户记录行的最后一列的程序，如果没有设置，则启动/usr/bin/sh 程序。这期间也将执行预定

义好的用户环境脚本，这些初始化脚本执行结束后，终端将出现命令提示符等待用户输入命令，登录过程至此全部完成。

用户退出系统后，shell 将退出，但系统会自动在该终端启动一个新的 getty，等待用户登录。正如我们看到的，好像“login:”永远不会消失一样。

10.6　shell 脚本

为什么要进行 shell 编程？在 Linux 系统中，虽然有各种各样的图形化接口工具，但是 shell 仍然是一个非常灵活的工具。shell 不仅仅是命令的汇集，而且是一门非常棒的编程语言。shell 可以使大量的任务自动化，shell 特别擅长系统管理任务，尤其适合那些易用性、可维护性和便携性比效率更重要的任务。

将常用的 Linux 命令存储在一个文件中，shell 可以读取并执行其中的命令。这样的文件被称为脚本文件。shell 脚本允许输入/输出、操纵变量、强有力的控制流及编程的迭代构造。shell 脚本相当于 DOS 批处理文件，而 Linux 的.profile 脚本相当于 DOS 的 autoexec.bat 文件。

10.7　shell 程序的创建和执行

要创建一个 shell 脚本，先用编辑器（比如 VI 编辑器）在文本文件中编写它。假定已经创建了一个 magic 的脚本文件，可用两种方法执行该文件。

（1）在命令提示处输入以下命令。

```
$ bash magic             //执行 shell 脚本
```

（2）在命令提示处输入以下命令。

```
$ chmod u+x magic        //修改权限
 $ ./magic               //执行 shell 脚本
```

为了在$提示符下直接执行一个 shell 脚本，必须修改 shell 脚本访问权限。一旦增加了执行许可权限，就可以在$提示符下直接执行一个 shell 脚本。

当登录到 Linux 系统时，得到了一个 shell 的工作拷贝。登录的 shell 称作 login shell。因在 shell 中还可以创建另一个 shell，这个新的 shell 被称作当前 shell 的子 shell。在子 shell 中执行 shell 脚本，使得 login shell 不被脚本影响。执行时，shell 脚本被传递给子 shell。一旦在新创建的 shell 运行的脚本完全执行完后，新创建的 shell 也就终止了。

提示

假如想指定/bin/bash 为脚本的解释器，那么就应该在 shell 脚本的开始写#!/bin/bash。

10.8 shell 基本语法

10.8.1 echo 命令

例 10.1

echo 命令用于在屏幕上显示消息。

```
$ echo "This is an example of the echo command"
This is an example of the echo command
$
```

例 10.2

echo 显示完成“”内的内容后会自动换行。如要显示在同一行可用-n 选项，把光标保持在同一行。

```
$ echo -n "This will keep the cursor on the same line"
This will keep the cursor on the same line $
```

注意

输出时$符号显示在同一行。

例 10.3

用 VI 编辑器创建一个 hello 文件。

```
echo "Hello"
echo "World"
```

然后使用下面的命令给文件赋以执行权限。

```
$ chmod u+x hello
```

执行文件如下。

```
$ ./hello
```

10.8.2 插入注解

例 10.4

在 shell 脚本中可以通过使用#符号插入注解语句。当 shell 遇到#时，忽略该行的内容。

```
#!/bin/bash
echo "Hello"
#This is a comment line. This would not produce any output.
echo "World"
```

此例中，以#号开始的行不会被 shell 执行，仅起到注解的作用。

10.8.3 shell 变量

1. 创建变量

在 bash shell 下，变量不是必须被显式地声明的。变量可以在任何时间通过简单的赋值来创建。命令格式如下。

```
<变量名>=<值>
```

注意

当声明一个变量时，赋值操作符（=）的两边不能有空格。如果值包含空格，则必须用单引号或双引号括起来。

例 10.5

```
name="John Rose"
```

在 Linux 中的所有变量都被当作字符串来处理。举例如下。

```
ctr=1
```

ctr 不是一个数字变量，它是一个字符串。因此，变量 ctr 包含字符“1”，而不是数字 1。

任何在 shell 脚本中创建的变量，当脚本停止执行时，变量都会消失。但是，在提示符处创建的变量则保留着，直到系统终止 shell 时为止。

2. 引用变量

$符号用于引用一个变量的内容。举例如下。

```
var1=${var2}
```

如果赋值语句中引用的变量只涉及一个，则{}可以省略。如下。

```
$ a=$today
```

等同于下面的命令。

```
$ a=${today}
```

3. 读值给变量

在执行 shell 脚本时，除了可以向变量赋值外，shell 还允许用户从键盘输入一个值给变量。这可以使用 read 命令来完成。举例如下。

```
$ read var1
```

虽然 read 命令可以在提示符中使用，但是一般是在 shell 脚本中使用。在执行时，read 命令将等待用户输入一个值给变量。当用户输入值并按回车键后，如果 shell 脚本有剩余部分的话，就会接着执行。注意，read 命令不提示用户输入数据。为此，必须使用 echo 命令。

例 10.6

```
#!/bin/bash
echo "Enter the name of the customer."
read name
echo "Enter the mobile phone number."
```

```
read number
echo "$name:$number" >> customerdata
```

上面的例子接收了客户名字和电话号码，并把材料存储在 customerdata 文件中。

课堂练习

1. shell 脚本可通过______命令执行。（参考答案：sh 或 bash）
2. 环境变量存储路径至用户主目录。（参考答案：HOME）
3. 编写一个脚本，接受 num1 和 num2 两个数，然后将它们的值互换并显示在屏幕上。

参考答案如下。

```
echo -n "Enter the first number: "
read num1
echo -n "Enter the second number: "
read num2
temp=$num1
num1=$num2
num2=$temp
echo "value of first number = $num1"
echo "value of second number = $num2"
```

4. 本地和全局 shell 变量

当引用一个变量时，只有创建它的 shell 能够知道变量的存在。当创建了一个新的 shell，它并不知道父 shell 的变量。子 shell 创建的变量名可以与父 shell 的变量名同名，但可以赋予不同的值，这样的变量被称作本地变量。举例如下。

```
$ continet=Africa
$ echo "$continent"
Africa
$ sh                        //创建一个新的 shell
$ echo "$continent"
                            //没有反应
$ continent=Asia            //向 continent 赋一个新值 Asia
$ echo "$continent"
Asia
$ exit                      //返回到父 shell
$ echo "$continent"
Africa                      //父 shell 不知道 Asia
$ sh
$ echo "$continent"         //continent 没有任何值
```

```
$ exit                    //返回到父 shell
$
```

bash shell 提供 export 命令使所有子 shell 都知道父 shell 的变量。所有 export 定义的变量会被传递给所有后续的子 shell。这样的变量被称作移出变量。举例如下。

```
$ continent=Africa
$ export continent
$ echo "$continent"
Africa
$ sh                      //创建一个新的子 shell
$ echo "$continent"
Africa                    //子 shell 含有变量 continent
$ continent=Asia          //向 continent 赋一个新的值
$ echo "$continent"
Asia
$ exit                    //返回到父 shell
$ echo "$continent"
$ Africa                  //父 shell 继续拥有值 Africa
$
```

最后两个命令表示变量可以被移出或者传递给子 shell，但是反过来不行。这是因为 export 命令把变量名和值的一个副本传递给了子 shell。子 shell 可以改变副本的值，而其原先变量并未改变。

在 shell 里创建的变量相对于创建它的 shell 来说是本地的，除非使用 export 命令把它全局化。

5．环境变量

对于像 Linux 的多用户系统，每个用户都分配一个 shell 的副本用于工作。每个 shell 都有它自己的、用户可以单独配置的环境。shell 也有被称作环境变量的特殊变量，通过改变这些变量的值，用户能够定制环境。

下面列举一些环境变量的例子，如 HOME，PATH，PS1，PS2，LOGNAME，SHLVL 和 SHELL。

（1）HOME 变量。

Linux 系统中的每个用户都有一个相关的被称作 HOME 的目录。当一个用户登录后，将直接进入 HOME 目录。每个用户的 HOME 目录的位置被存储在环境变量 HOME 中。例如，如果用户 Rose 的 HOME 目录是/home/Rose，那么 HOME 变量将包含该值。

变量 HOME 的引用方式与其他用户定义的变量一样。

```
$ echo $HOME
```

（2）PATH 变量。

PATH 变量包含一列用冒号定界文件目录的路径名字，便于可执行程序的搜索。

```
$ PATH=/usr/bin:/bin
```

该命令指定了可以被任何可执行的应用程序或命令搜索的目录依次为/usr/bin 和/bin。当路径设定好后，用户就可以不管当前的工作目录来执行程序。

在 Linux 中，无法自动搜索当前目录，只有在路径中指出的目录才能被搜索。因此，如果当前目录是要被搜索的，那么它必须在 path 中被设定。你可以在路径的某处使用小圆点（用它来设定当前目录）来设定目录。

例 10.7

```
a. PATH=/usr/bin:/bin:.      //按/bin，/usr/bin 和当前目录的顺序搜索
b. PATH=.:/usr/bin:/bin      //按当前目录/bin 和/usr/bin 的顺序搜索
c. PATH=/usr/bin::/bin       //按/bin，当前目录和/usr/bin 的顺序搜索
```

按 PATH 变量中设定的顺序将搜索任何可执行文件。

（3）PS1 和 PS2 变量。

Linux 下的 bash shell 有两级用户提示符 PS1 和 PS2。

PS1：第一级用户提示符，就是用户平时的提示符，可以通过在用户主目录下的.bash_profile 文件里设置 PS1 变量来实现。

PS2：第二级用户提示符。在第一行没输完时，等待第二行输入的提示符。例如，输入：

```
cp filename1 \
```

回车，此时就出现第二级提示符。“\” 是续行的意思。默认的第二级提示符是 “>”。

Linux 系统提示符是用系统变量 PS1 来定义的。一般系统默认的形式如下。

普通用户：[当前用户名@主机名 工作目录]$

超级用户：[当前用户名@主机名 工作目录]#

用 echo $PS1 可以得到 PS1 的值，即 PS1= “[\u@\h \W]\\ $ ”。

登录后可以更改 PS1 的显示样式，但是当重启并登录进入系统后，样式又变成系统默认的样式了，如果要彻底改变它的样式，只能从配置文件中改。PS 变量是在用户根目录下的.bash_profile 中定义的。

下面简要介绍 PS 的特殊符号所代表的意义。

- d ：代表日期，格式为 weekday month date。
- H ：完整的主机名称。
- h ：仅取主机的第一个名字。
- t ：显示时间为 24 小时格式，如 HH:MM:SS。
- T ：显示时间为 12 小时格式。
- A ：显示时间为 24 小时格式，如 HH:MM。
- u ：当前用户的账号名称。
- v ：BASH 的版本信息。
- w ：完整的工作目录名称。用户主目录以 “~” 代替。
- W ：利用 basename 取得工作目录名称，所以只会列出最后一个目录。例如，执行命令 basename 'pwd'，即可得到当前路径的最后一个目录。

- # ：下达的第几个命令。
- $ ：提示字符，如果是 root，提示符为“#”，普通用户则为“$”。

例如，将 PS1 变量设置为日期和时间提示信息的命令如下。

```
$ PS1="[\d\A"
```

（4）SHLVL 变量。

该变量存储当前工作的 shell level。在 Linux 下工作，你可创建新的 shell，但你可能不记得正在工作的 shell 层次，这时你可以使用 SHLVL 环境变量来判断当前的层次。刚登录时的 shell 被赋予数字 1，然后，只要创建一个新的 shell，变量 SHLVL 的值就增加 1。

例 10.8

```
$ echo $SHLVL
1                    //这是你登录的 shell
$ sh                 //创建一个新的 shell
$ echo $SHLVL
2                    //你现在处于新的 shell
$ exit
exit
$ echo $SHLVL
1                    //返回到父 shell
```

（5）SHELL 变量。

SHELL 环境变量存储了用户的缺省 shell。可以通过下面的命令观看此变量的值。

```
$ echo $SHELL
/bin/bash
```

（6）env 命令。

可以使用 env 命令来查看所有已移出的环境变量表和它们各自的值。

下面的例子是 env 命令的输出。

```
$ env
```

6．内部变量

内部变量和环境变量类似，也是在 shell 执行前就定义的变量。所不同的是，用户只能根据 shell 的定义来使用这些变量，而不能重定义它们。所有预定义变量都是由$和另一个符号组成的，常用的 shell 预定义变量如下。

- $#：位置参数的数量。
- $*：所有位置参数的内容。
- $?：命令执行后返回的状态。
- $$：当前进程的进程号。
- $!：后台运行的最后一个进程号。
- $0：当前执行的进程名。

其中，$?用于检查上一个命令执行是否正确（在 Linux 中，命令退出状态为 0 表示该命令

正确执行，任何非 0 值表示命令出错）。

$$变量最常见的用途是作为暂存文件的名字，以保证暂存文件不会重复。

7. 位置参数

位置参数是一种在调用 shell 程序的命令行中按照各自的位置决定的变量，是在程序名之后的参数。位置参数之间用空格分隔，shell 取第一个位置参数替换程序文件中的$1，取第二个位置参数替换程序文件中的$2，以此类推。$0 是一个特殊的变量，其内容是当前 shell 程序的文件名，所以，$0 不是一个位置参数，在显示当前所有的位置参数时是不包括$0 的。

例 10.9

建立一个内容为如下的程序/home/test1/p1.sh:。

```
#!/bin/bash
#/home/test1/p1.sh
#file executable: chmod 755 p1.sh
echo "Program name is $0"
echo "There are totally $# parameters passed to this program"
echo "The last is $?"
echo "The parameters are $*"
```

执行后的结果如下。

```
[beichen@localhost bin]$bash p1 this is a test program //传递 5 个参数
Program name is p1.sh //给出程序的名字
There are totally 5 parameters passed to this program //参数的总数
The last is 0 //程序执行结果
The parameters are this is a test program //返回有参数组成的字符串
```

10.8.4 命令别名 alias

要想知道某个目录下的所有文件机器属性，则需要执行“ls –al”，而多次重复的输入会很不方便，这时就可使用 alias 命令来设定该命令的别名。

```
alias ll='ls -al'
```

默认情况下，在 shell 下的用户变量、alias 等，只在此次登录中有效。一旦关闭终端或注销后，将会设置恢复初始值。

用户可以将这些设置放入一个系统环境配置文件中，使其长期生效。如将其加入用户环境配置文件~/.bashrc 中，则每次用户登录时都可以自动生效。

每一个用户都有一个登录 shell，且默认为 bash，当用户打开一个 bash 时，系统就去读取~/.bashrc 配置文件。因此可以将相关的用户设定放入此文件中。

10.8.5 命令替换

前面学过管道命令，它通过把一个的标准输出作为另一个的标准输入来发送。而在单个命令行中使用多个命令的另一种方法是通过命令替换（command substitution）来实现。

假定用户想在屏幕上显示下面的消息。

```
The date is (date 命令的输出)
```

为实现这一点，用户可以输入下面的命令。

```
$ echo "The date is 'date'"
```

命令 date 被括在单个反引号里（又称为重音符）。shell 首先替换输出被反引号括起来的命令，然后再执行整个命令。

当然，也可以通过下面的命令得到同样的输出。

```
echo "The date is $(date)"
```

shell 替换$（date）为 date 命令的输出。

10.8.6 数值运算

大多数的 shell 不支持数字变量。所有的变量都被当作字符串处理。然而，对于 shell 中的程序，有必要能够进行数值运算。expr 命令用于求算术表达式的值。该命令的输出被发送到标准输出。

例 10.10

```
$ expr 4 + 5
```

屏幕上显示 9。注意：在运算符（+）的两边必须有空格。

也可以在 expr 命令中使用变量，如下。

```
$ a=5
$ b=4
$ expr $a + $b
9
```

expr 支持的运算符可以是+，-，*，/。然而，当使用*时，一般应在前面有反斜线（\）。否则，shell 将把它解释成一个通配符。

注意：expr 不支持小数，如下。

```
$ expr 5 / 2
```

执行上述命令将显示 2，而不是 2.5。小数部分被忽略了。同样，执行以下命令将导致语法上的错误，这是因为在“2.5”中的小数点被看成一个句号，所以，expr 不能把变量 var1 看成数字。

```
$ var1=2.5
$ expr $var1 + 5
```

如果想把 expr 的输出保存到一个变量中，可以使用命令替换，如下。

```
$ var1=5
$ var1='expr $var1 + 20'
```

var1 将被赋值为 25。下面的代码解释 expr 命令的使用。

```
a=10
b=5
a='expr $a - 7'
echo "a is equal to $a"
```

```
a='expr $a \* $b'
echo "a is equal to $a"
a='expr $a / 3'
echo "a is equal to $a"
```

该段代码的输出如下。

```
a is equal to 3
a is equal to 15
a is equal to 5
```

10.8.7 算术展开

可以在$ ((...))中括一个表达式，用下面的命令来计算它的值。

```
$((expression))
```

举例如下。

```
$ echo $((45+34))
79
```

在$ (( ))中还可用-、*、/运算符，也可用表达式，如下。

```
$ a=25
$ b=56
$ echo $((a+b))
81
```

课堂练习

编写一个 shell 脚本用于计算呼叫中心未应答的询问的数量。该脚本应该接收一天内所报告的询问的总数和应答的询问的数量，以便计算未应答的询问的数量。

所有未应答的询问的总数=所有询问的总数—应答的询问的数量

参考答案如下。

```
#!/bin/bash
$ echo "the total of ask: "
$ read total
$ echo "the number of answer: "
$ read answer
$ echo "The number of no answer: "
$ echo $((total-answer))                #或 echo 'expr $total - $answer'
```

10.9 shell 命令行

命令行实际上也是一个文本缓冲区，在按回车键之前，可以对输入的文本进行编辑，按回车键后，shell 开始解释这个文本缓冲区中的命令并将该命令保存到历史表（history）中。

10.9.1 命令分隔符

- ;：间隔的命令按顺序依次执行。
- &&：前后命令的执行存在“逻辑与关系”，只有&&前的命令执行成功，后面的才执行。
- ||：前后命令的执行存在“逻辑或关系”，只有||前的命令执行失败，后面的才执行。

命令分隔符的优先级如下。

;的优先级最低。||和&&的优先级相同，按从左到右的原则执行。

例 10.11

使用()可以组合命令行中的命令，改变执行顺序。

```
# date;clock// 命令按顺序执行
# mail  root < message && rm  -rf  message       //邮件发给 root 后，才删除消息
# write root < message || mail user1 < message //如果 root 不在，就将邮件发给
user1
```

也可以将一行命令用反斜杠“\”分解为若干行输入，shell 将视为单独行来解析，如下。

```
# cp /tmp/foo \
/home/myhome
```

10.9.2 命令行补全功能

当用户输入命令或者路径名的一部分后，只需要按 Tab 键，bash 就能将剩下的部分自动补全。bash 首先确定输入的一部分命令或者路径名是不是唯一的，再确定剩余部分是否唯一，如果都是唯一的，按一下 Tab 键就自动补全。如果按一下没有补全，则连续按两下。如果 bash 给出提示，那么说明输入的内容后半部分不唯一。如果 bash 不给提示，说明系统没有内容与输入的部分内容匹配。当 bash 发现输入既不符合绝对路径，也不符合相对路径时，可能会认为这是个命令，会去$PATH 这个环境变量寻找带有 x 权位的命令来补全。当然，输入绝对路径和相对路径时，按 Tab 键，bash 也会补全路径名。

10.9.3 shell 中的模式匹配

shell 中可以使用一些具有特殊含义和功能的字符来增强处理能力，如通配符“*”、反引号“`”、管道符等，如表 10-1 所示。

表 10-1　　bash 的模式匹配

字符	举例	含义
*	ls *.c	匹配零或多个字符
?	ls conf.?	匹配任意单个字符
[list]	ls conf.[co]	匹配列表中的任意一个字符
[lower−upper]	ls libdd.73[1−9].sl	匹配范围内的任意一个字符
str{str1，str2，str3….}	ls ux*.{aa，bb}	用{}中的内容作为扩展名
~	ls −a ~	主目录
~username	ls −a ~root	root 用户的主目录

反引号“'”位于键盘的左上角，由它括起来的字符串被shell解释为独立的子命令行。shell首先执行该子命令行，并以它的标准输出结果作为整个命令行的一部分来执行。举例如下。

```
# cd /usr/src/kernels/'uname -r'
# pwd
/usr/src/kernels/2.6.32-71.7.1.el6.i686
```

10.10 正则表达式

正则表达式（regular expression）是一种字符串匹配的模式，可以用来检查一串字符中是否含有某种子串，它具有用正则表达式模式去匹配或代替一个串中特定字符（或字符集合）的属性和方法。

正则表达式是由普通字符（例如字符 a~z）以及特殊字符（称为元字符）组成的文字模式。正则表达式作为一个模板，将某个字符模式与所搜索的字符串进行匹配。普通字符由除元字符的打印和非打印字符组成。这包括所有的大写和小写字母字符，所有数字，所有标点符号以及一些符号。

所谓元字符，就是一些有特殊含义的字符，如“*.txt”中的*，简单地说，就是表示任何字符串的意思。但如果要查找文件名中有*的文件，则需要对*进行转义，即在其前加一个\。ls *.txt。正则表达式有以下元字符，如表10-2所示。

表10-2 正则表达式元字符列表

元字符	含义
^	匹配输入字符串的开始位置
$	匹配输入字符串的结尾位置
()	标记一个子表达式的开始和结束位置。子表达式可以获取供以后使用
*	匹配前面的子表达式零次或多次
+	匹配前面的子表达式一次或多次
.	匹配除换行符\n之外的任何单字符
?	匹配前面的子表达式零次或一次，或指明一个非贪婪限定符
\	将下一个字符标记为特殊字符或原义字符。特殊字符包括：$. ' " * [] ^ | () \ + ?
|	指明两项之间的一个选择
[]	匹配一个集合。比如[0-9]表示匹配0~9的10个数字
pattern\{n\}	匹配模式出现n次
pattern\{n，\}	匹配模式至少出现n次
pattern\{n，m\}	匹配模式出现n~m次

构造正则表达式的方法和创建数学表达式的方法一样。也就是用多种元字符与操作符将小的表达式结合在一起来创建更大的表达式。正则表达式的组件可以是单个的字符、字符集合、字符范围、字符间的选择或者所有这些组件的任意组合。

表10-3列举了一些系统管理中经常使用的正则表达式。

表 10-3　　　　系统管理中经常使用的正则表达式

正则表达式	含义
^	行首
^d	表示以 d 开头的字符串
$	行尾
bash$	表示匹配以 bash 结尾的行
d$	表示匹配以字母 d 结尾的字符
^$	表示匹配空行
^.$	匹配只包含一个字母的行
[Ss]igna[Ll]	匹配 Signal，signal，signaL，SignaL
[mayMAY]	包含 may 大写或小写字母的行
^user$	只包含 user 的行
^d..x..x..x	用户、组、其他用户均有执行权限的目录
^[^l]	排除关联目录的目录列表
[000*]	000 或者更多个
[^.*$]	匹配行中任意字符串
^......$	包括 6 个字符的行
[a−zA−Z]	任意单字符
[^0−9\$]	非数字或$字母
[123]	数字 1～3 中的一个
[Dd]evice	单词 Device 或 device
^\.[0−9][0−9]	以.和两个数字开始的行

关于正则表达式更多的内容参见附录 1“shell 正则表达式”和附录 2“正则表达式实例”。

10.11　grep

grep（global search regular expression and print out the line）是一种强大的文本搜索工具，它能查找文件中指定的正则表达式，并打印含有该表达式的所有行。使用 grep 的好处在于，不需要启动 VI 等编辑器来查找，由于是命令行，又可以进行文件批量扫描查找，并且不需要将正则表达式包含到斜线中。grep 还有几个派生的命令：egrep、fgrep 和 rgrep 等。

grep 的工作方式是这样的，它在一个或多个文件中搜索字符串模板。如果模板包括空格，则必须被引用，模板后的所有字符串被看作文件名。搜索的结果被送到屏幕，不影响原文件内容。

grep 可用于 shell 脚本，因为 grep 通过返回一个状态值来说明搜索的状态，如果模板搜索成功，则返回 0，如果搜索不成功，则返回 1，如果搜索的文件不存在，则返回 2。我们利用这些返回值就可进行一些自动化的文本处理工作。

10.11.1 grep 的选项

grep 的选项如表 10-4 所示。

表 10-4 grep 的选项

选项符号	选项功能
-?	同时显示匹配行上下的?行，如：grep -2 pattern filename 同时显示匹配行的上下 2 行
-b，--byte-offset	输出匹配行并显示字节偏移
-c，--count	只打印匹配的行数，不显示匹配的内容
-f File，--file=File	从文件中提取模板。空文件中包含 0 个模板，所以什么都不匹配
-h，--no-filename	当搜索多个文件时，不显示匹配文件名前缀
-I，--ignore-case	忽略大小写差别
-q，--quiet	取消显示，只返回退出状态。0 则表示找到了匹配的行
-l，--files-with-matches	打印匹配模板的文件清单
-L，--files-without-match	打印不匹配模板的文件清单
-n，--line-number	在匹配的行前面打印行号
-s，--silent	不显示关于不存在或者无法读取文件的错误信息
-v，--revert-match	反检索，只显示不匹配的行
-w，--word-regexp	如果被\<和\>引用，就把表达式当作一个单词来搜索

10.11.2 在 grep 中使用正则表达式

请看下面的例子。

```
#grep root /etc/passwd          //打印所有包含 root 的行
#grep ^root /etc/passwd         //打印所有以 root 开头的行
#grep bash$ /etc/passwd         //打印所有以 bash 结尾的行
```

要用好 grep 这个工具，其实就是要写好正则表达式，这里不对 grep 的所有功能进行实例讲解。再举几个例子，讲解一下正则表达式在 grep 中的用法。

```
$ ls -l | grep '^d'
```

通过管道过滤 ls -l 输出的内容，只显示以 d 开头的行。

```
$ grep test d*
```

显示所有以 d 开头的文件中包含 test 的行。

```
$ grep '2\..' file
```

显示在 file 文件中包含数字 2，并且后跟一个句点，再跟任意字符的行。

```
$ grep '[^0-9]' file
```

显示所有包含以非数字开头的行。

```
$ grep 'w\(es\)t.*\1' aa
```

如果 west 被匹配，则 es 就被存储到内存中，并标记为 1，然后搜索任意个字符（.*），这些字符后面紧跟着另外一个 es（\1），找到就显示该行。如果用 egrep 或 grep -E，就不用“\”号进行转义，直接写成'w(es)t. *\1'就可以了。

如何在所有的子目录下执行相应的查找？可以利用“-r”来完成。在下面的例子中，在“/home”的子目录下忽略大小写，查找“history”，这会以“文件名：匹配的内容”形式显示。也可以利用参数“-l”，只显示文件名。

```
$ grep -ri history /home
$ grep -ril history /home
```

10.12 条件语句

10.12.1 test 和[ ]命令

test 命令求值表达式，并返回 true(0)或 false(1)。test 关键字也可用[ ]（方括号）替换。test 和[ ]的命令格式如下。

```
test 逻辑表达式
[ 逻辑表达式 ]
```

可用 test 命令来检查变量的值，如下。

```
test $user_name = "Roger"
```

或

```
[ $user_name = "Roger" ]
```

在=两边必须有空格。

在一个 test 命令中，也可以测试多个条件。这可以用选项-a（与）和-o（或）。这些选项类似于任何编程语言中的 AND 与 OR 逻辑运算符。

例 10.12

```
test $NAME = $VALIDNAME -a $UID = "10"
```

test 命令检查变量 NAME 和 VALIDNAME 是否有一样的值，且变量 UID 有的值为 10。

10.12.2 if 选择语句

命令格式如下。

```
if <条件>
then 命令
[else <命令>]
fi
```

例 10.13

下面是一个名为 checknumber 的 shell 脚本。

```
#!/bin/bash
echo "Enter a number "
```

```
read num1
if [ $num1 -ge 50 ]
then echo "The number is greater than or equal to 50."
else echo "The number is less than 50."
fi
```

执行脚本，分别用 80 和 20 进行测试，看输出的结果如何。

Linux 还提供了 if …elif 语句，其命令格式如下。

```
if <条件>
then 命令
elif <条件>
then 命令
…
else <命令>
fi
```

在这个语句中，elif 等同于‘else if’。该语句的 elif 部分总是出现在 else 部分之前，并且当 if 条件为假时被执行。

一个 if 语句可以有多个 elif 语句，但是只能有一个 else 和一个 fi 来终止该判断语句。

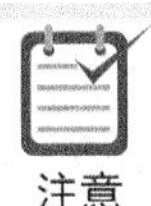
注意

else 部分是可选的。

例 10.14

有多个条件的情况下，可以使用以下命令。

```
-a 表示 and 选项。
-o 表示 or 选项。
echo "Enter a number."
read no
if [ $no -ge 1 -a $no -le 100 ]
then echo "The number is between 1 and 100"
else echo "The number is not between 1 and 100"
fi
```

10.12.3　算术测试

例 10.15

test 命令也可以用于算术测试。结合 if 语句，可用于测试变量的数字值。表 10-5 所示为可用的算术 test 运算符。

表 10-5　　算术 test 运算符

选项	含义
-eq	等于
-ne	不等于
-gt	大于
-ge	大于或者等于
-lt	小于
-le	小于或者等于

举例如下。

```
echo "Enter the first number"
read num1
echo "Enter the second number"
read num2
if [ $num1 -gt $num2 ]
then
    echo "First number is greater than second number"
else
    echo "First number is less than second number"
fi
```

该 shell 脚本接收两个数字。它将接收的两个值相比较后显示相应的消息。

10.12.4　串测试

例 10.16

test 命令也可用于字符串。表 10-6 所示为可用的串 test 运算符。

表 10-6　　串 test 运算符

选项	值	含义
string	True	该串非空
-z string	True	串的长度是零
-n string	True	串的长度是非零
string1 = string2	True	两串相等
string1 != string2	True	两串不相等

举例如下。

```
echo "Please enter your name"
read name
if [ -z $name ]
then
```

```
echo "You have not entered your name "
else
echo "You have a nice name : $name"
fi
```

上面的 shell 脚本接收用户的名字。如果用户没输入名字而直接按回车键，那么就显示消息“You have not entered your name”。否则，显示问候消息。

10.12.5 文件测试

例 10.17

前面学习了把 test 命令和 if 语句一起使用来检查变量的值。test 命令也可用于检查文件的状态。举例如下。

```
echo "Enter a file name. "
read file1
if test -f ${file1}
then echo "The file is an ordinary file. "
else echo "The file is not an ordinary file. "
fi
```

这段代码中，如果 test 命令返回 true，那么接着执行下面的 then（echo）命令。否则执行下面的 else（也有一个 echo 命令）。

同样，也可把该代码写成如下形式。

```
echo "Enter a file name. "
read file1
if [ -f $file1 ]
then echo "The file is an ordinary file. "
else echo "The file is not an ordinary file. "
fi
```

例如：在下面的例子中，shell 脚本从用户那里接收一个文件名，并显示它的文件类型。

```
echo -n "Enter the file name: "
read fname
if test -f $fname
    then echo "$fname is an ordinary file. "
elif test -d $fname
    then echo "$fname is a directory file. "
elif test -s $fname
    then echo "$fname is not an ordinary file. "
elif test ! -r "$fname"
    then echo "No readable file called $fname exists. "
```

表 10-7 列出了用于测试文件状态的 test 命令选项。

表 10-7　　　　test 命令选项

命令格式	返回值	状态
test –e filename	True	该文件存在
test –f filename	True	该文件存在并且是一般文件
test –d filename	True	该文件存在并且是目录文件
test –r filename	True	该文件存在并且可读
test –w filename	True	该文件存在并且可写
test –x filename	True	该文件存在并且可执行
test –s filename	True	该文件存在并且不空
test –b filename	True	该文件存在并且是特殊块
test –L filename	True	该文件存在并且是符号链接
test –O filename	True	该文件存在并且属于当前用户
test –G filename	True	该文件存在并且属于当前用户组
test file1 –nt file2	True	文件 file1 比文件 file2 新
test file1 –ot file2	True	文件 file1 比文件 file2 旧

10.12.6　exit 命令

例 10.18

另一个经常在 shell 脚本中使用的命令是 exit 命令。它用于终止 shell 脚本的执行并返回到$提示符下。举例如下。

```
echo "Enter a number"
read ans
if [ $ans -lt 0 ]
then
    echo "You have entered a negative value"
    exit
fi
    echo "Square of $ans is 'expr $ans \* $ans'"
```

上面的例子中，当输入一个比零小的数时，脚本停止执行。输入正数时，脚本显示输入数的平方。

课堂练习

编写一个 shell 脚本，根据一个同学的考试成绩来显示他的等级。表 10-8 所示为成绩和等级的关系。

表 10-8　　　　成绩和等级的关系

成绩	等级
<60	差
>=60 and <75	中

续表

成绩	等级
>=75 and <90	良
>=90	优

参考答案如下。

用VI编辑器创建名为grade的shell脚本，内容如下。

```
#!/bin/bash
echo "Enter your grade : "
read stu_grade
if [ $stu_grade -lt 60 ]
then echo "your grade is bad! "
elif [ $stu_grade -ge 60 -a $stu_grade -lt 75 ]
then echo "your grade is ecumenic! "
elif [ $stu_grade -ge 75 -a $stu_grade -lt 90 ]
then echo "your grade is good! "
elif [ $stu_grade -ge 90 ]
then echo "your grade is outstanding! "
fi
```

执行如下脚本。

```
$ bash grade
```

或

```
$ chmod u+x grade
$ ./grade
```

10.12.7 case…esac 分支语句

在 shell 脚本中，case…esac 语句依据变量的值而执行一组特定指令，它常常用于替代 if 语句。

case…esac 语句先求出变量的值，然后将变量与每个指定的值相比较。当变量的值和其中一个指定的值相匹配时，就执行该值下的一组命令。

每个变量后的命令必须用一对分号与下一变量隔开。举例如下。

```
echo -n "Enter a string: "
read val
case ${val} in
    dozen)
        echo "12";;
    score)
        echo "20";;
```

```
    *)
            echo "It is neither a dozen nor a score. ";;
esac
```


这段代码中，变量 val 的值首先和 dozen 相比较。如果变量是这个值，那么执行该值的命令（第一对分号前的命令），并且显示值 12。如果变量 val 的值不等于 dozen，那么它的值将和 score 相比较。如果相匹配，那么执行该值的命令，显示值 20。当 val 的值既不等于 dozen 也不等于 score 时，那么，显示出陈述这种结果的消息。

模式字符串中可以使用通配符。

case…esac 的命令格式如下。

```
case $变量名 in
    模式字符串 1) command
                  :
        command;;
    模式字符串 2) command
                  :
        command;;
    *) command;;
    esac
```

课堂练习

Diaz 电信向它的客户提供各种服务。请你创建一个菜单来显示服务的名字，并且当客户选择一个名字时，显示它相应的描述。

表 10-9 显示了不同的服务和它们的描述。

表 10-9　　客户服务列表

序号	服务名字	描述
1	Global Roam	当你周游世界时，你需要一个手机号码
2	V-mail	当你无法打电话时，你要能够记录你的信息
3	Mail on Move	你可以在你的手机上接收电子邮件
4	Caller-ID	当你接听一个电话时可以在手机屏幕上显示打电话人的电话号码，以便知道谁打给你
5	Dial a Pizza	你可以通过你的手机定购一个 pizza 饼

参考答案如下。

编写下列 shell 脚本。

```
#!/bin/bash
echo " List of Services Offered by Diaz Telecommunications "
echo " 1) Global Roam"
echo " 2) V-mail"
```

```
echo " 3) Mail on Move"
echo " 4) Caller-ID"
echo " 5) Dial a Pizza"
echo -n "Select the service for which you need more information [1-5] : "
read choice
case $choice in
1) echo "You just need one cell-phone number wherever you travel across the
world." ;;
2) echo "You can record your messages when you are not able to take a call.";;
3) echo "You can receive e-mail messages on your cell-phone.";;
4) echo "You can display the callers telephone number on your handset screen
whenever you receive a call so that you know who's calling.";;
5) echo "You can order for pizza from your cell-phone.";;
*) echo "You have selected an invalid option.";;
esac
```

你可以赋予该文件执行许可，使用下列命令执行 shell 脚本。

```
$ chmod +x menu
$ ./menu
```

10.13 循环命令

10.13.1 while 循环语句

命令格式如下。

```
while<条件>
do
    <命令>
Done
```

例 10.19

只有条件为真时，才执行 do 和 done 之间的命令。

该语句支持 while true 命令，创建一个无限循环。举例如下。

```
a.
    #!/bin/bash
    a=1
    while [ $a -le 10 ]
    do
    echo $a
```

```
    ((a=$a+1))
    done
```

上面的脚本显示 1～10 的数字。

```
b.
    reply=y
    while test "$reply" != "n"
    do
        echo -n "Enter file name"
        read fname
        cat ${fname}
        echo -n "Wish to see more files? "
    read reply
    done
```

上面的代码将从用户接收一个文件名字，并显示该文件的内容。while 循环将继续执行直到用户对“Wish to see more files? ”的询问回答 n 为止。

```
c.
    while true
    do
    echo "I like Linux"
    done
```

上面的代码将无限循环地显示消息“I like Linux”。

10.13.2 until 循环语句

until 循环语句的求值模式与 while 循环相反。until 循环将继续执行直到求值的条件为真。两个语句仅仅在循环实现的求值的条件上不同。举例如下。

```
a=1
until [ $a -gt 10 ]
do
echo $a
((a=$a+1))
done
```

上面的 shell 脚本将显示数字 1～10。

10.13.3 for 循环语句

例 10.20

for 循环取一列值作为输入并对循环中每个值执行循环。在 for 语句中，被执行的命令指定在关键字 do…done 两个之间。

for 循环中的值表应用一个或多个空白分开。

命令格式如下。

```
for 变量名 in <值表>
do
    …
    …
done
```

或者，

```
for((表达式 1; 表达式 2; 表达式 3))
do
    …
    …
done
```

举例如下。

```
for name in Ruby Samuel
do
    echo "${name}"
done
```

这段代码首先设置变量名称的值为 Ruby，然后执行 echo 命令。随后变量被设置成 Samuel 值，echo 命令被再次执行。直到列表中没有更多的值，for 循环才终止。

```
for NAMEFILE in 'ls tempdir'
do
    echo "Displaying contents of ${NAMEFILE}"
    cat tempdir/${NAMEFILE}
done
```

这段代码导致 NAMEFILE 变量取 ls 命令输出第一个值。然后这个值被 echo 和 cat 命令使用。随后 NAMEFILE 变量取 ls 命令输出下一个值，该命令在 do...done 内部重复。当最后的值被使用时，循环结束。

```
#!/bin/bash
for ((a=1;a<=10;a=a+1))
do
echo $a
done
```

在这个例子中，a 的值被初始化为 1。然后做检查看 a 的值是否小于或等于 10，下一步，echo 命令被执行。echo 命令显示变量 a 的值。随后变量 a 的值加 1。继续直到 a 的值小于或者等于 10 为止。上面的代码显示 1～10 的值。

```
#!/bin/bash
for a in 'seq 1 2 10'
do
```

```
    echo $a
done
```

在上面的例子中，使用到了 seq 命令。其命令格式如下。

```
seq FIRST INCREMENT LAST
```

它将打印出 FIRST 值到 LAST 值中的数字。打印出来的数字值将按照 INCREMENT 值递增。如果 FIRST 和 INCREMENT 的值被忽略，则步长取 1。

当执行 seq 1 2 10 命令时，将产生 1 3 5 7 9 序列。这些值被赋给变量 a。echo 命令显示这些值。

10.13.4 break 和 continue 命令

break 和 continue 命令使用在 while 循环中。break 命令终止循环。

分析下面的例子。

```
while true
do
    echo "Enter a choice"
    echo " (press 'q' to exit) "
    echo "1 date            2 who"
    echo "3 ls              4 pwd"
    read choice
    case $choice in
        1)date;;
        2)who;;
        3)ls;;
        4)pwd;;
        q)break;;
        *)echo "That was not one of the options. ";;
    esac
done
```

这个例子在屏幕中显示一个菜单并提示你输入一个选择号码。如果输入一个 1～4 之间的数字，菜单相关数字中命令获得执行。如果写入其他数字，脚本将显示一个不正确输入标志的消息。

如果输入字符 q，将执行 break 命令，while 循环终止。

continue 命令的作用是强制结束当前循环而转入下一个新的循环。在执行循环时，如果要跳过当前循环的其余部分，则可用 continue 命令实现。

例 10.21

```
#!/bin/bash
a=0
while [ $a -le 10 ]
```

```
do
    ((a=$a+1))
    if [ $a -eq 5 ]
    then
           continue
    elif [ $a -eq 8 ]
    then
       break
    fi
    echo -n "$a"
done
```

上面的 shell 脚本将得到以下输出。

```
1 2 3 4 6 7
```

注意

5 没有打印出来。shell 脚本本应打印到 10，但它在显示到 7 后就停止了。这是因为当变量 a 的值等于 5 时，continue 语句被执行，控制返回到 while 循环，echo 语句没有执行。当变量 a 的值到达 8 后，执行 break 语句，终止了 while 循环。

课堂练习

现在保存在 Customer Care Center 工作的 9 位员工的名字，E-mail 地址和电话号码。这些数据将以以下格式保存在 ccemployee 文件中。

```
EmplyeeCode : EmployeeName : E-mail : Telephone-Number
```

示例数据如下。

```
1000 : Sarah : sarahb@qmail.com : (732)234-7643
1001 : Peter : peter@speedmail.com : (234)432-2345
1002 : David : davidc@speedmail.com : (452)453-2345
1003 : Paul : paul@diaz.com : (523)243-2345
1004 : Linda : lindal@diaztel.com : (454)543-5476
1005 : Joseph : josephm@speedmail.com : (853)324-2345
1006 : Nancy : nancy@diaztel.com : (324)363-3465
1007 : Ruth : ruthp@diaztel.com : (643)745-3465
1008 : Jane : janes@speedmail.com : (764)346-4574
```

这些员工的员工代码将自动产生，范围从 1000 到 1008。shell 脚本应基于员工代码告诉你详细资料。

shell 脚本存储在名为 acceptdata.sh 的文件中。

参考代码如下。

```
#!/bin/bash
ecode=1000
```

```
while [ $ecode -le 1008 ]
do
        echo "Enter data for the employee with Employee Code = $ecode"
        echo -n "Employee Name : "
        read name
        echo -n "Email Address : "
        read email
        echo -n "Telephone Number : "
        read telno
        echo "$ecode : $name : $email : $telno" >> ccemployee
((ecode=$ecode+1))
done
```

执行 shell 脚本。

```
$ bash acceptdata.sh
```

或者，还可以赋予该脚本以执行许可，并用下列命令执行它。

```
$ chmod u+x acceptdata.sh
$ ./acceptdata.sh
```

习题 10

一、shell 编程

1. 编写一个 shell 脚本，以下面的格式显示 HOME，PATH，SHLVL 和 LOGNAME 变量的值。

```
HOME    =
PATH    =
SHLVL   =
LOGNAME =
```

2. 创建一个 shell 脚本，它从用户那里接收 10 个数，并显示已输入的最大的数。

3. 创建一个 shell 脚本，它从用户那里接收一个文件名和目录名。该脚本判断此文件名和目录名是否都存在。如果存在，那么就将此文件拷贝到指定的目录下。否则显示错误信息。

4. 改变登录提示符为：Enter your command>。

5. 编写一个脚本，它接收来自用户的一个数字，并显示从 1 到该数字之间的所有数字的平方，格式如下。

```
1 square=
2 square=
:
n square=
```

（n 是输入的数字）

6. 创建一个被称为 infinitewho 的 shell 脚本。该脚本的目的是能连续显示登录到 Linux 操作系统的用户。

执行下面的脚本。

```
for((;;))
do
echo "Do you want to know who is online? "
read answer
who
done
```

停止脚本 infinitewho 的执行。

终止执行脚本 infinitewho 的进程。

修改脚本 infinitewho 以便当用户输入 n 或者 N 时，它能停止。

7. 使用 find 命令，查看在你的 Linux 服务器上定位文件 dmesg 所花的时间。

8. 使用 grep 命令，查看 dmesg 文件中含有的“memory”行。

二、思考题

1. shell 变量有哪两种？分别如何定义？
2. 如何得知目前的所有变量与环境变量的设定值？
3. 是否可以设定一个变量名称为 00myVar？
4. 环境变量文件的加载顺序是怎样的？
5. 说明["]，[']，[`]这些符号在变量定义中的用途。

实训 10.1　shell 编程

一、实训目的

掌握 shell 的简单编程方法。

二、实训内容

（1）编写一个 shell 脚本，它能够显示一个具有下面选项的主菜单。

主菜单

① 文件命令

② 目录命令

③ 当前登录的用户列表

当选择第一个选项时，应显示下面的文件菜单。

你要查看哪个文件命令帮助？

① cp

② mv

③ rm

当选择第二个选项时，应显示下面的文件菜单。

你要查看哪个目录命令帮助?

① mkdir

② rmdir

③ ls

当选择了一个文件或者目录命令的选项时，shell 脚本应显示该命令的帮助。当主菜单的第三个选项被选择时，shell 脚本应显示当前登录的用户列表。

参考脚本如下。

main 文件内容如下。

```
echo "Main Menu"
echo "1) File commands"
echo "2) Directory commands"
echo "3) List the users currently logged in"
echo "4) Exit"
read choice
case $choice in
1) ./filecommand;;
2) ./directorycommand;;
3) who;;
4) exit;;
esac
```

filecommand 文件内容如下。

```
echo "Which file command would you like help on?"
echo "1) cp"
echo "2) mv"
echo "3) rm"
echo "please enter your choice"
read choice
case $choice in
1) man cp;;
2) man mv;;
3) man rm;;
esac
```

directorycommand 文件内容如下。

```
echo "Which directory command would you like help on?"
echo "1) mkdir"
echo "2) rmdir"
echo "3)ls "
```

```
echo "Please enter your choice"
read choice
case $choice in
1) man mkdir;;
2) man rmdir;;
3) man ls;;
esac
```

（2）编写一个 shell 脚本，它能够显示下面序列的前 10 个数字。

```
0, 1, 1, 2, 3, 5, 8, 3…
```

该序列是著名的 Fibonacci 序列。

参考脚本如下。

```
a=0
b=1
count=2
echo -n $a "  "
echo -n $b "  "
while [ $count -le 9 ]
do
((c=$a+$b))
echo -n $c "  "
a=$b
b=$c
((count=$count+1))
done
echo
```

（3）设计一个 shell 程序，在每月第一天备份并压缩/etc 目录的所有内容，存放在/root/bak 目录里，且文件名形式为：yymmdd_etc，yy 为年，mm 为月，dd 为日。shell 程序 fileback 存放在/usr/bin 目录下。

参考脚本如下。

```
vim /usr/bin/fileback.sh

#!/bin/bash
#fileback.sh
#file executable: chmod 755 fileback.sh

PATH=/bin:/sbin:/usr/bin:/usr/sbin:/usr/local/bin:/usr/local/sbin:~/bin
export PATH
filename='date +%y%m%d'_etc.tar.gz
```

```
cd /etc/
tar -zcvf $filename *
mv $filename /root/bak/
-----------------------------------------------------------
vim /etc/crontab 加入
* * 1 * * root ./fileback.sh &
```

实训10.2 附加练习

（1）写一个接收用户文件名的 shell 脚本。如果此文件为一般文件，显示以下消息。

__________________is an ordinary file-display?

如果回答是‘y’，它有读许可的话应显示此文件，否则，此脚本应显示以下消息且中止。

sorry，________________has no read permission

如果变元是一个目录，从用户处得到确认和检查上述许可之后，显示该目录中所有文件的列表。

如果此变元不是一般文件或目录文件，显示相应的错误消息并输出。

（2）写出测试某个串长度的 shell 脚本。

（3）写一个产生以下序列的 shell 脚本。

1，3，2，4，3，5，4，6…100

（4）写一个把字符串倒过来的 shell 脚本。

（5）写一个 shell 脚本，检查给出的串是否为回文（palindrome）。

（6）写一个接收两个文件名的 shell 脚本。它应交换空两个文件的内容，即：file1 的内容应是 file2 的，而 file2 的内容应是 file1 的。

第2部分

企业级系统管理

PART 11

第 11 章 系统监视

本章教学重点

- 系统监视的必要性与内容
- 系统监视基线制定
- 系统监视常用工具
- 系统监视的实施

Linux 系统监视除监视操作系统基本配置不被修改以外，更重要的是进行系统性能监视，它是操作系统管理员（系统工程师）日常的工作内容。管理员定期对操作系统监视以获取系统运行状态的第一手数据，是实施系统维护和优化任务的依据，是保障系统和服务 7×24×365×100%在线以及系统长期处于最佳状态的根本。系统监视的内容繁多，本章主要讲解系统监视的重要性和内容，以及如何使用常用工具进行系统监视。

11.1 系统监视的必要性

系统工程师在日常的运维过程中经常会遇到一些“突如其来”的系统级“麻烦”，有的“麻烦”甚至会导致一些关键业务中断，给企业带来不可估量的损失。但往往很多系统级的麻烦又并非“突如其来”，并非像硬件故障具有随机性和不确定性，正是因为操作系统各类资源的关系是相互依赖、相互制约的，许多“麻烦”往往是由某一个或几个子系统异常引起的连锁反应，例如某 Web 服务器 CPU 利用率较高，究其原因可能是由于内存资源紧张引起，也可能是由于网络吞吐量增大，甚至可能是多个原因综合作用的结果。解决系统这类运行瓶颈问题，系统监视就十分必要了，系统工程师通过监视，调取大量的系统状态参数，系统性地去发现症结的所在，通过反复、定期或不定期的系统监视综合分析，为制定系统调优的方案提供依据。

系统监视是维护系统正常、稳定的基本手段，也是发现和解决系统瓶颈的关键步骤，在日常管理中十分重要。很多公司为此还专门制定了周密、科学的日常巡检计划，针对不同应用服务的系统设置不同的参数标准和监视周期，即定制个性系统监视计划，严格执行计划并做好详细记录。

11.2 系统监视应用分类及基线制定

系统监视作为常态监视，不可能面面俱到，主要针对一些重要系统指标进行监视，例如系统基本信息、CPU 数据、内存性能数据、磁盘状态及 I/O 性能数据、网络性能数据、核心服务运行状态数据等，这些性能参数相互依赖，相互制约，是确保系统正常和发现系统瓶颈并进行系统优化的关键。

11.2.1 应用类型

系统应用类型不同，直接导致监视的侧重点不同，即针对不同应用服务有不同的观测点，通常，应用可以分为以下两种类型。

（1）与 IO 相关的。IO 相关的应用通常用来处理大量数据，需要大量内存和存储空间来支持频繁的 IO 操作来读写数据，而对 CPU 的要求则较少，这类服务应用，CPU 大部分时候都在等待硬盘，代表有数据库服务器、文件服务器等。

（2）与 CPU 相关的。CPU 相关的应用需要使用大量 CPU，比如高并发的 Web/mail 服务器、图像/视频处理、科学计算等都可被视作 CPU 相关的应用。

11.2.2 系统监视的基线（baseline）制定

系统监视不等同于“观光”，系统管理员做系统监视的目的是保障系统健康，为此定制合理的标准就显得尤为重要，否则系统监视就流于形式，无实际意义。系统正常、稳定的各项性能指标“参考值”即基线（baseline），是对各项性能指标长期、循环通过监视、优化、测试 3 个环节而得出的可以实际度量的值，系统监视基线有如下特点。

首先，基线是系统监视过程中系统调优的标准且可以度量。基线是对各项性能长期监视、优化、测试生成的固定值，参数的正常值的制定可避免分析问题时的不严谨，不会出现“系统响应比较慢，可能该升级接入带宽了”“系统性能比较差了，可能需要升级硬件”等诸如此类主观臆断或猜测。

其次，基线不具普适性。它的由来需要根据特定的项目、特定的应用和系统类型量身定制，例如大型数据库诸如 Oracle 数据库，在做系统监视时要侧重于系统 I/O 的监视；又如 Web 服务应用服务器在高并发的状态下会占用更多的 CPU 资源。

再次，基线管理是动态的。基线的制定和管理是一个动态的过程，基线制定并非单次监视的结果，而是多次循环使用监视、优化、测试 3 个环节共同作用的结果。另外，系统发生改变，如服务更新、硬件升级都会导致重新定义基线。

最后，基线制定者需要扎实的理论功底、实际操作能力和丰富的管理经验。否则，草率地制定出来的简单基线无任何参考价值，要么太高，要么过低。

11.3 系统监视常用工具及应用

11.3.1 系统监视常用工具

常用的系统监视工具如表 11-1 所示，由于系统监视工具较多，且服务器的应用类型不同，其监视的侧重点也不相同，因此重点介绍部分常用工具在参数获取时的应用。

表 11-1　系统监视常用命令

命令	功能
uname	可与选项“a”配合使用，查看内核版本信息
hostname	监视与更新主机名
who	监视当前登录账户
last	监视历史账户登录信息
uptime	查看系统运行时间
ifconfig	监视 IP 配置信息
ps	可与选项“a”、“u”、“x”配合使用，监视进程情况
fress	监视内存使用状况
du	监视某个目录或文件占用磁盘空间情况
top	查看进程活动状态以及一些系统状况
vmstat	查看系统状态、硬件和系统信息等
iostat	查看 CPU 负载，硬盘状况
sar	综合工具，查看系统状况
mpstat	查看多处理器状况
netstat	查看网络状况
……	……

11.3.2 CPU 监视及瓶颈判断

要监视 CPU 就必须了解一些操作系统知识。首先，CPU 是一种硬件资源，它需要驱动和管理程序才能使用，CPU 内核的进程调度用来管理和分配 CPU 资源，合理安排进程的状态（Run、Ready、Wait）。操作系统内核里的进程调度主要用来调度进程（或线程）和中断，并对硬件中断、内核（系统）进程、用户进程赋予了依次递减优先级。每个 CPU 都维护着一个可运行队列，用来存放可运行的线程。线程要么在睡眠状态（blocked 正在等待 IO），要么在可运行状态，如果 CPU 当前负载太高而新的请求不断，就会出现进程调度暂时应付不过来的情况，这个时候就不得不把线程暂时放到可运行队列里。

对 CPU 主要监视中断、上下文切换（CS）、可运行队列、CPU 利用率。CPU 的利用率主要取决于 CPU 上面运行的程序多少，比如拷贝一个文件通常占用较少 CPU，因为大部分工作是由 DMA（Direct Memory Access）完成的，只是在完成拷贝以后给一个中断让 CPU 知道拷贝已经完成；又如，科学计算通常占用较多的 CPU，大部分计算工作都需要在 CPU

上完成，内存、硬盘等子系统只做暂时的数据存储工作。

（1）使用 vmstat 监视 CPU 状态。

vmstat（Virtual Memory Statistics）是一个十分有用的 Linux 系统监视工具，使用 vmstat 命令可以得到关于进程、内存、内存分页、堵塞 IO、traps 及 CPU 活动的信息。命令格式如下。

vmstat [option] [-n] [-S unit] [delay [count]]

- -a：显示活跃和非活跃内存。
- -f：显示从系统启动至今的 fork 数量。
- -m：显示 slabinfo。
- -n：只在开始时显示一次各字段名称。
- -s：显示内存相关统计信息及多种系统活动数量。
- delay：刷新时间间隔。如果不指定，只显示一条结果。
- count：刷新次数。如果不指定刷新次数，但指定了刷新时间间隔，这时刷新次数为无穷。
- -d：显示磁盘相关统计信息。
- -p：显示指定磁盘分区统计信息。
- -S：使用指定单位显示。参数有 k 、K 、m 、M ，分别代表 1 000、1 024、1 000 000、1 048 576 字节（byte）。默认单位为 K（1 024 bytes）。
- -V：显示 vmstat 版本信息。

例 11.1

每隔 1 秒输出一次结果，共输出 1 次。

```
$ vmstat 1 1
procs ---------memory------- ---swap-- -----io---- --system-- -----cpu-----
 r b swpd free buff cache si so bi bo in cs us sy id wa st
 0  0  0 28788 22848 754996 0  0 57 381 97 129 1 4 92  4  0
```

上述显示结果中和 CPU 相关的参数有如下几项。

- r：可运行（Ready）队列的线程数。
- b：被 blocked 的进程数。
- in：被处理过的中断数。
- cs：系统上正在做上下文切换的数目。
- us：用户进程占用 CPU 的百分比。
- sys：内核和中断占用 CPU 的百分比。
- wa：所有可运行的线程被 blocked 以后都在等待 IO 时 CPU 空闲的百分比。
- id：CPU 闲置的百分比。

上述例子仅是对工具的简介，接下来的例子通过数据对比分析服务器拷贝一个大文件时与 CPU 做大量计算时参数表现出来的特征。

场景 1：

```
vmstat 1
```

```
procs ---------memory-------- ---swap-- ---io---- --system-- -----cpu-----
r b swpd free buff cache si so bi bo in cs us sy id wa st
0 4 140 1962724 335516 4852308 0 0 388 65024 1442 563 0 2 47 52 0
0 4 140 1961816 335516 4853868 0 0 768 65536 1434 522 0 1 50 48 0
0 4 140 1960788 335516 4855300 0 0 768 48640 1412 573 0 1 50 49 0
0 4 140 1958528 335516 4857280 0 0 1024 65536 1415 521 0 1 41 57 0
0 5 140 1957488 335516 4858884 0 0 768 81412 1504 609 0 2 50 49 0
```

场景 2：

```
vmstat 1
procs --------memory------- ---swap-- -----io---- --system-- -----cpu-----
r b swpd free buff cache si so bi bo in cs us sy id wa st
4 0 140 3625096 334256 3266584 0 0 0 16 1054 470 100 0 0 0 0
4 0 140 3625220 334264 3266576 0 0 0 12 1037 448 100 0 0 0 0
4 0 140 3624468 334264 3266580 0 0 0 148 1160 632 100 0 0 0 0
4 0 140 3624468 334264 3266580 0 0 0 0 1078 527 100 0 0 0 0
4 0 140 3624712 334264 3266580 0 0 0 80 1053 501 100 0 0 0 0
```

注意

显示结果中 id 列对应数字背景仅是为了方便对比而进行的标注，并非系统显示效果。

注意观察上述数据，不难发现差别最明显的是 id 这一栏，它代表了 CPU 的空闲率，场景 1 是执行拷贝大文件时的参数，其 id 值维持在 50%左右，场景 2 是 CPU 执行大量计算时的参数，其 id 值基本为 0。

（2）利用 mpstat 监视和 vmstat 类似，不同的是 mpstat 可以输出多个处理器的数据。

（3）利用 sar 工具监视。

系统活动情况报告（System Activity Reporter, SAR）是目前 Linux 上最为全面的系统性能分析工具之一，可以从多方面对系统的活动进行报告，包括文件的读写情况、系统调用情况、磁盘 I/O、CPU 效率、内存使用状况、进程活动及与 IPC 有关的活动等。命令格式如下。

```
sar[options] [-A] [-o file] t [n]
```

t 为采样间隔，n 为采样次数，默认值是 1。

-o file 表示将命令结果以二进制格式存放在文件中，file 是文件名。

options 为命令行选项，sar 命令常用参数如下。

- -A：所有报告的总和。
- -u：输出 CPU 使用情况的统计信息。
- -v：输出 inode、文件和其他内核表的统计信息。
- -d：输出每一个块设备的活动信息。
- -r：输出内存和交换空间的统计信息。
- -b：显示 I/O 和传送速率的统计信息。

- -a：文件读写情况。
- -c：输出进程统计信息，每秒创建的进程数。
- -R：输出内存页面的统计信息。
- -y：终端设备活动情况。
- -w：输出系统交换活动信息。

例 11.2

每隔 2 秒，共计 5 次查看 CPU 使用情况。

```
sar 2 5
Linux 2.6.32-71.7.1.el6.i686 (lily)    2013年08月14日    _i686_  (1 CPU)
10时50分50秒   CPU %user   %nice   %system   %iowait   %steal  %idle
10时50分52秒   all 5.82    0.53    50.79     42.86     0.00    0.00
10时50分54秒   all 11.46   0.52    39.06     48.96     0.00    0.00
10时50分56秒   all 4.19    0.00    23.04     72.77     0.00    0.00
10时50分58秒   all 2.84    1.14    35.23     60.80     0.00    0.00
10时51分00秒   all 6.92    1.26    39.62     52.20     0.00    0.00
平均时间:       all 6.28    0.66    37.49     55.57     0.00    0.00
```

各项目说明如下。

- CPU：all 表示统计信息为所有 CPU 的平均值。
- %user：显示在用户级别（application）运行使用 CPU 总时间的百分比。
- %nice：显示在用户级别，用于 nice 操作，所占用 CPU 总时间的百分比。
- %system：在核心级别（kernel）运行所使用 CPU 总时间的百分比。
- %iowait：显示用于等待 I/O 操作占用 CPU 总时间的百分比。
- %steal：管理程序(hypervisor)为另一个虚拟进程提供服务而等待虚拟 CPU 的百分比。
- %idle：显示 CPU 空闲时间占用 CPU 总时间的百分比。

在所有的显示中，我们应主要注意%iowait 和%idle，%iowait 的值过高，表示硬盘存在 I/O 瓶颈；%idle 值高，表示 CPU 较空闲。如果%idle 值高但系统响应慢，有可能是 CPU 等待分配内存，此时应加大内存容量。%idle 值如果持续低于 10，那么系统的 CPU 处理能力相对较低，表明系统中最需要解决的资源是 CPU。

与此同时，我们还可以将监视信息输出到某个文件，以便查看。

例 11.3

```
sar110>data.txt
//每隔 1 秒，写入 10 次，把 CPU 使用数据保存到 data.txt 文件中
sar10-e15:00:00>data.txt
//每隔 1 秒记录 CPU 的使用情况，直到 15 点，数据将保存到 data.txt 文件中。(-e 参数表示结束时间，时间格式必须为 hh:mm:ss)
sar -q 2 2
//每隔 2 秒，共计输出两次，查看进程队列
```

（4）iostat 工具简介。

对于 I/O-bond 类型的进程， iostat 工具常被用来查看进程 IO 请求下发的数量、系统处理 IO 请求的耗时，进而分析进程与操作系统的交互过程中 IO 方面是否存在瓶颈。

```
iostat [ -c | -d ] [ -k | -m ] [ -t ] [ -V ] [ -x ] [ device [ ... ] | ALL ]
[ -p [ device | ALL ] ] [ interval [ count ] ]
```

例 11.4

```
iostat -c 1 1
```

//每隔 1 秒，共显示 1 次 CPU 的使用情况，其输出结果如下。

```
Linux 2.6.32-71.7.1.el6.i686 (lily)     2015 年 08 月 14 日_i686_ (1 CPU)
avg-cpu:  %user   %nice %system %iowait  %steal   %idle
           0.91    1.14    8.38    9.87    0.00   79.71
```

（5）top 工具简介。

top 命令是 Linux 下常用的性能分析工具，能够实时显示系统中各个进程的资源占用状况，类似于 Windows 的任务管理器，也常被用来查看 CPU 使用情况。它独占前台，直到用户终止该程序。

我们通过各类系统监视工具对 CPU 进行监视，目的是为调优提供第一手数据，通常期望系统能到达以下目标。

（1）CPU 利用率。如果 CPU 有 100% 利用率，那么应该到达这样一个平衡：65%~70% User Time，30%~35% System Time，0~5% Idle Time。

（2）上下文切换。上下文切换应该和 CPU 利用率联系起来看，如果能保持上面的 CPU 利用率平衡，大量的上下文切换是可以接受的。

（3）可运行队列。每个可运行队列不应该超过 3 个线程（每处理器），比如：双处理器系统的可运行队列里不应该超过 6 个线程。

11.3.3 Memory 性能监视

“内存”包括物理内存和虚拟内存，虚拟内存（Virtual Memory）把计算机的内存空间扩展到硬盘，物理内存（RAM）和硬盘的一部分空间（SWAP）组合在一起作为虚拟内存，为计算机提供了一个连贯的虚拟内存空间，好处是可以运行更多、更大的程序，坏处是把部分硬盘当内存用，整体性能受到影响，硬盘读写速度要比内存慢几个数量级，并且 RAM 和 SWAP 之间的交换增加了系统的负担。

在操作系统里，虚拟内存被分成页，在 x86 系统上，每个页大小是 4KB。Linux 内核读写虚拟内存是以“页”为单位操作的，把内存转移到硬盘交换空间（SWAP）和从交换空间读取到内存的时候都是按页来读写的。内存和 SWAP 的这种交换过程称为页面交换（Paging）。

（1）使用 vmstat 监视内存使用情况。

例 11.5

```
vmstat 1 1
//每隔 1 秒，共计输出 1 次性能参数
```

```
procs --------memory----------swap-------io------system-------cpu------
r b swpd free buff cache si so bi bo in cs us sy id wa st
0 3 252696 2432 268 7148 3604 2368 3608 2372 288 288 0 0 21 78 1
```

部分参数说明如下。

- swpd：已使用的 SWAP 空间大小，以 KB 为单位。
- free：可用的物理内存大小，以 KB 为单位。
- buff：物理内存用来缓存读写操作的 buffer 大小，以 KB 为单位。
- cache：物理内存用来缓存进程地址空间的 cache 大小，以 KB 为单位。
- si：数据从 SWAP 读取到 RAM（swap in）的大小，以 KB 为单位。
- so：数据从 RAM 写到 SWAP（swap out）的大小，以 KB 为单位。
- bi：磁盘块从文件系统或 SWAP 读取到 RAM（blocks in）的大小，以 block 为单位。
- bo：磁盘块从 RAM 写到文件系统或 SWAP（blocks out）的大小，以 block 为单位。

（2）使用 sar 对系统内存进行监控。

例 11.6

```
sar -r 10 3
```

//每隔 10 秒，共 3 次输出内存分页情况，其输出如下。

```
Linux 2.6.32-71.7.1.el6.i686 (lily) 2015年08月14日      _i686_  (1 CPU)
15时31分25秒 kbmemfree kbmemused %memused kbbuffers  kbcached  kbcommit %commit
15时31分35秒    35852    995468  96.52    113340    611248    787236   25.18
15时31分45秒    35852    995468  96.52    113356    611248    787240   25.18
15时31分55秒    35852    995468  96.52    113372    611248    787236   25.18
平均时间:       35852    995468  96.52    113356    611248    787237   25.18
```

部分参数说明如下。

- kbmemfree：这个值和 free 命令中的 free 值基本一致，所以它不包括 buffer 和 cache 的空间。
- kbmemused：这个值和 free 命令中的 used 值基本一致，所以它包括 buffer 和 cache 的空间。
- %memused：这个值是 kbmemused 和内存总量（不包括 swap）的一个百分比。
- kbbuffers 和 kbcached：这两个值就是 free 命令中的 buffer 和 cache。
- kbcommit：保证当前系统所需要的内存，即确保不溢出而需要的内存（ram+swap）。
- %commit：这个值是 kbcommit 与内存总量（包括 swap）的一个百分比。

（3）使用 sar 工具监控内存分页。

例 11.7

```
sar -B 10 3
//每隔 10 秒，连续输出 3 次内存分页信息
Linux 2.6.32-71.7.1.el6.i686 (lily) 2015年08月14日      _i686_    (1 CPU)
```

```
15时50分10秒 pgpgin/s pgpgout/s fault/s  majflt/s pgfree/s pgscank/s pgscand/s pgsteal/s %vmeff
15时50分20秒  0.00      9.62      77.76    0.00     131.66    0.00      0.00      0.0      00.00
15时50分30秒  0.00      14.83     56.61    0.00     81.36     0.00      0.00      0.00     0.00
15时50分40秒  0.00      9.64      521.89   0.00     188.86    0.00      0.00      0.00     0.00
平均时间:     0.00      11.36     218.55   0.00     133.92    0.00      0.00      0.00     0.00
```

部分参数说明如下。

- pgpgin/s：表示每秒从磁盘或 SWAP 置换到内存的字节数（KB）。
- pgpgout/s：表示每秒从内存置换到磁盘或 SWAP 的字节数（KB）。
- fault/s：每秒钟系统产生的缺页数，即主缺页与次缺页之和（major + minor）。
- majflt/s：每秒钟产生的主缺页数。
- pgfree/s：每秒被放入空闲队列中的页个数。
- pgscank/s：每秒被 kswapd 扫描的页个数。
- pgscand/s：每秒直接被扫描的页个数。
- pgsteal/s：每秒钟从 cache 中被清除来满足内存需要的页个数。
- %vmeff：每秒清除的页（pgsteal）占总扫描页（pgscank+pgscand）的百分比。

11.3.4 IO 性能监视

磁盘通常是计算机最慢的子系统，也是最容易出现性能瓶颈的地方，此外，CPU 访问磁盘要涉及机械操作，比如转速、寻轨等，访问磁盘和访问内存之间的速度差别是以数量级来计算的。一般可以通过 top、iostat、free、vmstat 等命令来查看初步定位问题。其中 iostat 可以给我们提供丰富的 IO 状态数据。

（1）查看磁盘使用状态。

例 11.8

```
Iostat -d -k 1 2
//参数 -d 表示显示设备（磁盘）使用状态；-k 使用 block 为单位的列强制使用 KB 为单位。
//1 2 表示数据显示每隔 1 秒刷新一次，共显示 2 次。
Linux 2.6.32-71.7.1.el6.i686 (lily)  2015年08月14日  _i686_   (1 CPU)
Device:     tps     kB_read/s     kB_wrtn/s     kB_read     kB_wrtn
sda         7.47    99.28         68.53         1946949     1343908
Device:     tps     kB_read/s     kB_wrtn/s     kB_read     kB_wrtn
sda         0.00    0.00          0.00          0           0
```

部分参数说明如下。

- tps：该设备每秒的传输次数（Indicate the number of transfers per second that were issued to the device）“一次传输”意思是“一次 I/O 请求”。多个逻辑请求可能会被合并为“一次 I/O 请求”，“一次传输”请求的大小是未知的。
- kB_read/s：每秒从设备（drive expressed）读取的数据量。
- kB_wrtn/s：每秒向设备（drive expressed）写入的数据量。

- kB_read：读取的总数据量。
- kB_wrtn：写入的总数据量。

上面的例子中，我们可以看到磁盘 sda 以及它的各个分区的统计数据，当时统计的磁盘总 TPS 是 7.47，下面是各个分区的 TPS（因为是瞬间值，所以总 TPS 并不严格等于各个分区 TPS 的总和）。

（2）使用 -x 参数获得更多统计信息。

例 11.9

```
iostat -d -x -k 1 1
Linux 2.6.32-71.7.1.el6.i686 (lily) 2015年08月14日      _i686_  (1 CPU)
Device: rrqm/s wrqm/s r/s w/s rkB/s wkB/s avgrq-sz avgqu-sz  await svctm %util
sda   1.23   14.36 5.09  2.07 94.60   65.70  44.78  0.30 41.27  12.07   8.64
```

部分参数说明如下。

- rrqm/s：设备每秒相关的读取请求有多少被丢失了。
- wrqm/s：设备每秒相关的写入请求有多少被丢失了。
- r/s：设备每秒相关的发出读取请求。
- w/s：设备每秒相关的发出写请求。
- await：每一个 IO 请求的处理的平均时间（单位是毫秒）。这里可以理解为 IO 的响应时间，一般来说，系统 IO 响应时间应该低于 5ms，如果大于 10ms 就比较大了。
- %util：在统计时间内所有处理 IO 时间，除以总共统计时间。例如，如果统计间隔 1 秒，该设备有 0.8 秒在处理 IO，而 0.2 秒闲置，那么该设备的%util = 0.8/1 = 80%，所以该参数暗示了设备的繁忙程度。一般地，如果该参数是 100%则表示设备已经接近满负荷运行了（当然如果是多磁盘，即使%util 是 100%，因为磁盘的并发能力，所以磁盘使用未必就到了瓶颈）。

11.3.5 network 性能监视

网络的性能监视是所有 Linux 子系统里面最复杂的，有太多的因素在里面，比如延迟、阻塞、冲突、丢包等，重点关注的指标有可用性（availability）、响应时间（response time）、网络延迟（latency/delay）、网络使用率（network utilization）、网络吞吐量（network throught）、网络带宽容量（network bandwidth capacity）等参数。

使用 sar 监视网络性能的方式如下。

```
sar -n { DEV | EDEV | NFS | NFSD | SOCK | ALL }
```

-n 选项使用 6 个不同的开关：DEV | EDEV | NFS | NFSD | SOCK | ALL 。

DEV 显示网络接口信息，EDEV 显示关于网络错误的统计数据，NFS 统计活动的 NFS 客户端的信息，NFSD 统计 NFS 服务器的信息，SOCK 显示套接字信息，ALL 显示所有 5 个开关。它们可以单独或者一起使用。

① 查看网络接口信息。

例 11.10

```
sar -n DEV 1 1
//每隔 1 秒，显示 1 次网络接口信息，其输出结果如下。
Linux 2.6.32-71.7.1.el6.i686 (lily) 2015年08月14日    _i686_  (1 CPU)
17时17分09秒 IFACE rxpck/s txpck/s rxkB/s  txkB/s rxcmp/s  txcmp/s rxmcst/s
17时17分10秒   lo  0.00    0.00     0.00    0.00   0.00     0.00     0.00
17时17分10秒  eth2  0.00    0.00     0.00    0.00   0.00     0.00     0.00

平均时间: IFACE rxpck/s txpck/s   rxkB/s  txkB/s  rxcmp/s  txcmp/s rxmcst/s
平均时间: lo    0.00      0.00      0.00     0.00    0.00     0.00     0.00
平均时间: eth2   0.00     0.00      0.00     0.00    0.00     0.00     0.00
```

部分参数说明如下。

- IFACE：接口类型。
- rxpck/s：每秒接收的数据包。
- txpck/s：每秒发送的数据包。
- rxbyt/s：每秒接收的字节数。
- txbyt/s：每秒发送的字节数。
- rxcmp/s：每秒接收的压缩数据包。
- txcmp/s：每秒发送的压缩数据包。
- rxmcst/s：每秒接收的多播数据包。

② 查看接口错误信息。

例 11.11

```
sar -n EDEV 1 1
Linux 2.6.32-71.7.1.el6.i686 (lily) 2015年08月14日    _i686_  (1 CPU)
20时52分56秒IFACE rxerr/s txerr/s coll/s rxdrop/s txdrop/s txcarr/s rxfram/s rxfifo/s txfifo/s
20时52分57秒 lo   0.00 0.00 0.00   0.00    0.00    0.00    0.00    0.00   0.00
20时52分57秒eth2  0.00 0.00 0.00   0.00    0.00    0.00    0.00    0.00   0.00
平均时间:IFACE rxerr/s txerr/s coll/s rxdrop/s txdrop/s txcarr/s rxfram/s rxfifo/s txfifo/s
平均时间: lo    0.00    0.00    0.00  0.00     0.00   0.00            0.00   0.00   0.00
平均时间:eth2 0.00  0.00    0.00  0.00     0.00   0.00            0.00   0.00   0.00
```

部分参数说明如下。

- rxerr/s：每秒接收的坏数据包。
- txerr/s：每秒发送的坏数据包。
- coll/s：每秒冲突数。
- rxdrop/s：因为缓冲充满，每秒丢弃的已接收数据包数。
- txdrop/s：因为缓冲充满，每秒丢弃的已发送数据包数。
- txcarr/s：发送数据包时，每秒载波错误数。

- rxfram/s：每秒接收数据包的帧对齐错误数。
- rxfifo/s：接收的数据包每秒 FIFO 过速的错误数。
- txfifo/s：发送的数据包每秒 FIFO 过速的错误数。

③ 查看套接字信息。

例 11.12

```
sar -n SOCK 1 1
Linux 2.6.32-71.7.1.el6.i686 (lily) 2015年08月14日      _i686_   (1 CPU)
21时07分29秒    totsck      tcpsck      udpsck  rawsck  ip-frag tcp-tw
21时07分30秒    880         7           10      0       0       0
平均时间:       880         7           10      0       0       0
```

部分参数说明如下。

- totsck：使用的套接字总数量。
- tcpsck：使用的 TCP 套接字数量。
- udpsck：使用的 UDP 套接字数量。
- rawsck：使用的 raw 套接字数量。
- ip-frag：使用的 IP 段数量。

除了上述工具，我们还可以用 ping、netstat 等命令进行网络信息监视。

11.4 系统日志管理

日志对于安全来说非常重要，它记录了系统每天发生的各种各样的事情，你可以通过它来检查错误发生的原因，或者受到攻击时攻击者留下的痕迹。日志主要的功能有审计和监测。它还可以实时监测系统状态，监测和追踪侵入者等。

在 Linux 系统中，有 3 个主要的日志子系统。

（1）连接时间日志。由多个程序执行，把记录写入/var/log/wtmp 和/var/run/utmp，login 等程序更新 wtmp 和 utmp 文件，使系统管理员能够跟踪谁在何时登录到系统。

（2）进程统计。由系统内核执行。当一个进程终止时，为每个进程往进程统计文件（pacct 或 acct）中写一个记录。进程统计的目的是为系统中的基本服务提供命令使用统计。

（3）错误日志。由 syslogd（8）执行。各种系统守护进程、用户程序和内核通过 syslog（3）向文件/var/log/messages 报告值得注意的事件。另外有许多 UNIX 程序创建日志。像 HTTP 和 FTP 这样提供网络服务的服务器也保持详细的日志。

常用的日志文件如下。

- access-log：记录 HTTP/Web 的传输。
- acct/pacct：记录用户命令。
- aculog：记录 MODEM 的活动。
- btmp：记录失败的记录。
- lastlog：记录最近几次成功登录的事件和最后一次不成功的登录。

- messages：从 syslog 中记录信息（有的链接到 syslog 文件）。
- sudolog：记录使用 sudo 发出的命令。
- sulog：记录 su 命令的使用。
- syslog：从 syslog 中记录信息（通常链接到 messages 文件）。

有效利用日志信息并对其进行分析与实时的监控管理，对于提升系统的安全性具有极为重要的作用。

11.4.1 日志分类

1. 连接时间的日志

连接时间日志一般由/var/log/wtmp 和/var/run/utmp 这两个文件记录，不过这两个文件无法直接cat查看，并且该文件由系统自动更新，可以通过命令w/who/finger/id/last/lastlog/ac进行查看。

```
[root@xhot ~]# who
root tty1 2010-10-06 22:56
root pts/0 2010-10-06 22:26 (218.192.87.4)
root pts/1 2010-10-06 23:41 (218.192.87.4)
root pts/3 2010-10-06 23:18 (218.192.87.4)
[root@xhot ~]# w
01:01:02 up 2:36, 4 users, load average: 0.15, 0.03, 0.01
USER TTY FROM LOGIN@ IDLE JCPU PCPU WHAT
root tty1 - 22:56 1:20m 0.16s 0.16s -bash
root pts/0 218.192.87.4 22:26 2:05m 0.18s 0.18s -bash
root pts/1 218.192.87.4 23:41 0.00s 0.41s 0.00s w
root pts/3 218.192.87.4 23:18 1:38m 0.03s 0.03s -bash
[root@xhot ~]# ac -p //查看每个用户的连接时间
u51 1.23
u55 0.04
root 95.21 //从这里可以看到 root 连接时间最长
xhot 0.06
user1 3.93
total 100.48
[root@xhot ~]# ac -a //查看所有用户的连接时间
total 100.49
[root@xhot ~]# ac -d //查看用户每天的连接时间
    Sep 24 total 0.14
    Sep 25 total 14.60
    Sep 26 total 13.71
    Sep 27 total 21.47
```

```
Sep 28 total 11.74
Sep 29 total 6.60
Sep 30 total 8.81
Oct 1 total 9.04
Oct 2 total 0.47
Oct 6 total 8.62
Today total 5.29
```

2. 进程监控日志

进程统计监控日志对监控用户的操作指令是非常有效的。当服务器发现最近经常无故关机或者无故被人删除文件等现象时，可以通过进程统计日志查看。

```
[root@xhot ~]# accton /var/account/pacct //开启进程统计日志监控
[root@xhot ~]# lastcomm //查看进程统计日志情况
accton S root pts/1 0.00 secs Thu Oct 7 01:20
accton root pts/1 0.00 secs Thu Oct 7 01:20
ac root pts/1 0.00 secs Thu Oct 7 01:14
ac root pts/1 0.00 secs Thu Oct 7 01:14
free root pts/1 0.00 secs Thu Oct 7 01:10
lastcomm root pts/1 0.00 secs Thu Oct 7 01:09
bash F root pts/1 0.00 secs Thu Oct 7 01:09
lastcomm root pts/1 0.00 secs Thu Oct 7 01:09
ifconfig root pts/1 0.00 secs Thu Oct 7 01:09
lastcomm root pts/1 0.00 secs Thu Oct 7 01:09
lastcomm root pts/1 0.00 secs Thu Oct 7 01:09
lastcomm root pts/1 0.00 secs Thu Oct 7 01:09
accton S root pts/1 0.00 secs Thu Oct 7 01:09
[root@xhot ~]# accton //关闭进程统计日志监控
```

3. 系统和服务日志

系统日志服务是由一个名为syslog的服务管理的，如以下日志文件都是由syslog日志服务驱动的。

- /var/log/lastlog ：记录最后一次用户成功登录的时间、登录IP等信息。
- /var/log/messages ：记录Linux操作系统常见的系统和服务错误信息。
- /var/log/secure ：Linux 系统安全日志，记录用户和工作组变坏情况、用户登录认证情况。
- /var/log/btmp ：记录Linux登录失败的用户、时间以及远程IP地址。
- /var/log/cron ：记录crond计划任务服务执行情况。

……

```
[root@xhot ~]# cat /var/log/lastlog
```

```
Lpts/0218.192.87.4
Lpts/1218.192.87.4
Lpts/1218.192.87.4
Lpts/0218.192.87.46
Lpts/0218.192.87.4
```

11.4.2 Linux 日志服务介绍

在 Linux 系统，大部分日志都是由 syslog 日志服务驱动和管理的，syslog 服务由两个重要的配置文件控制管理，分别是/etc/syslog.conf 主配置文件和/etc/sysconfig/syslog 辅助配置文件，/etc/init.d/syslog 是启动脚本，这里主要讲解主配置文件/etc/syslog.conf。

1. 启动脚本

/etc/syslog.conf 语句结构如下。

```
[root@xhot ~]# grep -v "#" /etc/syslog.conf //列出非#打头的每一行
*.info;mail.none;authpriv.none;cron.none /var/log/messages
authpriv.* /var/log/secure
mail.* -/var/log/maillog
cron.* /var/log/cron
*.emerg *
uucp,news.crit /var/log/spooler
local7.* /var/log/boot.log
```

2. 消息类型

```
auth,authpriv,security;cron,daemon,kern,lpr,mail,mark,news,syslog,user,
uucp,local0~loca
```

错误级别：(8 级)debug,info,notice,warning|warn;err|error;crit,alert,emerg|panic

动作域：file,user,console,@remote_ip

列举上述/etc/syslog.conf 文件 3 个例子如下。

```
*.info;mail.none;authpriv.none;cron.none /var/log/messages
```

表示 info 级别的任何消息都发送到/var/log/messages 日志文件（邮件系统、验证系统和计划任务的错误级别信息除外），不发送（none 表示禁止）cron. * /var/log/cron 表示所有级别的 cron 信息发到/var/log/cron 文件*.emerg *，emerg 表示错误级别（危险状态）的所有消息类型发给所有用户。

11.4.3 Linux 日志服务器配置

此服务器的配置非常简单，只需修改一个文件的一个地方，然后重启服务即可。

```
[root@xhot ~]# grep -v "#" /etc/sysconfig/syslog
SYSLOGD_OPTIONS="-m 0 -r" //只要在这里添加“-r”就可以了
KLOGD_OPTIONS="-x"
SYSLOG_UMASK=077
```

```
[root@xhot ~]# service syslog restart
关闭内核日志记录器：  [确定]
关闭系统日志记录器：  [确定]
启动系统日志记录器：  [确定]
启动内核日志记录器：  [确定]
```

对于发送消息到服务器的 OS，只要在写/etc/syslog.conf 主配置文件的时候，作用域为@server−ip 即可，比如针对 218.192.87.24 这台日志服务器，把一台 ubuntu 系统的所有 info 级别的 auth 信息发给日志服务器，那么对于 ubuntu 系统的/etc/syslog.conf 文件最后一行添加 auth.info @218.192.87.24 即可。

11.4.4 Linux 日志转储服务

系统工作到了一定时间后，日志文件的内容随着时间和访问量的增加而越来越多，日志文件也越来越大。而且当日志文件超过系统控制范围时，还会对系统性能造成影响。转储方式可以设为每年转储、每月转储、每周转储、达到一定大小转储。

在 Linux 系统，经常使用“logrotate”工具进行日志转储，结合 cron 计划任务，可以轻松实现日志文件的转储。转储方式的设置由“/etc/logrotate.conf”配置文件控制。

```
[root@xhot ~]# cat /etc/logrotate.conf
# see "man logrotate" for details //可以查看帮助文档
# rotate log files weekly
weekly //设置每周转储
# keep 4 weeks worth of backlogs
rotate 4 //最多转储 4 次
# create new (empty) log files after rotating old ones
create //当转储后文件不存储时创建它
# uncomment this if you want your log files compressed
#compress //以压缩方式转储
# RPM packages drop log rotation information into this directory
include /etc/logrotate.d //其他日志文件的转储方式，包含在该目录下
# no packages own wtmp -- we'll rotate them here
/var/log/wtmp { //设置/var/log/wtmp 日志文件的转储参数
monthly //每月转储
create 0664 root utmp //转储后文件不存在时创建它，文件所有者为 root,
所属组为 utmp，对应的权限为 0664
rotate 1 //转储一次
   }
# system-specific logs may be also be configured here.
```

例 11.13

为/var/log/news/目录下的所有文件设置转储参数，每周转储，转储 2 次，转储时将老的

日志文件放到/var/log/news/old 目录下，若日志文件不存在，则跳过。完成后重启 news 新闻组服务，转储时不压缩。那么可以在/etc/logrotate.conf 文件的最后添加如下内容。

```
/var/log/news/*{
monthly
rotate 2
olddir /var/log/news/old
missingok
postrotate
kill -HUP 'cat /var/run/inn.pid'
endscript
nocompress
}
```

例 11.14

为/var/log/httpd/access.log 和/var/log/httpd/error.log 日志设置转储参数。转储 5 次，转储时发送邮件给 root@localhost 用户，当日志文件达到 100KB 时才转储，转储后重启 httpd 服务，那么可以直接在/etc/logrotate.conf 文件的最后添加如下内容。

```
/var/log/httpd/access.log /var/log/http/error.log{
rotate 5
mail root@localhost
size=100k
sharedscripts
/sbin/killall -HUP httpd
endscript
}
```

例 11.15

自定义日志转储（/etc/logrotate.d/*）

通过下面一个例子将所有类型错误级别为 info 的日志转储到/var/log/test.log 日志文件中，并设置/var/log/test.log 达到 50KB 后进行转储，转储 10 次，转储时压缩，转储后重启 syslog 服务。

（1）修改/etc/syslog.conf 文件如下：

```
[root@xhot ~]# tail -1 /etc/syslog.conf //查看该文件的最后一行
 *.info /var/log/test.log
```

（2）重启 syslog 服务。

```
[root@xhot ~]# /sbin/service syslog restart
关闭内核日志记录器：  [确定]
关闭系统日志记录器：  [确定]
启动系统日志记录器：  [确定]
```

```
启动内核日志记录器：  [确定]
```

（3）创建/etc/logrotate.d/test.log 日志转储参数配置文件，添加如下内容。

```
[root@xhot ~]# vim /etc/logrotate.d/test.log
[root@xhot ~]# cat /etc/logrotate.d/test.log
/var/log/test.log{
rotate 10
size = 50k
compress
postrotate
killall -HUP syslog
endscript
    }
```

（4）查看文件/etc/cron.daily/logrotate，确保如下功能。

```
[root@xhot ~]# cat /etc/cron.daily/logrotate
#!/bin/sh
/usr/sbin/logrotate /etc/logrotate.conf
EXITVALUE=$?
if [ $EXITVALUE != 0 ]; then
/usr/bin/logger -t logrotate "ALERT exited abnormally with [$EXITVALUE]"
fi
exit 0
```

（5）查看转储后的文件。

```
[root@xhot log]# pwd
/var/log
[root@xhot log]# ls test.log*
//结果等要转储的时候才会发现压缩文件和原本的 test.log 文件
```

习题 11

填空题

1. 系统交换分区是作为系统______的一块区域。

2. 内核分为______ 、______、______ 和______系统 4 个子系统。

3. 内核配置是系统管理员在改变系统配置______时要进行的重要操作。

4. 安装 Linux 系统时，使用 netconfig 程序对网络进行配置，该安装程序会一步步提示用户输入主机名、域名、域名服务器、IP 地址、______和______ 等必要信息。

5. 唯一标识每一个用户的是用户______和用户名。

6. ______ 协议是最为普遍的一种内部协议，一般称为动态路由选择协议。

7. 在 Linux 系统中，所有内容都被表示为文件，组织文件的各种方法称为______。

8. DHCP 可以实现动态______地址分配。

9. 系统网络管理员的管理对象是______、______和______的进程，以及系统的各种资源。

10. 网络管理通常由______、______和______3 部分组成，其中管理部分是整个网络管理的中心。

11. 当想删除本系统用不上的设备驱动程序时必须编译内核，当内核不支持系统上的设备驱动程序时，必须对______升级。

实训 11

1. 进程的启动、终止的方式以及如何进行进程的查看。
2. 系统管理员对服务进程的监控方案。

PART 12 第 12 章 软件包的安装

本章教学重点

- RPM 软件包的管理
- 源码包的安装

Linux 下软件安装主要有 3 种方式，第一种是源码安装，需要用户自己手动编译；第二种是使用（RedHat Packge Manager, RPM），通过 RPM 命令实现安装；第三种为*.bin 文件，安装方法与 Windows 下的安装过程类似。使用 RPM 制作的软件安装包以下简称 RPM。这里主要介绍源码安装与 RPM 包的安装。

12.1 管理 RPM 包

RPM 的名称虽然打上了 RedHat 的标志，但是其原始设计理念是开放式的，现在包括 OpenLinux、SuSE.ISoft Server 以及 Turbo Linux 等 Linux 的分发版本都有采用，可以算是公认的行业标准了。

12.1.1 用 RPM 包安装软件

例 12.1

用 RPM 包安装永中 Offcie。

（1）下载永中 Office 的 RPM 软件安装包，Yozo_Office_6.1.0418.131ZH.CL01.rpm。

（2）执行 rpm 命令。

```
#rpm  -ivh  Yozo_Office_6.1.0418.131ZH.CL01.rpm
Preparing...          ################################ [100%]
1:YozoOffice          ################################### [100%]
```

```
unpack jar， please wait a while.
handle file associate...， please wait a while.
Congratulations! Installation is complete.
```

文件安装成功，命令中参数-ivh 用来安装一个新的 RPM 包。

12.1.2 升级 RPM 包

```
# rpm -Uvh  Yozo_Office_6.1.0418.131ZH.CL01.rpm
```

要注意的是：RPM 会自动卸载相应软件包的老版本。如果老版本软件的配置文件与新版本的不兼容，RPM 会自动将其保存为另外一个文件，这样用户就可以自己手工去更改相应的配置文件。

12.1.3 查询软件包

```
# rpm -q  YozoOffice
YozoOffice-6.1-0418.i686
```

查询时可以使用的特定参数如下。

- -a：查询目前系统安装的所有软件包。
- -f：文件名查询包括该文件的软件包。
- -F：同-f 参数，只是输入是标准输入（例如 find /usr/bin | rpm -qF）。
- -q：软件包名，查询该软件包。
- -Q：同-p 参数，只是输入是标准输入（例如 find /mnt/cdrom/RedHat/RPMS | rpm -qQ）。

输出时的格式选择如下。

- -i：显示软件包的名称、描述、发行、大小、编译日期、安装日期、开发人员等信息。
- -l：显示软件包包含的文件。
- -s：显示软件包包含的文件目前的状态，只有 normal 和 missing 两种状态。
- -d：显示软件包中的文档（如 man、info、README 等）。
- -c：显示软件包中的配置文件，这些文件一般是安装后需要用户手工修改的，例如：sendmail.cf，passwd，inittab 等。

如果用-v 参数就可以得到类似于 ls -l 的输出

12.1.4 卸载已安装的 RPM 包

```
#rpm -e YozoOffice
```

注意

软件包名是 YozoOffice，而不是 RPM 文件名“Yozo_Office_6.1.0418.131ZH.CL01.rpm”。

12.1.5 *.src.rpm 形式的源代码软件包安装

```
#rpm  -rebuild  *.src.rpm
```

```
#cd /usr/src/dist/RPMS
#rpm -ivh *.rpm
```

12.2 RPM 包的制作

12.2.1 rpmbuild 工具

rpmbuild 命令是用来创建 RPM 二进制和源码包的工具，它支持很多种创建方式，这里只介绍通过 spec 文件创建 RPM 包的方法。从文件 SPEC 建立 RPM 包的常用方法有以下几种。

（1）只生成二进制格式的 RPM 包。

```
rpmbuild -bb xxx.spec
```

生成的文件会在刚才建立的 RPM 目录下存在。

（2）只生成 src 格式的 RPM 包。

```
rpmbuild -bs xxx.spec
```

生成的文件会在刚才建立的 SRPM 目录下存在。

（3）只需要生成完整的源代码包。

```
rpmbuild -bp xxx.spec
```

源文件存在目录 BUILD 下。这个命令的作用就是把 tar 包解开然后把所有的补丁文件合并成一个完整的新的源代码包。

（4）完全打包。

```
rpmbuild -ba xxx.spec
```

产生以上 3 个过程分别生成的包。存放在相应的目录下。

12.2.2 RPM 源码包的编译

Linux 的软件包管理很特别，它的二进制包的种类较多，同样是 RPM 包，可是细节方面确有很多不同，不同的 RPM 二进制包一般都是对应不同的内核版本，否则可能造成无法正常安装。因此，我们经常需要把 RPM 源码包在本机的操作系统环境下重新编译，来保证软件的兼容性。

对于开放源代码的软件，很容易获得它的源代码，也有很多提供 RPM 下载的网站。

一个软件会有很多版本的源码包，我们在选择时要清楚哪种是本机操作系统可用的。

例如我们准备编译安装一个 unrar 解压缩软件。首先下载 unrar-3.5.2-1.2.src.rpm。安装后在/usr/src/Isoft/目录中（根据系统不同会有差异）会出现如下两个文件。

```
/usr/src/Isoft/SOURCES/unrar-3.5.2-1.2.tar.gz
/usr/src/Isoft/SPECS/unrar.spec
```

然后我们就可以通过 rpmbuild 命令来执行 unrar.spec 脚本。

```
# rpmbuild -bb /usr/src/Isoft/SPECS/unrar.spec
```

编译完成的安装包即存放于/usr/src/Isoft/RPMS/i386/中。

```
# ls /usr/src/Isoft/RPMS/i386/
unrar-3.5.2-1.2.i386.rpm unrar-debuginfo-3.5.2-1.2.i386.rpm
```

还可以用另外一种方式来重建RPM包，如下。

```
rpmbuild --rebuild unrar-3.5.2-1.2.src.rpm
```

12.2.3 软件包描述文件SPEC

如果我们准备自己将软件封装成RPM包，就要手工编写SPEC软件包描述文件了。制作RPM包并不是一件复杂的工作，正如前面所提到的，其中的关键在于编写SPEC软件包描述文件。这个文件中包含了软件包的诸多信息，如软件包的名字、版本、类别、说明摘要、创建时要执行什么指令、安装时要执行什么操作以及软件包所要包含的文件列表等。

描述文件SPEC说明如下。

1. 文件头

一般的SPEC文件头包含以下几个域，如表12-1所示。

表12-1　SPEC文件

Summary	用一句话概括该软件包尽量多的信息
Name	软件包的名字，RPM包用该名字与版本号，释出号及体系号来命名
Version	软件版本号。仅当软件包比以前有较大改变时才增加版本号
Release	软件包释出号。对该软件包做一次补丁的时候就把释出号加1
Vendor	软件开发者的名字
Copyright	软件包所采用的版权规则。具体有GPL、Commercial等
Group	软件包所属类别，例如Applications/File
Source	源程序tar包的名字
%description	软件包详细说明，可写在多个行上
BuildRoot	编译时使用的临时目录

2. %prep段

这个段是预处理段，通常用来执行一些解开源程序包的命令，为下一步的编译安装做准备。%prep和下面的%build，%install段一样，除了可以执行RPM所定义的宏命令（以%开头）以外，还可以执行shell命令，命令可以有很多行，如我们常写的tar解包命令。

3. build段

本段是建立段，所要执行的命令为生成软件包服务，如make 命令。

4. %install段

本段是安装段，其中的命令在安装软件包时将执行，如make install命令。安装过程中的$RPM_BUILD_ROOT就是在头文件中BuildRoot字段指定的目录，这样这些编译好的文件不会被安装到硬盘上的真实目录中，而是放在一个临时目录中。RPM包生成结束后，这个目录会被自动删除。

5. %files段

本段是文件段，用于定义软件包所包含的文件，分为3类：说明文档（doc），配置文件（config）及执行程序，还可定义文件存取权限、拥有者及组别。

6. %changelog 段

本段是修改日志段。可以将软件的每次修改记录到这里，保存到发布的软件包中，以便查询之用。每一个修改日志都包含以下格式。

```
第一行是：* 星期 月 日 年 修改人电子信箱。
```

其中：星期、月份均用英文形式的前 3 个字母，用中文会报错。接下来的行写的是修改了什么地方，可写多行。以减号开始，便于后续的查阅。举例如下。

```
* Fri May 27 2005 Wang SiYuan <sywang@Isoft-linux.com> 2.1
- add right_button popup menu to application list view.
```

12.2.4 典型 SPEC 文件分析

通过前面的介绍，我们对软件包的管理以及 SPEC 文件的细节有了一定的了解，接下来通过分析 kaffeine.spec（kaffeine 是 Linux 平台下的媒体播放器）文件来实践一下 SPEC 文件的规范和书写要求。

Kaffeine.spec 文件内容如下。

```
%define debug_package %{nil}
Name:           kaffeine
Version:        0.4.3
Release:        25
Summary:        A xine-based Media Player for KDE
Group:          Applications/Multimedia
License:        GPL
URL:            http://kaffeine.sourceforge.net/
Source0:        kaffeine-0.4.3.tar.bz2
Source1:        logo.png
Source2:        icon.tgz
Source3:        kaffeine.desktop
Source4:        codecs.tgz
Patch:          kaffeine-0.4.3-fix-hide-crash.patch
Patch1:         kaffeine-0.4.3-without-wizard.patch
BuildRoot       /var/tmp/kaffeine-root
BuildRoot       /var/tmp/kaffeine-root

%description
Kaffeine is a xine based media player for KDE3. . .
```

以上这部分就是前面所说的文件头。这一部分主要包括软件包的名称、版本、源代码和 patch 等信息，通过这些关键字我们可以一目了然。查看以上内容，我们会全面了解该软件包。

接下来的这一段就是核心部分，涉及解包、补丁、编译、安装的过程。

```
%prep                          //预处理段，为下一步的编译安装做准备
%setup -q
%patch -p1
%patch1 -p1

%build                         //所要执行的命令为生成软件包服务
./configure --prefix=/usr
……

%install                       //安装段，其中的命令在安装软件包时将执行
mkdir -p $RPM_BUILD_ROOT
make install DESTDIR=$RPM_BUILD_ROOT
……

%clean                         //删除%Build、%install段产生的中间文件等
rm -rf $RPM_BUILD_ROOT
%post                          //后安装段，一般做安装后的配置工作
ln -s /dev/cdrom /dev/dvd
ln -s /dev/cdrom /dev/rdvd
%files                         //定义软件包所包含的文件
%defattr(-, root, root)
/usr
```

这部分内容与所要打的包有关系，我们要根据具体情况来写出编译过程。

```
%changelog
* Fri Jul 1  2005 AiLin Yang <alyang@Isoft-linux.com> -0.4.3-25
- modified the fullscreen bottom control panel
……
```

这部分内容是SPEC文件的最后内容，它对团队软件开发以及后续的软件维护至关重要，它相当于一个日志，记录了所有的基于该软件包的修改、更新信息。

12.2.5 创建 RPM 包

现在我们已经根据本地源码包的成功编译安装而写了SPEC文件(该文件要以.spec结束)。在/usr/src/Isoft/目录下有5个目录，分别是BUILD、SOURCE、SPEC、SRPM、RPM。其中BUILD目录用来存放打包过程中的源文件，SOURCE用来存放打包是要用到的源文件和patch，SPEC用来存放SPEC文件，SRPM、RPM分别存放打包生成的RPM格式的源文件和二进制文件。如果想发布RPM格式的源码包或者是二进制包，就要使用rpmbuild工具。

rpmbuild从文件SPEC建立RPM包选项，如表12-2所示。

表 12-2　　RPM 包选项

RPM 包选项	含义
–bp	从 SPEC 文件的%prep 段开始建立（解开源码包并打补丁）
–bc	从 SPEC 文件的%build 段开始建立
–bi	从 SPEC 文件的%install 段开始建立
–bl	检查 SPEC 文件的%files 段
–ba	建立源码和二进制包
–bb	只建立二进制包
–bs	只建立源码包

软件包制作完成后可用 RPM 命令查询，看看效果。如果不满意的话可以再次修改软件包描述文件，重新运行以上命令产生新的 RPM 包。

12.3　源码包安装

12.3.1　用.tar.gz 源码包安装软件

例 12.2

安装永中 Office。

（1）进行解压，命令如下。

```
tar zxvf  Yozo_Office_6.1.0418.131ZH.CL01.tar.gz
```

（2）进入解压目录 6.1.0418.131ZH.CL01，然后进行安装。

```
#cd  6.1.0418.131ZH.CL01      //进入安装目录
#cat  Readme.txt              //查看说明文档
#./setup                      //执行安装程序
```

（3）根据图形界面向导安装文件。

源码安装有一定的难度，源码格式一般有 3 种：.tar.gz，.tgz，.tar.bz2 。不同的软件可能有不同的安装方法，一般在解压之后应该先阅读说明文档，按照说明进行安装，下面总结一般情况。

① 解压 tar zxvf 源码包。

② 进入解压后的目录，一般和源码包同名。

③ 配置：./configure。

④ 编译：make。

⑤ 安装：make install。

⑥ 卸载：make uninstall。

12.3.2　*.bin 格式安装文件的安装

在当前目录下执行如下命令即可。

```
./*.bin
```

或在图形界面下，双击*.bin 文件就可以根据提示安装了，不再赘述。

12.4 使用 YUM 来管理软件包

12.4.1 YUM 命令

Shell 前端软件包管理器（Yellow dog Updater Modified，YUM）是一个在 Fedora 和 RedHat 以及 SUSE 中的 shell 前端软件包管理器。基于 RPM 包管理，能够从指定的服务器自动下载 RPM 包并且安装，可以自动处理依赖性关系，并且一次安装所有依赖的软件包，无需烦琐地一次次下载、安装。YUM 提供了查找、安装、删除某一个、一组甚至全部软件包的命令，而且命令简洁好记。

YUM 的命令形式一般如下。

```
yum [options] [command] [package ...]
```

命令功能如表 12-3 所示。

表 12-3　　YUM 基本命令

命令	功能
yum install <package_name>	安装指定的软件，会查询 repository，如果有这一软件包，则检查其依赖冲突关系，如果没有依赖冲突，那么下载安装；如果有，则会给出提示，询问是否要同时安装依赖，或删除冲突的包
yum [-y] install <package_name>	安装指定的软件
yum [-y] remove <package_name>	删除指定的软件，同安装一样，yum 也会查询 repomtory，给出解决依赖关系的提示
yum [-y] erase <package_name>	删除指定的软件

例 12.3

安装火狐浏览器。执行如下命令。

```
#yum install firefox
```

这样，程序包就自动安装了。

12.4.2 用 YUM 查询想安装的软件

我们常会碰到这样的情况，想要安装一个软件，只知道它和某方面有关，但又不能确切知道它的名字。这时 YUM 的查询功能就起作用了。你可以用 yum search keyword 这样的命令来进行搜索，比如我们要安装一个 Instant Messenger，但又不知到底有哪些，这时不妨用 yum search messenger 这样的指令进行搜索，YUM 会搜索所有可用 RPM 的描述，列出所有描述中和 messeger 有关的 RPM 包，于是我们可能得到 gaim、kopete 等，并从中选择。

有时我们还会碰到安装了一个包，但又不知道其用途的情况，这时可以用 yum info packagename 这个指令来获取信息。

- 使用 YUM 查找软件包：yum search。
- 列出所有可安装的软件包：yum list。

- 列出所有可更新的软件包：yum list updates。
- 列出所有已安装的软件包：yum list installed。

习题 12

一、选择题

1. RPM 包管理工具系统可以为最终用户提供方便的软件包管理功能，主要包括安装、卸载、升级、查询等，用于升级的命令是（　　）。

A. rpm －I pakage　　B. rpm －u pakage

C. rpm －e pakage　　D. rpm －upgrade pakage

2. 如何查看一个 RPM 包是否安装？（　　）

A. rpm −Vc postfix　　B. rpm −q postfix

C. rpm −changelog postfix　　D. rpm −q−changelog postfix

3. 如何查看一个 RPM 软件的修改记录？（　　）

A. rpm−vcpostfix

B. rpm−qpilpostfix

C. rpm—changelogpostfix

D. rpm−q−−changelogpostfix

4. 通过 makefile 来安装已编译过的代码的命令是（　　）。

A. make　　B. install

C. makedepend　　D. makeinstall

5. 使用 YUM 查找软件包的命令是（　　）。

A. yum search　　B. yum list

C. yum list updates　　D. yum list installed

二、思考题

1. 简述如何使用 RPM 安装软件。
2. 简述如何使用 RPM 删除软件。
3. 简述 YUM 的作用。

实训 12　安装软件包

一、实训目的

（1）RPM 包管理。

（2）源码包安装。

二、实训内容

（1）下载 WPS 的最新 RPM 包 wps-office-*.i686.rpm。

（2）安装文件。

```
#rpm  -ivh  wps-office-*.i686.rpm
```

（3）用 rpm -ql 命令查看软件包的安装路径。

（4）进入图形化界面看是否安装成功。

（5）下载 QQ 源码包。

（6）解压。

```
tar zxvf  qqforlinux.tar.gz
```

（7）进入解压目录执行./setup。

（8）运行软件看是否安装成功。

PART 13

第13章 Linux进程管理

本章教学重点

- Linux的启动过程
- 多系统的安装引导方法

本章主要讲解Linux的开机启动流程。同时通过实训掌握Linux启动U盘（或Live CD）的制作方法和用Windows系统的ntloader加载grub的方法。

13.1 进程概述

13.1.1 进程的概念

进程（Process）是一个程序在其自身的虚拟地址空间中的一次执行活动。之所以要创建进程，就是为了使多个程序可以并发地执行，从而提高系统的资源利用率和吞吐量。

进程和程序的概念不同，下面是对这两个概念的比较。

- 程序只是一个静态的指令集合；而进程是一个程序的动态执行过程，它具有生命期，是动态地产生和消亡的。
- 进程是资源申请、调度和独立运行的单位，因此，它使用系统中的运行资源；而程序不能申请系统资源，不能被系统调度，也不能作为独立运行的单位，因此，它不占用系统的运行资源。
- 程序和进程无一一对应的关系。一方面一个程序可以由多个进程所共用，即一个程序在运行过程中可以产生多个进程；另一方面，一个进程在生命期内可以顺序地执行若干个程序。

Linux 操作系统是多任务的，如果一个应用程序需要几个进程并发地协调运行来完成相关工作，系统会安排这些进程并发运行，同时完成对这些进程的调度和管理任务，包括 CPU、内存、存储器等系统资源的分配。

13.1.2 Linux 中的进程

在 Linux 系统中总是有很多进程在同时运行，每一个进程都有一个识别号，叫作 PID（Process ID），用以与其他进程区别。系统启动后的第一个进程是 init，它的 PID 是 1。init 是唯一由系统内核直接运行的进程。新的进程可以用系统调用 fork 来产生，就是从一个已经存在的旧进程中分出一个新进程来，旧的进程是新产生的进程的父进程，新进程是产生它的进程的子进程，除了 init 之外，每一个进程都有父进程。

当系统启动以后，init 进程会创建 login 进程等待用户登录系统，login 进程是 init 进程的子进程。当用户登录系统后，login 进程就会为用户启动 shell 进程，shell 进程就是 login 进程的子进程，而此后用户运行的进程都是由 shell 衍生出来的。

除了 PID 外，每个进程还有另外 4 个识别号，它们是实际用户识别号（Real User ID，RUID）、实际组识别号（Real Group ID，RGID）、有效用户识别号（Effect User ID，EUID）和有效组识别号（Effect Group ID，EGID）。

RUID 和 RGID 的作用是识别正在运行此进程的用户和组。一个进程的 RUID 和 RGID 就是运行此进程的用户的 UID 和 GID。

EUID 和 EGID 的作用是确定一个进程对其访问的文件的权限和优先权。除非产生进程的程序被设置了 SUID 和 SGID 权限，一般 EUID 和 EGID 与 RUID 和 RGID 相同。若程序被设置了 SUID 或 SGID 权限，则此进程相应的 EUID 和 EGID 将与运行此进程的文件的所属用户的 UID 或所属组的 GID 相同。

例 13.1

一个可执行文件/usr/bin/passwd，其所属用户是 root(UID 为 0)，此文件被设置了 SUID 权限。当一个 UID 为 500、GID 为 501 的用户执行此命令时，产生的进程的 RUID 和 RGID 分别是 500 和 501，而其 EUID 是 0，EGID 是 501。

13.2 Linux 进程管理

我们通常从进程的角度来理解 UNIX 和 Linux 系统的多任务的概念。进程或任务，是运行之中的程序的一个实例（instance），亦即程序的一次运行过程，是一个动态的概念。

用户注册的 shell 就是一个进程。在提示符$下运行一条命令时，执行中的命令也是一个进程。

1. 分时

单 CPU 机器，在同一时刻只能有一个进程在运行。多 CPU 机器，同一时刻一个 CPU 也只能运行一个进程。

多进程的同时运行是通过优先级管理机制，给每一个进程分配不同的时间片，分时运行，使每一个程序的执行者都感觉系统是在为自己服务。

2．父进程和子进程

一个进程启动另一个进程后，被启动进程是子进程，原进程是启动进程的父进程。一个父进程可以有多个子进程，而一个子进程只有一个父进程。父进程消亡时子进程一般也消亡，用户可以使子进程继续存在，该子进程的父进程就变成了原父进程的父进程。每一个进程都有父进程。进程号是 1 的为最原始进程。

3．进程状态命令 ps

用户可以通过命令 ps（processstatus，进程状态）检查机器中当前存活的进程。不加参数时，显示发出该命令用户的登录对话期内所有正在运行的进程。其中参数如下。

- -f：显示进程的全部信息。
- -a：显示全部用户当前活动的进程。
- -e：显示当前系统正在运行的全部进程。
- -t 终端名：显示对应终端的进程。
- -u 用户名：显示某用户的进程。

通常，-ef、-af 和-t 使用较多。

显示信息如下。

UID：用户名；PID 进程号。

PPID：父进程号；C 进程最近所耗的 CPU 资源。

STIME：进程开始时间，TTY 启动进程的终端设备。

TIME：进程总共占用 CPU 的时间。

COMMAND：进程名。

4．改变运行进程的优先级

在 Linux 默认的情况下，进程的 nice 值是 0 ，nice 值的范围是-20 到 20，它的值越低，进程运行得越快。下面的例子说明了如何利用 nice 命令显示 nice 值。

例 13.2

可以用以下方式查看进程的 nice 值，使用 ps -l 命令后的输出结果如下。

```
# ps -l
F S  UID  PID  PPID  C PRI  NI  ADDR  SZ  WCHAN  TTY  TIME CMD
4 T   0  3073  22456  19  78   0 -  1494 finish pts/1   00:00:01 find
4 R   0  3074  22456   0  77   0 -  1320 -        pts/1    00:00:00 ps
4 S   0  22456  22447  0  75   0 -  1454 wait     pts/1   00:00:00 bash
```

在输出结果中，NI 列显示的是 nice 值。

通过使用 renice 命令，可以改变进程的 nice 值。

renice 命令的格式如下。

```
renice priority [ [ -p ] pids ] [ [ -g ] pgrps ] [ [ -u ] users ]
```

在下面的例子中，把 wc（进程号为 3103）的 nice 值改变成 3。而任何一个具有较低值的进程在系统上将具有优先权。

```
# renice  3  3103
3103: old priority 0,  new priority 3
# ps -l
F S  UID  PID  PPID   C  PRI NI ADDR SZ  WCHAN  TTY   TIME CMD
0 T   0   3103  22456  0  81   3   -  1271  finish  pts/1   00:00:00 wc
4 R   0   3107  22456  0  77   0   -  1320  -      pts/1   00:00:00 ps
4 S   0   22456  22447  0  75  0   -  1454  wait    pts/1   00:00:00 bash
```

进程的拥有者和 root 具有把 nice 值升高的能力；然而，进程的拥有者却不能把 nice 值降低，只有 root 具有降低 nice 值的能力。这就是说，虽然用户能够把 shell 的 nice 值设置为 3，却不能把它降低回原来的默认值。

renice 命令是提高某些进程速度的绝妙方法，不过这实际上只是一种交易，因为那些 nice 值被升高的进程此时将会运行得较慢。

5．前台进程和后台进程

用户在 shell 下运行命令时，在该进程结束前不能执行其他命令的进程执行方式，是前台进程。而进程未结束前就可以通过 shell 运行别的命令的进程是后台进程，shell 提供操作符&，使用户可以在后台运行命令。

（1）请求后台处理。

用于请求后台进程的符号是“&”，它在命令行的末尾处输入。举例如下。

```
$ wc tempfile &
[1] 2082
$ vi newfile
```

这里，用户给出了 wc 的命令，并且不等待前一个进程完成就立即开始编辑 newfile 文件。

内核分配给进程 ID（2082），并从屏幕返馈给用户。[1]符号意味着这是后台处理中的第一个作业。它也被称为作业进程号（job ID）。

注意

来自后台进程的任何屏幕输出都将干扰前台进程的用户工作时的屏幕。为了使后台与前台进程互不干扰，可以将后台重定向到文件来解决。下面描述的是 wc 命令的标准错误。

```
$ wc tempfile 1> countemp 2> errtemp &
[1] 2082
$ vi newfile
```

（2）检查后台进程。

有时，我们需要检查后台进程来确定当前的状态。它是否仍然在执行？或者它的运行是否出现了问题？可以使用 ps 和 jobs 命令来查看。ps 列出系统中正在运行的进程，jobs 命令用于显示当前终端关联的后台任务情况。例如，用 find 命令执行一个文件查找任务后，再用<Ctrl>+z 命令将其暂停并转入后台，然后分别用 jobs 和 ps 命令查看作业和进程情况。操作如下。

```
$ find / -name dmesg 1> output 2> error
<Ctrl>+z
[1]+  Stopped                  find / -name dmesg > output 2> error
$ jobs
[1]+  Stopped                  find / -name dmesg > output 2> error
$ ps
  PID TTY          TIME CMD
 2425 pts/1    00:00:00 bash
 2447 pts/1    00:00:00 find
 2448 pts/1    00:00:00 ps
$
```

可以看到，ps 命令显示了进程的标识符。如果 ps 命令的输出没有列出后台进程，那么它可能已经执行完了。

而 jobs 命令在此处查看到的只是后后暂停的命令及其作业号“[1]”。

<Ctrl>+z 暂时停止一个进程后，该进程仍将存在于内存中。当然，可以通过 bg（background）命令在后台激活它，也可用 fg（foreground）命令在前台激活它。举例如下。

我们可以通过使用 bg 命令来激活一个被暂停的后进程。可以把 job 号作为 bg 命令的参数。

例 13.3

```
$ bg %1
[1]+  find / -name dmesg 1> output 2> error &
```

还可以通过使用 fg 命令在前台执行该进程。

```
$ fg %1
find / -name dmesg 1> output 2> error
```

（3）终止后台进程。

命令 kill 用于终止自己的进程，下面的几个例子及其说明阐述了此命令的作用。

```
$kill 435
```

向进程号是 435 的进程发送信号 15，使其终止，但有可能不起作用。

```
$kill -9 362
```

强制终止 362 号进程。

```
$kill 0
```

向一个进程组的全部进程发出终止信号。

kill 命令执行后并不显示任何结果，可以用 ps 命令再次查看各进程状态。对于不能终止的进程可用 kill -9 终止，这样更有把握一些。

类似地，<Ctrl>+c 可用来终止一个前台进程。

（4）查看一个命令所花的时间。

time 命令用来查看一个命令从开始到结束所花的时间。该命令还显示命令完成所花的 CPU 时间和系统的 CPU 时间。可以执行 time 命令来查看命令或者 shell 脚本的性能。

例 13.4

```
$ time find /etc -name "passwd" 2> /dev/null
……（略去）
real    0m1.459s
user    0m0.002s
sys     0m0.576s
```

可以将运行在 Linux 系统中的进程分为 3 种不同的类型。

- 交互进程：由一个 shell 启动的进程。交互进程既可以在前台运行，也可以在后台运行。
- 批处理进程：不与特定的终端相关联，提交到等待队列中顺序执行的进程。
- 守护进程：在 Linux 启动时初始化，需要时运行于后台的进程。

以上 3 种进程各有各的特点、作用和不同的使用场合。

13.2.1 ps 命令

如果要对进程进行监测和控制，首先必须了解当前进程的情况，也就是需要查看当前进程，ps 命令是最基本的，同时也是非常强大的进程查看命令。使用该命令可以确定有哪些进程正在运行、进程运行的状态、进程是否结束、进程是否僵死、哪些进程占用了过多的资源等，命令格式如下。

```
ps [选项] [ / b]
```

其功能是用于监控后台进程的工作情况。

各参数说明如下。

- -a：显示所有用户进程。
- -e：显示进程环境变量。
- -l：给出详细的信息列表。
- -r：只显示正在运行的进程。
- -S：增加 CPU 时间和页面出错的信息。
- -w：按宽格式显示输出。
- -u：打印用户格式，显示用户名和进程的起始时间。
- -x：显示不带控制终端的进程。

ps 命令输出字段的含义如表 13-1 所示。

表 13-1　　ps 命令输出字段的含义

字段	含义
USER	进程所有者的用户名
PID	进程号，可以唯一标识该进程
%CPU	进程自最近一次刷新以来所占用的 CPU 时间和总时间的百分比
%MEM	进程使用内存的百分比
VSZ	进程使用的虚拟内存大小，以 KB 为单位
RSS	进程占用的物理内存的总数量，以 KB 为单位
TTY	进程相关的终端名

续表

字段	含义
STAT	进程状态，R 表示运行或准备运行，S 表示睡眠状态，I 表示空闲，Z 表示冻结，D 表示不间断睡眠，W 表示进程没有驻留页，T 表示停止或跟踪
START	进程开始运行时间
TIME	进程执行运行时间
COMMAND	被执行的命令

例 13.5

分屏显示系统进程。

```
[root@localhost ~]# ps -aux|less
USER         PID  %CPU   %MEM    VSZ    RSS TTY       STAT START    TIME COMMAND
root          1  0.0   0.0   2900   1432 ?          Ss   Jun11   0:03 /sbin/init
root          2  0.0   0.0      0      0 ?          S    Jun11   0:00 [kthreadd]
root          3  0.0   0.0      0      0 ?          S    Jun11   0:01 [migration/0]
root          4  0.0   0.0      0      0 ?          S    Jun11   0:00 [ksoftirqd/0]
root          5  0.0   0.0      0      0 ?          S    Jun11   0:00 [migration/0]
root          6  0.0   0.0      0      0 ?          S    Jun11   0:00 [watchdog/0]
......
```

例 13.6

查看 less 进程是否在运行。

```
root@localhost ~]# ps -ax|grep less
Warning: bad syntax, perhaps a bogus '-'? See /usr/share/doc/procps-3.2.8/FAQ
 4604 pts/0    S+     0:00 less
 4659 pts/1    S+     0:00 grep less
```

例 13.7

显示系统进程。

```
[root@localhost ~]# ps
 PID TTY          TIME CMD
 4648 pts/1    00:00:00 bash
 4663 pts/1    00:00:00 ps
```

例 13.8

显示用户 root 的进程。

```
[root@localhost ~]# ps -u root
  PID TTY          TIME CMD
    1 ?        00:00:03 init
```

```
    2 ?       00:00:00 kthreadd
    3 ?       00:00:01 migration/0
    4 ?       00:00:00 ksoftirqd/0
    5 ?       00:00:00 migration/0
    6 ?       00:00:00 watchdog/0
……
```

13.2.2 kill 命令

通常情况下，可以通过停止一个程序运行的方法来结束程序产生的进程。但有时由于某些原因，程序停止响应，无法正常终止，这就需要用 kill 命令来杀死程序产生的进程，从而结束程序的运行。kill 命令不但能杀死进程，同时也会杀死该进程的所有子进程。命令格式如下。

```
kill [-signal] PID
```

其功能是杀死系统进程。

其中：PID 是进程的识别号；signal 是向进程发出的进程信号。表 13-2 所示为常用信号的说明。

表 13-2 常用信号的说明

信号	数值	用途
SIGHUP	1	从终端上发出的结束信号
SIGINT	2	从键盘上发出的中断信号（Ctrl+C）
SIGKILL	9	kill 命令默认的终止信号
SIGTERM	15	kill 命令默认的终止信号
SIGCHLD	17	子进程中止或结束的信号

要终止一个进程首先要知道它的 PID，这就需要用到上面介绍过的 ps 命令。例如，用户的 xterm 突然停止响应了，无法接收用户的输入，也无法关闭，可以进行如下操作。

（1）找到 xterm 对应的进程的 PID。

```
[root@localhost ~]# ps aux|grep xterm
root  1621 0.0 1.3 6980 1704 tty1  S  Aug01 0:01[xterm]
root  1920 0.0 1.9 6772 2544 tty1  S 00:41  0:00[xterm]
root  1921 0.0 0.5 3528  664 pts/1 R 00:41  0:00 grep xterm
```

（2）杀死进程。

```
[root@localhost ~]# kill 1621
```

可以看到用户共启动了两个 xterm，可以通过两个 xterm 启动的先后顺序来判断哪个进程对应的是要杀死的 xterm，因为先启动的进程的 PID 总是要小于后启动的进程的 PID。默认情况下，kill 命令发送给进程的终止信号是 15，有些进程会不理会这个信号，这时可以用信号 9 来强制杀死进程，信号 9 是不会被忽略的强制执行信号。例如，如果上面的命令没有能够杀死 xterm，可以用信号 9 来结束它。

```
[root@localhost ~]# kill-9 1621
```

用户也可以用 killall 命令来杀死进程。和 kill 命令不同的是，在 killall 命令后面指定的是要杀死的进程的命令名称，而不是 PID；和 kill 命令相同的是，用户也可以指定发送给进程的终止信号（可以是信号的号码，也可以用信号的名称）。

例 13.9

要删除所有 Apache 的进程，可以用如下命令。

```
[root@localhost ~]# killall -9 httpd
```

由于 killall 使用进程名称而不是 PID，所以所有的同名进程都将被杀死。

13.3 守护进程

13.3.1 守护进程的概念

1. 什么是守护进程

通常，Linux 系统上提供服务的程序是由运行在后台的守护程序（Daemon）来执行的，即守护进程。一个实际运行中的系统一般会有多个这样的程序在运行。这些后台守护程序在系统开机后就运行了，并且在时刻地监听前台客户的服务请求，一旦客户发出了服务请求，守护进程便为它们提供服务。Windows 系统中的一些守护进程被称为“服务”。

按照服务类型，守护进程可以分为如下两类。

- 系统守护进程：如 atd、cron、lpd、syslogd、mingetty 等。
- 网络守护进程：如 sshd、httpd、sendmail、vsftpd、xinetd 等。

2. 网络守护进程

在 C/S 模式下，服务器监听（Listen）在一个特定的端口上等待客户连接。连接成功后，服务器和客户端通过端口进行数据通信。守护进程的工作就是打开一个端口，并且等待（Listen）进入连接。如果客户端产生一个连接请求，守护进程就创建（fork）一个子服务器响应这个连接，而主服务器继续监听其他的服务请求。

3. 守护进程的运行方式

（1）独立运行的守护进程。

独立运行的守护进程由 init 脚本负责管理，所有独立运行的守护进程的脚本在 /etc/rc.d/init.d/目录下。系统服务都是独立运行的守护进程包括：syslogd 和 cron 等。服务器监听在一个特点的端口上等待客户端的连接。如果客户端产生一个连接请求，守护进程就创建一个子服务器响应这个连接，而主服务器继续监听，以保持有多个子服务器等待下一个客户端请求。

（2）由 xinetd 管理的守护进程。

从守护进程的概念可以看出，系统所运行的每一种服务，都必须运行一个监听某个端口连接所发生的守护进程，这通常意味着资源浪费。为了解决这个问题，Linux 引进了“网络守护进程服务程序”的概念。CentOS6.4 使用的网络守护进程是 xinetd（eXtended InterNET services daemon）。

xinetd 能够同时监听多个指定的端口，在接受用户请求时，它能够根据用户请求的端口不同，启动不同的网络服务进程来处理这些请求。可以把 xinetd 看作一个管理启动服务的管理服务器，它决定把一个客户请求交给哪个程序处理，然后启动相应的守护进程。

系统不需要每一个网络服务进程都监听其服务端口。运行单个 xinetd 就可以同时监听所有服务端口，这样就降低了系统开销，保护了系统资源。但是当访问量大、经常出现并发访问时，xinetd 想要频繁启动对应的网络服务进程，反而会导致系统性能下降。查看系统为 Linux 服务提供哪种模式方法，在 Linux 命令行可以使用 pstree 命令，可以看到两种不同方式启动的网络服务。一般来说一些负载高的服务（如 sendmail、Apache 服务）是单独启动的。而其他服务类型都可以使用 xinetd 超级服务器管理。

13.3.2 xinetd

xinetd 是新一代的网络守护进程服务程序，提供类似于 inetd+tcp_wrapper 的功能，但是更加强大和安全。它具有以下特色。

- 支持对 tcp、udp、RPC 服务。
- 基于时间段的访问控制。
- 功能完备的 log 功能，即可以记录连接成功也可以记录连接失败的行为。
- 能有效防止 DoS 攻击(Denial of Services)。
- 能限制同时运行的同一类型的服务器数目。
- 能限制启动的所有服务器数目。
- 能限制 log 文件大小。
- 将某个服务绑定在特定的系统接口上，从而能实现只允许私有网络访问某项服务。
- 能实现作为其他系统的代理。如果和 ip 伪装结合可以实现对内部私有网络的访问。

在 CentOS 中，xinetd 是默认安装的。

13.3.3 守护进程管理工具

1. ntsysv 命令

通过 ntsysv 命令可以启动或停止某些服务，界面如图 13-1 所示。按照默认设置， ntsysv 命令只能配置当前运行级别的服务。如果要配置不同的运行级别，可使用“--level”选项来指定一个或者多个运行级别。比如，命令“ntsysv -level 345”表示配置运行级别 3、4、5 的服务。

使用空格键来选择或取消选择服务，使用上下键查看服务列表。要在服务列表和”确定”、”取消”按钮中切换，可以使用“Tab”键。“*”表明某服务被设为启动。按 F1 键会弹出每项服务的简短描述。

2. chkconfig 和 service 命令

（1）chkconfig 命令。

chkconfig 命令主要用来设置下次重新启动计算机以后的启动、停止服务，使用 chkconfig 命令不会立即自动启动或停止一项服务。命令格式如下。

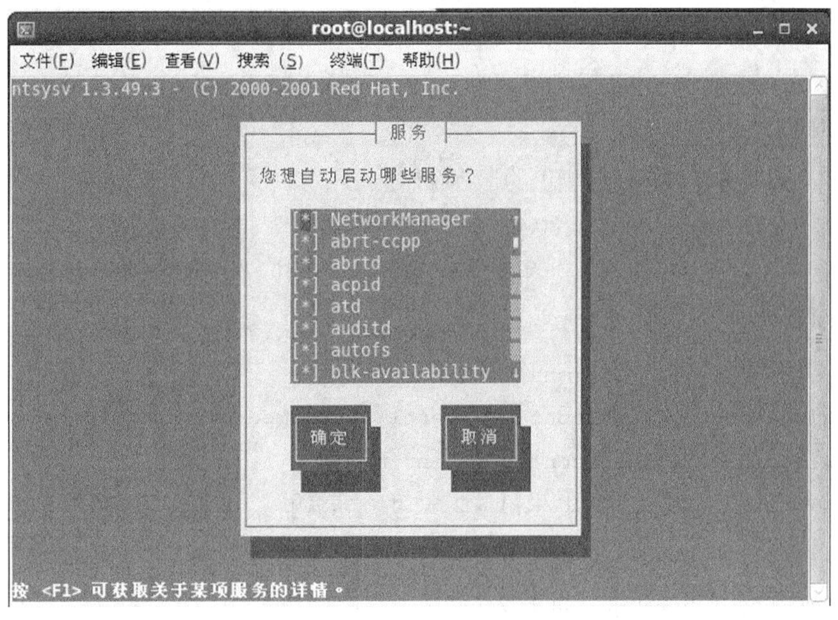

图 13-1　服务管理

chkconfig –list [服务名]（显示所有运行级别服务的运行状态信息（on 或 off）。如果指定了服务名，那么只显示指定的服务在不同运行级别的状态。）

chkconfig --add[服务名]（增加一项新的服务，chkconfig 确保每个运行级别有一项启动（S）或者杀死（K）入口。）

chkconfig --del[服务名]（删除服务，并把相关符号链接从/etc/rc[0-6].d 目录中删除。）

chkconfig [--leve][服务名][on|off|reset]（设置某一服务在指定的运行级别是被启动、停止还是重新启动。）

参数说明如下。

- --add：新增指定的系统服务。
- --del：删除指定的系统服务。
- --level：指定该系统服务要在哪个执行等级中开启或关闭。
- --list：列出当前可用 chkconfig 命令管理的所有系统服务和等级代号。
- on|off|reset：在指定的运行级别上开启 / 关闭 / 重启该系统服务。

例 13.10

查看各种运行级别中各项服务的情况。

```
[root@localhost ~]# chkconfig --list
NetworkManager   0:关闭   1:关闭   2:启用   3:启用   4:启用   5:启用   6:关闭
abrt-ccpp        0:关闭   1:关闭   2:关闭   3:启用   4:启用   5:启用   6:关闭
abrtd            0:关闭   1:关闭   2:关闭   3:启用   4:启用   5:启用   6:关闭
acpid            0:关闭   1:关闭   2:启用   3:启用   4:启用   5:启用   6:关闭
atd              0:关闭   1:关闭   2:关闭   3:启用   4:启用   5:启用   6:关闭
```

```
auditd          0:关闭   1:关闭   2:启用   3:启用   4:启用   5:启用   6:关闭
......
```

例 13.11

列出 named 服务在各运行级别上的运行状态。

```
[root@localhost ~]# chkconfig --list named
named           0:关闭   1:关闭   2:关闭   3: 关闭  4: 关闭  5: 关闭  6:关闭
```

例 13.12

在运行级别 3、4、5 上启动 named 服务。

```
[root@localhost ~]# chkconfig --level 345 named on
[root@localhost ~]# chkconfig --list named
named           0:关闭   1:关闭   2:关闭   3:启用   4:启用   5:启用   6:关闭
```

例 13.13

在运行级别 3、4 上停止 named 服务。

```
[root@localhost ~]# chkconfig --level 34 named off
[root@localhost ~]# chkconfig --list named
named           0:关闭   1:关闭   2:关闭   3:关闭   4:关闭   5:启用   6:关闭
```

例 13.14

对 httpd 服务设置没有选择运行级别的启动。

```
[root@localhost ~]# chkconfig --list httpd
named           0:关闭   1:关闭   2:关闭   3:关闭   4:关闭   5: 关闭  6:关闭
[root@localhost ~]# chkconfig httpd on
[root@localhost ~]# chkconfig --list httpd
named           0:关闭   1:关闭   2: 启用  3: 启用  4: 启用  5:启用   6:关闭
```

例 13.15

添加一个由 chkconfig 管理的 httpd 服务。

```
[root@localhost Packages]# chkconfig --add  httpd
```

（2）service 命令。

命令格式如下。

```
service[服务名][start|stop|restart|status]
```

其功能是：使用 service 命令可以启动或停止守护进程，service 命令执行后立即生效。

参数说明如下。

- start：启动服务。
- stop：停止服务。
- status：重新启动服务。
- status：查看状态服务。

例 13.16

停止 named 服务。

```
[root@localhost Packages]# service named stop
停止 named: .                                              [确定]
```

例 13.17

开启 named 服务。

```
[root@localhost Packages]# service named start
启动 named:                                                [确定]
```

例 13.18

重启 named 服务。

```
[root@localhost Packages]# service named restart
停止 named:                                                [确定]
启动 named:                                                [确定]
```

例 13.19

查看 named 服务的状态。

```
[root@localhost Packages]# service named status
version: 9.8.2rc1-RedHat-9.8.2.0.17.rc1.el6
CPUs found: 2
worker threads: 2
number of zones: 19
debug level: 0
xfers running: 0
xfers deferred: 0
soa queries in progress: 0
query logging is OFF
recursive clients: 0/0/1000
tcp clients: 0/100
server is up and running
named (pid  3447) 正在运行...
[root@localhost Packages]#
```

习题 13

填空题

1. 结束后台进程的命令是________。
2. cron 后台常驻程序（daemon）用于________。

3. 命令“kill 9”的含义是______。
4. 进程的运行有两种方式，即______和______。
5. 在超级用户下显示 Linux 系统中正在运行的全部进程，应使用的命令及参数是______。
6. DNS 服务器的进程命名为______。
7. 在 DNS 系统测试时，设 named 进程号是 53，命令______通知进程重读配置文件。
8. 进程的查看和调度分别使用______命令。
9. 请求后台进程的符号是______。
10. 改变运行进程级别的命令是______。

实训 13

1. 练习守护进程管理工具（ntsysv 命令、chkconfig 命令、service 命令）的使用。
2. 查看系统状况 $ top。

显示更新 10 次后退出：

```
$ top -n 10
```

将更新显示 2 次的结果输出到名称为 top.log 的档案里：

```
$ top -n 2 -b > top.l
```

3. 将 ls 命令的优先权等级加 1 并且执行 ls 命令：

```
$ nice -n 1 ls
```

4. 新建 user1 用户，将进程 ID 为 3167 的进程与进程拥有者为 user1 的优先权等级加 1。
5. 使用 kill 命令来终止进程# kill 156275；使用 kill 命令来终止进程# kill 15627。

PART 14 第 14 章 服务与计划任务

本章教学重点

- Linux 服务管理
- SSH 服务器的简介及客户端的使用
- 作业控制

14.1 Linux 服务管理

14.1.1 Linux 服务管理工具

Linux 提供了两种服务（守护进程）管理工具：ntsysv 和 chkconfig，可以根据具体需要灵活选用。

1．ntsysv

ntsysv 工具为启动或停止服务提供了简单的界面。ntsysv 可用来启动或关闭由 xinetd 管理的服务。还可以使用 ntsysv 来配置运行级别。例如，命令“ntsysv --level 345”配置运行级别 3、4 和 5。

2．chkconfig

chkconfig 命令也可以用来激活和解除服务。“chkconfig --list”命令显示系统服务列表，以及这些服务在运行级别 0～6 中已被启动（on）还是停止（off）。chkconfig 还能用来设置某一服务在某一指定的运行级别内被启动还是停止。命令格式如下。

```
chkconfig[--add][--del][--list][系统服务]
chkconfig[--level<等级代号>][系统服务][on/off/reset]
```

chkconfig 是 Red Hat 公司遵循 GPL 规则所开发的程序，它可查询操作系统在每一个执行等级中会执行哪些系统服务，其中包括各类常驻服务。

主要参数如下。

- --add：增加所指定的系统服务，让 chkconfig 指令可以管理它，同时在系统启动的叙述文件内增加相关数据。
- --del：删除所指定的系统服务，不再由 chkconfig 指令管理，同时在系统启动的叙述文件内删除相关数据。
- --level<等级代号>：指定系统服务要在哪一个执行等级中开启或关闭。

例 14.1

要在运行级别 3、4、5 中停止 nfs 服务，可使用下面的命令。

```
chkconfig --level 345 nfs off
```

14.1.2 服务管理

Linux 的服务都是以脚本的方式来运行的，存在于 /etc/init.d 目录下所有的脚本就是服务脚本，通过该脚本可对服务进行控制，包括启动、停止、重启、状态等，服务脚本操作及作用如表 14-1 所示。

表 14-1 服务脚本操作

操作	作用
start	启动服务
stop	停止服务
restart	关闭服务，然后重新启动
reload	使服务不重新启动而重读配置文件
status	提供服务的当前状态
condrestart	如果服务锁定，则关闭服务，然后再次启动

比如，要重新启动 samba，则可以用 root 用户运行下面两个命令，效果一样。

```
# /etc/init.d/smb restart
# service smb restart
```

14.2 SSH 服务器的简介及客户端的使用

14.2.1 SSH 服务器简介

1．什么是 SSH

传统的网络服务程序，如 ftp、pop 和 telnet 在本质上都是不安全的，因为它们在网络上用明文传送口令和数据，别有用心的人可以非常容易地截获这些口令和数据。而且，这些服务程序的安全验证方式也是有其弱点的，就是很容易受到“中间人”（man-in-the-middle）这种方式的攻击。所谓“中间人”的攻击方式，就是“中间人”冒充真正的服务器接收你传给服务器的数据，然后再冒充你把数据传给真正的服务器。服务器和你之间的数据传送被“中间人”做了手脚转手之后，就会出现很严重的问题。

SSH的英文全称是Secure Shell。通过使用SSH，可以把所有传输的数据进行加密，这样“中间人”这种攻击方式就不可能实现了，而且也能够防止DNS和IP欺骗。还有一个额外的好处就是传输的数据是经过压缩的，所以可以加快传输的速度。SSH有很多功能，它既可以代替telnet，又可以为ftp、pop甚至ppp提供一个安全的“通道”。

最初SSH是由芬兰的一家公司开发的。但是因为受版权和加密算法的限制，现在很多人都转而使用OpenSSH。OpenSSH是SSH的替代软件，而且是免费的。

2. SSH的安全验证是如何工作的

从客户端来看，SSH提供两种级别的安全验证。

第一种级别（基于口令的安全验证）。只要知道自己的账号和口令，就可以登录到远程主机。所有传输的数据都会被加密，但是不能保证正在连接的服务器就是你想连接的服务器。可能会有别的服务器在冒充真正的服务器，也就是受到“中间人”这种方式的攻击。

第二种级别（基于密匙的安全验证）。需要依靠密匙，也就是必须为自己创建一对密匙，并把公用密匙放在需要访问的服务器上。如果要连接到SSH服务器上，客户端软件就会向服务器发出请求，请求用密匙进行安全验证。服务器收到请求之后，先在该服务器的家目录下寻找公用密匙，然后把它和发送过来的公用密匙进行比较。如果两个密匙一致，服务器就用公用密匙加密“质询”（challenge）并把它发送给客户端软件。客户端软件收到“质询”之后就可以用私人密匙解密再把它发送给服务器。

用这种方式，就必须知道自己密匙的口令。但是，与第一种级别相比，第二种级别不需要在网络上传送口令。

第二种级别不仅加密所有传送的数据，而且“中间人”这种攻击方式也是不可能的（因为他没有你的私人密匙）。但是整个登录的过程可能需要10秒。

14.2.2 SSH服务器的配置与访问

1. 启动SSH服务

常用的启动方式有两种。

```
server sshd start
```

或

```
/etc/init.d/sshd start
```

其中，第二种启动方式为最原始的启动方式。

SSH服务器监听的端口为22号端口。

2. SSH服务器配置文件简介

SSH的配置文件存放在/etc/ssh/目录中，在此目录中存放了两个基于的配置文件sshd_config与ssh_config，前一个文件是SSH服务端的配置文件，后一个为SSH客户端的配置文件。

Linux系统通常会在SSH服务器中禁止root直接登录，因此，要想root直接使用SSH登录系统需要修改其配置文件。步骤如下。

（1）被远程访问的一方必须启动SSH服务。

（2）在启动 SSH 服务前需要修改它的配置文件/etc/ssh/sshd_config，将其中的 Permit RootLogin no 注释掉。同时取消 PermitRootLogin yes 的注释。

另外，在这个目录中还存放有 ssh_host 开头的文件，这些文件均为密钥文件。

3．SSH 客户端访问 SSH 服务器的认证

在默认的情况下，客户端在访问 SSH 服务器的时候需要通过密钥（publickey）与密码（password）认证，任何一种认证没有通过都无法访问。publickey 默认不开启，需要配置为 yes。如果客户端不存在.ssh/id_rsa，则使用 password 授权；存在.ssh/id_rsa 则使用 publickey 授权；如果 publickey 授权失败，依然会继续使用 password 授权。

在某些时候，如果每次都输入用户名与密码将会带来管理上的麻烦。如果想直接通过密钥访问而不需要提供密码，可以把 SSH 客户端产生的私钥复制到 SSH 服务器中去，然后客户端登录服务器的时候，由于两者之间在 SSH 要联机的信号传递中就已经比对了公钥和私钥，因此可以直接进行数据的传输，而不需要输入密码。操作步骤如下。

（1）在 SSH 客户端建立公钥和私钥，使用命令 ssh-keygen。

（2）将私钥放在 SSH 客户端的默认目录（$HOME/.ssh/）下，并修改权限为用户可读的状态。

（3）把公钥放入任何一个想要用来登录的 SSH 服务器中的用户默认目录内的.ssh/里，即可完成这个程序。

4．SSH 客户端连接 SSH 服务器

客户端要连接 SSH 服务器很简单，使用 SSH 命令即可。

（1）直接登录对方的主机。

```
ssh 用户名@主机名
或
ssh 服务器 IP
```

（2）不登录对方主机，直接在对方主机上执行命令。

```
ssh 用户@主机名 命令
或
ssh 服务器的 IP  命令
```

5．Windows 客户端联机 Linux 工具

在 Linux 系统下要想连接 SSH 服务器，可直接使用 SSH 命令。Windows 环境下要想连接 SSH 服务器必须通过第三方软件才能实现。目前市面上比较常用的有：putty 和 SSHSecureShellClient 等。其中 putty 方便快捷有效，而 SSHSecureShellClient 则能提供 Windows 与 Linux 之间文件共享的功能。

以 putty 为例：在 hostname 位置输入要登录的主机名称，选择端口 22（默认），单击“open”按钮，输入正确的用户名和密码即可登录。

6．SSH 的远程复制工具 scp

scp 是基于 SSH 的安全远端复制工具，相对于 ftp 而言比较简单。

scp 命令格式如下。

（1）将本地文件拷贝到远端主机。

```
scp 文件  用户@主机名:远端目录
```

例 14.2

在网络连通的前提下，将本地文件/root/HA.rpm 复制到远端主机（IP：192.168.90.2）的 root 目录，在本地机的命令窗口执行如下命令。

```
# scp  /root/HA.rpm  root@192.168.90.2:/root/
```

（2）将远端目录拷贝到本地。

```
scp -r 用户@主机名:远端目录 本地目录
```

例如：远程复制 192.168.90.2:/root/HA.rpm 文件到本机/root 目录。

```
# scp root@192.168.90.2:/root/HA.rpm  /root
```

课堂练习

根据前面所学，用密钥而不用密码实现从服务器 A 机（IP：192.168.18.137）通过 SSH 方式直接登录到 B 机（IP：192.168.18.120）上。假设 A、B 机的用户均为 root。具体操作步骤如下。

（1）A 主机生成公、私密钥证书。

```
[root@A ~]#ssh-keygen -t rsa     #生成公、私秘钥证书，一直回车确认
[root@A .ssh]# cd ~/.ssh         #进入.ssh 目录
```

（2）将 A 机的公钥 id_rsa.pub 传到 B 机上。

```
[root@B~]#mkdir .ssh
[root@A .ssh]scp  id_rsa.pub  192.168.18.120:$HOME/.ssh    #ip 为 B 机 IP，发送时需要输入 B 机登入密码
```

（3）登入 B 机重命名公钥。

```
[root@B~] cd .ssh
[root@B .ssh]#mv  id_rsa.pub  authorized_keys（必须要这个名字）
```

（4）测试执行。

```
[root@A ~]#ssh 192.168.18.120     #从 A 机登录 B 机
登入成功！
[root@B~]#ifconfig     #验证是不是 B 机 IP：192.168.18.120
```

（5）ssh 连接安全。

修改配置文件/etc/ssh/sshd_config（服务器端配置文件）、/etc/ssh/ssh_config（客户端配置文件）。

① 确认 2 个配置文件的 port 端口一样（默认为 22 端口）。

② 设置只使用密钥（取消密码验证）。

将/etc/ssh/sshd_config 中的 PasswordAuthentication 后面的 yes 改为 no。

③ 如果要设置只允许某个用户登录可执行如下操作。

在/etc/ssh/sshd_config 中加入：AllowUsers “用户名”。

④ 用 ssh -p 端口 IP 登录。

如果客户端执行 ssh 报错：

```
Permission denied (publickey，gssapi-keyex，gssapi-with-mic).
```

则是因为 SELinux 处于开启状态，关闭 SELinux 即可解决此问题。有两种关闭方法：

① 暂时关闭 SELinux（重启后恢复），命令如下：

```
setenforce 0
```

② 永久关闭（需要重启后生效），设置方法如下：

```
vi /etc/selinux/config
SELINUX=disabled
```

14.3 作业控制

Linux 系统提供了 at 和 cron 命令，使系统和用户可以定时运行指定的程序，而不需手动启动。

1．at 命令

at 命令用于在一定的时间后或在一定的时刻执行设置好的命令。at 命令使用一个时间参数表示何时执行命令，然后就从标准输入中读入要执行的命令，此时就如同在 shell 下操作一样输入要执行的命令，最后使用<Ctrl>+d 退出输入命令的模式。用户不必担心真正执行命令时是否能够找到正确的程序，at 会将当前 shell 的设置，包括环境变量，保留起来，以便在执行命令时创造一个与启动 at 时完全相同的执行环境。举例如下。

```
$ at 1:00am +2days
echo Hello | mail root
<Ctrl>+d
```

上面命令将在两天后的凌晨 1:00 发邮件给 root。当然，at 命令并不是十分精确，其执行时间只是表示大概时间，可能与标准时间存在一两分钟的差异。at 也支持各种复杂的时间表示方法，可以使用 hhmm，hh:mm，或者加上 am 或 pm 结尾的 12 小时制方式。还可以使用年月日，规定程序运行的日期。

在上例中，用户的 at 程序执行结果也将被系统邮寄给该用户，用户可以使用 mail 来查看程序的输出结果或执行错误。当用户启动 at 命令之后，可以使用 atq 命令来查看自己还没有执行的 at 命令，如果 atq 是由 root 执行，则将列出系统中所有没有执行的 at 命令。然后可以使用 atrm 命令根据 atq 输出的 Job 号来删除 at 作业。at 系统命令如下。

at，batch，atq，atrm：安排，检查，删除队列中的工作。其命令格式分别如下。

```
at [-V] [-q 队列] [-f 文件名] [-mlbv] 时间
at -c 作业 [作业]
atq [-V] [-q 队列] [-v]
```

```
atrm [-V]作业[作业]
batch [-V][-q队列][-f 文件名][-mv][时间]
```

at：在设定时间执行作业。

atq：列出用户排在队列中的作业，如果是超级用户，就列出队列中所有的作业。

atrm：删除队列中的作业。

batch：用低优先级运行作业，只要系统的 loadavg（系统平均负载）<1.5（或者在 atrun 中设定的值），它就可开始执行作业。

超级用户可以在任何情况下使用 at 系列的命令。一般用户使用 at 系列命令的权限由文件 /etc/at.allow，/etc/at.deny 控制。如果/etc/at.allow 存在，则只有列在这个文件中的用户才能使用 at 系列命令。如果/etc/at.allow 文件不存在，则检查/etc/at.deny 这个文件。只要不列在这个文件中的用户都可以使用 at 系列的命令。默认的配置是文件/etc/at.deny 是一个空文件，这表明所有的用户都可以使用 at 系列的命令。

例 14.3

在两天后上午 8 点执行文件 workfile 中的作业，可使用如下命令。

```
$ at -f workfile 8am+2days
```

2．crontab 命令

crontab 用于周期性地执行一个命令，这些命令一般都是用于系统日常维护的。为了使用它，必须编辑/etc/crontab 文件。Linux 的/etc/crontab 文件内容如下。

```
----------------------------------------------------------------------------
SHELL=/bin/bash
PATH=/sbin:/bin:/usr/sbin:/usr/bin
MAILTO=root
HOME=/

# For details see man 4 crontabs

# Example of job definition:
# .---------------- minute (0 - 59)
# |  .------------- hour (0 - 23)
# |  |  .---------- day of month (1 - 31)
# |  |  |  .------- month (1 - 12) OR jan, feb, mar, apr ...
# |  |  |  |  .---- day of week (0 - 6) (Sunday=0 or 7) OR sun, mon, tue,
wed, thu, fri, sat
# |  |  |  |  |
# *  *  *  *  *  command to be executed
----------------------------------------------------------------------------
```

在这种书写的格式中，第一列为分钟，规定每小时的第几分执行相应的程序，第二列为每天第几小时执行程序，第三列为每月的第几天，第四列为第几周，第五列为每周的第几天，第六列为执行该文件的用户身份，第七列为要执行的命令。

crontab 用于操作每个用户的守护程序和执行的时间表，常格式如下。

crontab file [-u user]——用指定的文件替代目前的 crontab。

crontab - [-u user]——用标准输入替代目前的 crontab。

crontab -l [user]——列出用户目前的 crontab。

crontab -e [user]——编辑用户目前的 crontab。

crontab -d [user]——删除用户目前的 crontab。

crontab -c dir——指定 crontab 的目录。

crontab 文件的格式:MHDmdcmd

- M:分钟（0~59）。
- H:小时（0~23）。
- D:天（1~31）。
- m:月份（1~12）。
- d:一星期内的天（0~6，0 为星期天）。
- cmd:要运行的程序，程序被送入 shell 执行，这个 shell 只有 USER，HOME，SHELL 3 个环境变量。

例 14.4

列出用户目前的 crontab。

```
$crontab -l
$MIN HOUR DAY MOUTH DAYOFWEEK COMMAND
8 6 *** clear
```

普通用户也可以使用 crontab -e 命令来创建和维护自己的 crontab 文件。由于普通用户不能更改执行程序的标识，因此用户的 crontab 就不需第六列执行程序的用户身份，只要直接跟随要执行的命令即可。普通用户只能查看自己的 crontab 文件，只有 root 用户才能查看其他用户的 crontab 文件。

启动、重启、查看 cron 服务的命令如下。

```
service crond start/restart/status
或
/etc/init.d/crond start/restart/status
```

下面看 3 个例子。

例 14.5

将/usr/local/message 的文件打印并在每周三 23:55 邮寄给用户 ftp。

```
$ crontab -e （添加下面一行内容）
55 23 ** 03 lp /usr/local/message | mail s todays message root
```

在上述书写中，字段中的“*”意义是任何有效值，而不能进行忽略。

在最后一列执行命令的书写中，可以包括任何 shell 中有效的符号，如管道、分号等。

例 14.6

设有一个程序 telltime 是用来自动报时用的，需要在每日的 6:00，8:00，12:00 得到程序的报时，这时可以将这些需要执行程序的各个时间字段用逗号隔开，具体如下。

```
0 6, 8, 12 *** telltime
```

将这一行指令书写完后，存为例如 cronfile 的文件中，接着执行 crontab 进行安装，操作如下。

```
$ echo "0 6, 8, 12 * * * telltime" > cronfile
$ crontab cronfile
```

使用这种方式，crontab 可以重写用户已经存在的 crontab 文件，保护已经启动的自动任务。

例 14.7

设置每周六、周日的 1:10 查找系统中的 core 文件，并将这些文件删除。

```
10 1 * * 6, 0 /bin/find -name "core" -exec rm {} \;
```

如果让配置文件生效，需要重新启动 cron 服务。

习题 14

简答题

1. Linux 各服务的启动命令存放在什么位置?
2. 要设置在运行级别 3、5 中运行 SSH 服务的命令是什么?
3. 父进程与子进程的关系是什么?
4. nice 值的大小与其进程运行的速度是什么关系?
5. 查看后台作业的命令是什么？如何激活后台暂停的进程?
6. 如何设置 Linux 主机允许 root 用户通过 SSH 来登录?

实训 14

一、实训目的

从终端只用秘钥验证的方法，通过 SSH 远程登录进入 SSH 服务器，设置其 cron 调度，要求在每周日晚上 23:30 删除/tmp 目录下的全部内容，同时查找系统中的 core 文件，并将这些文件删除；设置 at 调度，要求在 5 分钟后向登录到系统上的所有用户发送“Welcome you!”信息。

二、实训内容

（1）准备两台 Linux 系统，一台为服务器 server1（IP:192.168.1.1），另一台为客户端 user1（IP:192.168.1.100），测试两系统，确保能联通。

（2）检查 server1 和 user1 系统是否安装 SSH 服务，如果没有，则安装 OpenSSH。

（3）配置两系统，实现仅用秘钥验证登录。

（4）user1 通过 SSH 登录 server1 系统，并在 server1 系统设置作业。

（5）设置 cron 调度。

（6）设置 at 调度。

PART 15 第 15 章 设备管理与文件系统

本章教学重点

- 设备管理
- 文件系统管理
- Linux 下卷标的使用
- iSCSI 技术的应用

15.1 设备管理

1. MAKEDEV

MAKEDEV 的使用方法如下。

```
MAKEDEV -V
MAKEDEV [ -n ] [ -v ] update
MAKEDEV [ -n ] [ -v ] [ -d ] device ...
```

使用说明如下。

MAKEDEV 是一个脚本程序，用于在/dev 目录下建立设备，通过这些设备文件可以访问位于内核的驱动程序。这个命令可以用于新增/dev/下的装置档案，多数 distribution 已经将所有的档案生成，故一般而言不太会需要用到这个命令。

注意

如果应用程序显示出错信息 ``ENOENT: No such file or directory，一般指设备文件不存在，而``ENODEV: No such device 则表明内核没有配置或装载相应的驱动程序。

2. 配置 setclock 脚本

setclock 脚本从硬件时钟，也就是 BIOS 或 CMOS 时钟读取时间。如果硬件时钟设置为 UTC，该脚本会使用/etc/localtime 文件将硬件时钟的时间转换为本地时间。没有办法自动检测硬件时钟是否设置为 UTC 时间，需要手动设置。

如果不知道硬件时钟是否设置为 UTC 时间，运行 hwclock --localtime --show 命令，将显示硬件时钟当前的时间。首先看是否为本地时间，如果 hwclock 显示的不是本地时间，就有可能设置的是 UTC 时间，可以通过在所显示的 hwclock 时间加上或减去自己所在时区的小时数来验证。例如，如果自己所在的时区是 MST（美国山区时区），已知是 GMT -0700，在本地时间上加 7 小时。

如果你的硬件使用的不是 UTC 时间，就必须将 UTC 变量值设为 0（零），而“UTC=1”表示使用的是 UTC 时间。

运行下面的命令新建一个 /etc/sysconfig/clock 文件。

```
cat > /etc/sysconfig/clock << "EOF"
# Begin /etc/sysconfig/clock
UTC=1
# End /etc/sysconfig/clock
EOF
```

15.2 文件系统管理

1. 建立文件系统

Linux 文件系统的建立是通过 mkfs 命令来完成的。用 mkfs 命令可以在任何指定的块设备上建立不同类型的文件系统。对于每个不同种类的文件系统，使用的都是不同的单独程序。mkfs 只是对于不同文件系统确定运行何种程序的一个外壳而已。

一般最常用的 mkfs 命令格式如下。

```
mkfs [-v] [-t fs-type] [fs-options] device [size]
```

其中各参数的意义如下。

- -v：强迫产生长格式输出。
- -t fs-type：选择文件类型。
- fs-options：将要建立的文件系统选项，它可以是下面的选项。
  - ◆ -c：搜索坏块并初始化相应的坏块表。
  - ◆ -l filename：从文件 filename 中读初始的坏块表。
  - ◆ -v：让实际建造的文件系统程序产生长格式输出。
- device：文件系统所在设备号。
- size：文件系统大小。

例 15.1

在软盘上建立一个 ext2 文件系统。

```
#mkfs t ext2 /dev/fd0
```

命令运行后，软盘上已建立好 ext2 文件系统，可以对其进行加载或读写操作，并在必要时写入/etc/fstab 文件中，以便在引导时安装。

2. 安装文件系统

一个文件系统，如果其存在但却未被合并到可存取文件系统结构中，则称为卸下的文件系统。如果它已经被并入到可存取的文件系统结构中，则称其为已安装的文件系统。一个文件系统在使用之前，必须进行安装；只有安装后的文件系统，用户才能对其进行一般的文件操作。文件系统可以在系统引导过程中自动安装，也可以使用 mount 命令手动安装。

多数情况下，用户需要使用的文件系统是比较固定的，不会经常变化。如果每次使用时都需要重新安装这是很麻烦的，因此，可以方便地定义一个系统，在引导时自动安装文件系统的方法。通过修改/etc/fstab 文件中的表项来选择启动时需要安装的文件系统。在内核引导过程时，它首先从 GRUB 指定的设备上安装根文件系统，随后将加载/etc/fstab 文件中列出的文件系统。/etc/fstab 指定了该系统中的文件系统的类型、安装位置及可选参数。fstab 是一个文本文件，可以用任何编辑软件进行修改，但应在修改前做好备份，因为破坏或删除其中的任何一行将导致下次系统引导时该文件系统不能被加载。该文件被称为文件系统安装表，其中每一行代表一个需要安装的文件系统，其格式如下。

```
device  mnt  type  options  dump  passno
```

各参数说明如下。

- device：指定需要安装的文件系统。
- mnt：指定文件系统的安装点。对交换文件使用 none。
- type：指定安装文件系统的类型，目前支持的类型有 minix，ext，ext2，ext3，xiafs，msdos，hpfs，iso9660，nfs，swap，umsdos，sysv。
- options：使用逗号隔开的安装选项列表，至少需要指出文件系统的安装类型。
- dump：指定两次备份之间的时间。
- passno：指定系统引导时检查文件系统的顺序，根系统值为 1，其余值为 2，如果此值没有指定，则引导时文件系统不被检查。

下面是一个实际的/etc/fstab 文件。

```
$ vi /etc/fstab
/dev/hda3    /            ext3    defaults    1   1
/dev/hda5    /dos         vft     defaults    0   0
/dev/fdo     mnt/floppy   ext3    noauto      0   0
/dev/cdrom   /mnt/cdrom   iso9660 noauto      0   0
```

其中，/dev/hda3 是根文件系统，使用 ext3 文件系统类型，安装选项是默认值；/dev/hda5 是 Windows 95/98 的 vFAT 文件系统，/dev/fdo 与/dev/cdrom 分别是软驱和光驱。

还要说明的一点是，所谓的默认值 defaults 代表以下选项：设定为可读/写文件系统；允许执行二进制文件；可以使用 mount a 命令安装该系统；不允许普通用户安装该系统；所有 I/O 操作均采用异步执行的方式。

除了在系统引导时自动安装文件系统以外，用户也可以使用 mount 命令实现对文件系统的手动安装。mount 命令用于告诉 Linux 系统内核将一个文件系统合并到可访问的文件系统结构中。

mount 命令的格式如下。

```
mount [-t type] device  dir
```

各参数说明如下。

- device：设备名。
- dir：安装点。

例 15.2

```
$ mount  /dev/sda1 /mnt/usb1
```

该命令把 U 盘/dev/sda1 的文件系统安装到/mnt/usb1 下。

```
$ mount /dev/cdrom /mnt/cdrom
```

该命令把光盘/dev/cdrom 的文件系统安装到/mnt/cdrom 下。

mount 命令还带有许多参数，如下。

- –f: 完成每步操作，但不真正安装文件系统。
- –v: 长格式模式。
- –w: 安装有读/写权限的文件系统。
- –r: 安装只读文件系统。
- –n: 不把条目写入/etc/mtab 的文件。
- –a: 安装/etc/fstab 中所有文件系统。

注意

在安装文件系统之前，设备上必须已经建立了文件系统，并且安装时指明的文件系统类型应与建立的文件系统类型一致。

3. 卸下文件系统

文件系统的卸载与安装是相反的过程。当不再使用一个文件系统时，可以将其卸载。

除了根文件系统外，其他文件系统都是可以卸载的。常用的是对于 U 盘和光盘上的文件系统，每更换一次盘就必须安装/卸载一次。

卸载文件系统可使用 umount 命令，其格式如下。

```
umount  设备名| 安装点
```

该命令使用设备名或者安装点作为参数，用于卸载设备名或者安装点所对应的文件系统。

umount 命令卸载文件时容易犯的错误是卸载正在使用的文件系统。在这种情况下，应该退出安装目录并通知在此目录下工作的其他用户也一起退出，然后再执行 umount 命令。

只有超级用户才能使用 mount 和 umount 命令。

注意

如果文件系统已在/etc/fstab 中出现，则加载时只需指出安装位置或设备名称，如：#mount/home 与此相对应，卸载一个文件系统的命令为 umount，将文件系统/home 卸载：#umount /home。

15.3 Linux 下卷标的使用

修改 Linux 分区的卷标可以用 e2label。比如要把/dev/sda1 的卷标改为/boot，则可以使用如下命令。

```
$ e2label /dev/sda1 /boot
```

查看 Linux 分区文件系统卷标可以使用如下命令。

```
$ e2label /dev/sda1
/boot
```

在 Linux 中如何修改 Windows 分区的卷标呢？我们要用到两个工具。

vFAT 文件系统，可以使用来自 dosfstools 软件包的 dosfslabel；对于 NTFS 文件系统，可以使用来自 ntfsprogs 软件包的 ntfslabel。

dosfslabel 用于 vFAT 分区，命令格式如下。

```
dosfslabel device [label]
```

如修改 vFAT 分区（FAT16，FAT32 均可）卷标

```
$ dosfslabel /dev/sda5 /windows
```

查看 vFAT 分区卷标可使用如下命令。

```
$ dosfslabel /dev/sda5
```

ntfsprogs 用于 NTFS 分区，命令格式如下。

```
ntfslabel device [label]
```

如修改 NTFS 分区卷标可使用如下命令。

```
$ ntfslabel /dev/sda6 /xp
```

查看 NTFS 分区卷标可使用如下命令。

```
$ ntfslabel /dev/sda6 /xp
```

15.4 iSCSI 技术的应用

iSCSI（互联网小型计算机系统接口）是一种在 Internet 协议网络上，特别是以太网上进行数据块传输的标准，集成了 IP 和 SCSI 的技术。它最大的特点就是让标准的 SCSI 命令能够在 TCP/IP 网络上的主机系统（启动器）和存储设备（目标）之间传送。与光纤通道相比，iSCSI 具有许多优势，用 iSCSI=低廉+高性能这个等式来表示再恰当不过。iSCSI 是基于 IP 协议的技术标准，实现了 SCSI 和 TCP/IP 协议的连接，那些以局域网为网络环境的用户只需要少量的投入，就可以方便、快捷地对信息和数据进行交互式传输和管理。相对于以往的网络接入存储，iSCSI 的产生解决了开放性、容量、传输速度以及兼容性等许多问题，让用户可以通过现有的 TCP/IP 网络来构建存储区域网，能够更容易地管理 SAN 存储。

Linux 网络环境 iSCSI 技术的实现主要有 3 种方式。

1. 纯软件方式

服务器采用普通以太网卡来进行网络连接，通过运行上层软件来实现 iSCSI 和 TCP/IP 协

议栈功能层。这种方式由于采用标准网卡，无需额外配置适配器，因此硬件成本最低，但性能最差。因为在这种方式中，服务器在完成自身工作的同时，还要兼顾网络连接，使主机运行时间加长，系统性能下降。这种方式比较适合于预算较少，并且服务器负担不是很大的用户。目前，MicrosoftWindows、IBMAIX、HP-UX、Linux、NovellNetware 等各家操作系统，皆已陆续提供这方面的服务。

2．iSCSITOE 网卡实现方式

在这种方式中，服务器采用特定的 TOE 网卡来连接网络，TCP/IP 协议栈功能由智能网卡完成，而 iSCSI 技术层的功能仍旧由主机来完成。这种方式较前一种方式，部分提高了服务器的性能。在 3 种 iSCSIInitiator 中，价格比 iSCSIHBA 便宜，但比软件 Initiator 驱动程序贵，性能也居于两者之间。

3．iSCSIHBA 卡实现方式

使用 iSCSI 存储适配器来完成服务器中的 iSCSI 层和 TCP/IP 协议栈功能。这种方式使得服务器 CPU 无需考虑 iSCSI 技术以及网络配置，对服务器而言，iSCSI 存储器适配器是一个 HBA（存储主机主线适配器）设备，与服务器采用何种操作系统无关。该方式性能最好，但是价格也最为昂贵。在 3 种 iSCSIInitiator 中，价格最贵，但性能最佳。

实现步骤如下。

（1）准备工作。因为安装 iSCSI 驱动需要配合核心来编译，所以会使用到内核源代码，此外，也需要编译器（compiler）的帮助，因此，先确定 Linux 系统当中已经存在下列软件。kernel-source、kernel、gcc、perl、Apache。打开一个终端，使用以下命令检查。

```
#rpm-qa|grepgcc; rpm-qa|grepmake
#rpm-qa|grepkernel; rpm-qa|grepmake
```

iSCSI 根据内核版本下载相应的驱动，首先使用下面的命令查询目前所使用 Linux 的内核版本。

```
#uname-a
Linuxcao2.4.20-8#1ThuMar1317:54:28EST2003i686i686i386GNU/Linux
```

（2）得到版本信息后，到其官方网站下载系统所需的驱动。linux-iscsi-3.4.3.2.tgz 下载完成就可以使用下面的命令安装该组件，然后编译内核。

```
#tar-zxvflinux-iscsi-3.4.3.2.tgz
#cdlinux-iscsi-3.4.3.2
#makeclean
#make
#makeinstall
```

（3）修改配置文件开始进行修改的工作。

```
#vi/etc/iscsi.conf
Username=myaccount#用户名#
Password=iscsimy1Spw#口令#
DiscoveryAddress=192.168.11.201#iSCSI 储存设备的 IP 地址#
```

```
Username=myaccount
Password=iscsimy1Spw
```

（4）启动 iSCSI

```
#/etc/init.d/iscsistart
StartingiSCSI:iscsiiscsidfsck/mount
```

（5）使用 iscsi-ls 命令可以看到更为详细的磁盘信息。

习题 15

选择题

1. 关于文件系统的安装和卸载，下面描述正确的是（　　）。

A. 如果光盘未经卸载，光驱是打不开的

B. 安装文件系统的安装点只能是/mnt 下

C. 不管光驱中是否有光盘，系统都可以安装 CD-ROM 设备

D. mount /dev/fd0 /floppy，此命令中目录/floppy 是自动生成的

2. 通过文件名存取文件时，文件系统内部的操作过程是通过（　　）。

A. 文件在目录中查找文件数据存取位置

B. 文件名直接找到文件的数据，进行存取操作

C. 文件名在目录中查找对应的 i 节点，通过 i 节点存取文件数据

D. 文件名在目录中查找对应的超级块，在超级块查找对应 i 节点，通过 i 节点存取文件数据

3. 下列关于/etc/fstab 文件描述，正确的是（　　）。

A. fstab 文件只能描述属于 Linux 的文件系统

B. CD_ROM 和软盘必须是自动加载的

C. fstab 文件中描述的文件系统不能被卸载

D. 启动时按 fstab 文件描述内容加载文件系统

4. 在/etc/fstab 文件中指定的文件系统加载参数中，（　　）参数一般用于 CD-ROM 等移动设备。

A. defaults　　B. sw　　C. rw 和 ro　　D. noauto

5. 哪一条命令用来装载所有在/etc/fstab 中定义的文件系统？（　　）

A. amount　　B. mount -a　　C. fmount　　D. mount -f

实训 15　设备管理与文件系统

一、实训目的

（1）掌握设备管理的基础操作命令，学会挂载、卸载硬件设备。

（2）掌握分区及创建文件系统的方法。

（3）熟悉系统/etc 目录下重要的系统配置文件及其功能。

二、实训内容

（1）在命令行下执行#ntsysv，利用方向键上下移动选择内容。

（2）对于每一项系统服务使用 F1 键查找相应的帮助。

（3）使用文本阅读器阅读这些配置文件的内容。

在/etc 目录下使用 grep 命令。

比如想查找 cron 系统定时执行服务的相应配置文件，进入/etc 目录后，执行#grep cron *|more，显示结果如图 15-1 所示。

```
[root@localhost etc]# grep cron *|more
anacrontab:# /etc/anacrontab: configuration file for anacron
anacrontab:# See anacron(8) and anacrontab(5) for details.
anacrontab:1    65      cron.daily              run-parts /etc/cron.daily
anacrontab:7    70      cron.weekly             run-parts /etc/cron.weekly
anacrontab:30   75      cron.monthly            run-parts /etc/cron.monthly
crontab:01 * * * * root run-parts /etc/cron.hourly
crontab:02 4 * * * root run-parts /etc/cron.daily
crontab:22 4 * * 0 root run-parts /etc/cron.weekly
crontab:42 4 1 * * root run-parts /etc/cron.monthly
Binary file ld.so.cache matches
```

图 15-1 显示结果

会查找到多个 cron 开头的文件，其中 crontab 为所需文件。

（4）学会挂载 U 盘，把 U 盘/dev/sda1 的文件系统安装到/mnt/usb1 下。

```
#mount /dev/sda1 /mnt/usb1
```

（5）学会挂载硬盘，把硬盘/dev/hda2 的文件系统安装到/mnt/hda 下。

```
 # mount /dev/hda2 /mnt/had
```

附录1 shell正则表达式

正则表达式是烦琐的，但更是强大的。学会之后，可以极大地提高工作效率。只要认真去阅读这些资料，并在应用的时候进行一定的参考，掌握正则表达式不是问题。

1. 引言

目前，正则表达式已经在很多软件中得到广泛的应用，包括*nix（Linux、UNIX 等）和 HP 等操作系统，PHP、C#、Java 等开发环境，以及很多的应用软件中，都可以看到正则表达式的影子。

正则表达式可以通过简单的办法来实现强大的功能，也正是这一特点，使正则表达式代码较难被掌握。

2. 正则表达式的历史

正则表达式的“祖先”可以上溯至对人类神经系统如何工作的早期研究发现。Warren McCulloch 和 Walter Pitts 这两位神经生理学家研究出一种数学方式来描述神经网络。

1956 年，一位叫 Stephen Kleene 的数学家在 McCulloch 和 Pitts 早期工作的基础上，发表了一篇标题为“神经网事件的表示法”的论文，引入了正则表达式的概念。正则表达式就是用来描述他称为“正则集的代数”的表达式，因此采用“正则表达式”这个术语。

随后，人们发现可以将这一工作应用于使用 Ken Thompson 的计算搜索算法的一些早期研究，Ken Thompson 是 UNIX 的主要发明人。正则表达式的第一个实用应用程序就是 UNIX 中的 qed 编辑器。

从那时起直至现在正则表达式都是基于文本的编辑器和搜索工具中的一个重要部分。

3. 正则表达式定义

正则表达式（regular expression）描述了一种字符串匹配的模式，可以用来检查一个串是否含有某种子串、将匹配的子串做替换或者从某个串中取出符合某个条件的子串等。

列目录时，dir*.txt 或 ls*.txt 中的*.txt 就不是一个正则表达式，因为这里*与正则式的*的含义是不同的。

正则表达式是由普通字符（例如字符 a～z）以及特殊字符（称为元字符）组成的文字模式。正则表达式作为一个模板，将某个字符模式与所搜索的字符串进行匹配。

3.1 普通字符

由所有未显式指定为元字符的打印和非打印字符组成。这包括所有的大写和小写字母字符，所有数字，所有标点符号以及一些其他符号。

3.2 非打印字符

字符含义如下。

\cx 匹配由 x 指明的控制字符。例如，\cM 匹配一个 Control-M 或回车符。x 的值必须为 A～Z 或 a～z 之一。否则，将 c 视为一个原义的'c'字符。

- \f 匹配一个换页符。等价于\x0c 和\cL。
- \n 匹配一个换行符。等价于\x0a 和\cJ。
- \r 匹配一个回车符。等价于\x0d 和\cM。
- \s 匹配任何空白字符，包括空格、制表符、换页符等。等价于[\f\n\r\t\v]。
- \S 匹配任何非空白字符。等价于[^\f\n\r\t\v]。
- \t 匹配一个制表符。等价于\x09 和\cI。
- \v 匹配一个垂直制表符。等价于\x0b 和\cK。

3.3 特殊字符

所谓特殊字符，就是一些有特殊含义的字符，如上面说的“*.txt”中的*，简单地说就是表示任何字符串的意思。如果要查找文件名中有*的文件，则需要对*进行转义，即在其前加一个\。ls *.txt。正则表达式有以下特殊字符。

特殊字符说明如下。

- $ 匹配输入字符串的结尾位置。如果设置了 RegExp 对象的 Multiline 属性，则$也匹配'\n'或'\r'。要匹配$字符本身，则使用\$。
- () 标记一个子表达式的开始和结束位置。子表达式可以获取供以后使用。要匹配这些字符，则使用\(和\)。
- 匹配前面的子表达式零次或多次。要匹配*字符，则使用*。
- + 匹配前面的子表达式一次或多次。要匹配+字符，则使用\+。
- . 匹配除换行符\n 之外的任何单字符。要匹配，则使用\。
- [标记一个中括号表达式的开始。要匹配[，则使用\[。
- ? 匹配前面的子表达式零次或一次，或指明一个非贪婪限定符。要匹配?字符，则使用\?。
- \ 将下一个字符标记为或特殊字符、或原义字符、或向后引用、或八进制转义符。例如，'n'匹配字符'n'。'\n'匹配换行符。序列'\\'匹配"\"，而'\('则匹配"("。
- ^ 匹配输入字符串的开始位置，除非在方括号表达式中使用，此时它表示不接受该字符集合。要匹配^字符本身，则使用\^。
- { 标记限定符表达式的开始。要匹配{，则使用\{。
- | 指明两项之间的一个选择。要匹配|，则使用\|。

构造正则表达式的方法和创建数学表达式的方法一样。也就是用多种元字符与操作符将小的表达式结合在一起来创建更大的表达式。正则表达式的组件可以是单个的字符、字符集合、字符范围、字符间的选择或者所有这些组件的任意组合。

3.4 限定符

限定符用来指定正则表达式的一个给定组件必须要出现多少次才能满足匹配。有*或+或?或{n}或{n，}或{n，m}共 6 种。

*、+和?限定符都是贪婪的，因为它们会尽可能多地匹配文字，在它们的后面加上一个?

就可以实现非贪婪或最小匹配。

正则表达式的限定符如下。

- 匹配前面的子表达式零次或多次。例如，zo*能匹配"z"以及"zoo"。*等价于{0，}。
- + 匹配前面的子表达式一次或多次。例如，'zo+'能匹配"zo"以及"zoo"，但不能匹配"z"。+等价于{1，}。
- ? 匹配前面的子表达式零次或一次。例如，"do(es)?"可以匹配"do"或"does"中的"do"。?等价于{0，1}。
- {n}n 是一个非负整数。匹配确定的 n 次。例如，'o{2}'不能匹配"Bob"中的'o'，但是能匹配"food"中的两个 o。
- {n，}n 是一个非负整数。至少匹配 n 次。例如，'o{2，}'不能匹配"Bob"中的'o'，但能匹配"foooood"中的所有 o。'o{1，}'等价于'o+'。'o{0，}'则等价于'o*'。
- {n, m}m 和 n 均为非负整数，其中 n<=m。最少匹配 n 次且最多匹配 m 次。例如，"o{1，3}"将匹配"fooooood"中的前 3 个 o。'o{0，1}'等价于'o?'。请注意在逗号和两个数之间不能有空格。

3.5 定位符

用来描述字符串或单词的边界，^和$分别指字符串的开始与结束，\b 描述单词的前或后边界，\B 表示非单词边界。不能对定位符使用限定符。

3.6 选择

用圆括号将所有选择项括起来，相邻的选择项之间用|分隔。但用圆括号会有一个副作用，就是相关的匹配会被缓存，此时可用?:放在第一个选项前来消除这种副作用。

其中，?:是非捕获元之一，还有两个非捕获元是?=和?!，这两个还有更多的含义，前者为正向预查，在任何开始匹配圆括号内的正则表达式模式的位置来匹配搜索字符串，后者为负向预查，在任何开始不匹配该正则表达式模式的位置来匹配搜索字符串。

3.7 后向引用

对一个正则表达式模式或部分模式两边添加圆括号将导致相关匹配存储到一个临时缓冲区中，所捕获的每个子匹配都按照在正则表达式模式中从左至右所遇到的内容存储。存储子匹配的缓冲区编号从 1 开始，连续编号直至最大 99 个子表达式。每个缓冲区都可以使用'\n'访问，其中 n 为一个标识特定缓冲区的一位或两位十进制数。

可以使用非捕获元字符'?:'，'?='，or'?!'来忽略对相关匹配的保存。

4. 各种操作符的运算优先级

相同优先级的，从左到右进行运算；不同优先级的，先高后低进行运算。各种操作符的优先级从高到低如下。

- \ 转义符。
- ()，(?:)，(?=)，[]圆括号和方括号。
- *，+，?，{n}，{n，}，{n，m}限定符。
- ^，$，\anymetacharacter 位置和顺序。

- | “或”操作。

5. 全部符号解释

字符描述如附表 1 所示。

附表 1　　元字符及其含义

<table>
<tr><th>元字符</th><th>描述</th></tr>
<tr><td>\</td><td>将下一个字符标记为一个特殊字符、或一个原义字符、或一个向后引用、或一个八进制转义符。例如，“\n”匹配字符“n”。“\\n”匹配一个换行符。序列“\\”匹配“\”而“\(”则匹配“(”</td></tr>
<tr><td>^</td><td>匹配输入字符串的开始位置。如果设置了 RegExp 对象的 Multiline 属性，^也匹配“\n”或“\r”之后的位置</td></tr>
<tr><td>$</td><td>匹配输入字符串的结束位置。如果设置了 RegExp 对象的 Multiline 属性，$也匹配“\n”或“\r”之前的位置</td></tr>
<tr><td>*</td><td>匹配前面的子表达式零次或多次。例如，zo*能匹配“z”以及“zoo”。*等价于{0，}</td></tr>
<tr><td>+</td><td>匹配前面的子表达式一次或多次。例如，“zo+”能匹配“zo”以及“zoo”，但不能匹配“z”。+等价于{1，}</td></tr>
<tr><td>?</td><td>匹配前面的子表达式零次或一次。例如，“do(es)?”可以匹配“does”或“does”中的“do”。?等价于{0，1}</td></tr>
<tr><td>{n}</td><td>n 是一个非负整数。匹配确定的 n 次。例如，“o{2}”不能匹配“Bob”中的“o”，但是能匹配“food”中的两个 o</td></tr>
<tr><td>{n，}</td><td>n 是一个非负整数。至少匹配 n 次。例如，“o{2，}”不能匹配“Bob”中的“o”，但能匹配“foooood”中的所有 o。“o{1，}”等价于“o+”。“o{0，}”则等价于“o*”</td></tr>
<tr><td>{n，m}</td><td>m 和 n 均为非负整数，其中 n<=m。最少匹配 n 次且最多匹配 m 次。例如，“o{1，3}”将匹配“fooooood”中的前 3 个 o。“o{0，1}”等价于“o?”。注意在逗号和两个数之间不能有空格</td></tr>
<tr><td>?</td><td>当该字符紧跟在任何一个其他限制符（*，+，?，{n}，{n，}，{n，m}）后面时，匹配模式是非贪婪的。非贪婪模式尽可能少地匹配所搜索的字符串，而默认的贪婪模式则尽可能多地匹配所搜索的字符串。例如，对于字符串“oooo”，“o+?”将匹配单个“o”，而“o+”将匹配所有“o”</td></tr>
<tr><td>.</td><td>匹配除“\n”之外的任何单个字符。要匹配包括“\n”在内的任何字符，则使用像“[\s\S]”的模式</td></tr>
<tr><td>(pattern)</td><td>匹配 pattern 并获取这一匹配。所获取的匹配可以从产生的 Matches 集合得到，在 VBScript 中使用 SubMatches 集合，在 JScript 中则使用$0…$9 属性。要匹配圆括号字符，则使用“\(”或“\)”</td></tr>
<tr><td>(?:pattern)</td><td>匹配 pattern 但不获取匹配结果，也就是说这是一个非获取匹配，不进行存储供以后使用。这在使用或字符“(|)”来组合一个模式的各个部分是很有用。例如“industr(?:y|ies)”就是一个比“industry|industries”更简略的表达式</td></tr>
</table>

续表

元字符	描述
(?=pattern)	正向肯定预查，在任何匹配 pattern 的字符串开始处匹配查找字符串。这是一个非获取匹配，也就是说，该匹配不需要获取供以后使用。例如，“Windows(?=95|98|NT|2000)”能匹配“Windows2000”中的“Windows”，但不能匹配“Windows3.1”中的“Windows”。预查不消耗字符，也就是说，在一个匹配发生后，在最后一次匹配之后立即开始下一次匹配的搜索，而不是从包含预查的字符之后开始
(?!pattern)	正向否定预查，在任何不匹配 pattern 的字符串开始处匹配查找字符串。这是一个非获取匹配，也就是说，该匹配不需要获取供以后使用。例如“Windows(?!95|98|NT|2000)”能匹配“Windows3.1”中的“Windows”，但不能匹配“Windows2000”中的“Windows”。预查不消耗字符，也就是说，在一个匹配发生后，在最后一次匹配之后立即开始下一次匹配的搜索，而不是从包含预查的字符之后开始
(?<=pattern)	反向肯定预查，与正向肯定预查类似，只是方向相反。例如，“(?<=95|98|NT|2000)Windows”能匹配“2000Windows”中的“Windows”，但不能匹配“3.1Windows”中的“Windows”
(?<!pattern)	反向否定预查，与正向否定预查类似，只是方向相反。例如“(?<!95|98|NT|2000)Windows”能匹配“3.1Windows”中的“Windows”，但不能匹配“2000Windows”中的“Windows”
x|y	匹配 x 或 y。例如，“z|food”能匹配“z”或“food”。“(z|f)ood”则匹配“zood”或“food”
[xyz]	字符集合。匹配所包含的任意一个字符。例如，“[abc]”可以匹配“plain”中的“a”
[^xyz]	负值字符集合。匹配未包含的任意字符。例如，“[^abc]”可以匹配“plain”中的“plin”
[a-z]	字符范围。匹配指定范围内的任意字符。例如，“[a-z]”可以匹配“a”到“z”范围内的任意小写字母字符 注意:只有连字符在字符组内部,并且出现在两个字符之间时,才能表示字符的范围；如果出现在字符组的开头，则只能表示连字符本身
[^a-z]	负值字符范围。匹配任何不在指定范围内的任意字符。例如，“[^a-z]”可以匹配任何不在“a”到“z”范围内的任意字符
\b	匹配一个单词边界，也就是指单词和空格间的位置。例如，“er\b”可以匹配“never”中的“er”，但不能匹配“verb”中的“er”
\B	匹配非单词边界。“er\B”能匹配“verb”中的“er”，但不能匹配“never”中的“er”
\cx	匹配由 x 指明的控制字符。例如，\cM 匹配一个 Control-M 或回车符。x 的值必须为 A~Z 或 a~z 之一。否则，将 c 视为一个原义的“c”字符
\d	匹配一个数字字符。等价于[0-9]
\D	匹配一个非数字字符。等价于[^0-9]
\f	匹配一个换页符。等价于\x0c 和\cL
\n	匹配一个换行符。等价于\x0a 和\cJ
\r	匹配一个回车符。等价于\x0d 和\cM
\s	匹配任何空白字符，包括空格、制表符、换页符等。等价于[\f\n\r\t\v]
\S	匹配任何非空白字符。等价于[^ \f\n\r\t\v]

续表

元字符	描述
\t	匹配一个制表符。等价于\x09 和\cI
\v	匹配一个垂直制表符。等价于\x0b 和\cK
\w	匹配包括下划线的任何单词字符。等价于“[A-Za-z0-9_]”
\W	匹配任何非单词字符。等价于“[^A-Za-z0-9_]”
\xn	匹配 n，其中 n 为十六进制转义值。十六进制转义值必须为确定的两个数字长。例如，“\x41”匹配“A”。“\x041”则等价于“\x04&1”。正则表达式中可以使用 ASCII 编码
\num	匹配 num，其中 num 是一个正整数。对所获取的匹配的引用。例如，“(.)\1”匹配两个连续的相同字符
\n	标识一个八进制转义值或一个向后引用。如果\n 之前至少 n 个获取的子表达式，则 n 为向后引用。否则，如果 n 为八进制数字（0~7），则 n 为一个八进制转义值
\nm	标识一个八进制转义值或一个向后引用。如果\nm 之前至少有 nm 个获得子表达式，则 nm 为向后引用。如果\nm 之前至少有 n 个获取，则 n 为一个后跟文字 m 的向后引用。如果前面的条件都不满足，若 n 和 m 均为八进制数字（0~7），则\nm 将匹配八进制转义值 nm
\nml	如果 n 为八进制数字（0~3），且 m 和 1 均为八进制数字（0~7），则匹配八进制转义值 nml
\un	匹配 n，其中 n 是一个用 4 个十六进制数字表示的 Unicode 字符。例如，\u00A9 匹配版权符号（©）

6. 部分例子

正则表达式说明如下。

- /\b([a-z]+)\1\b/gi 一个单词连续出现的位置。
- /(\w+):\/\/([^/:]+)(:\d*)?([^#]*)/将一个 URL 解析为协议、域、端口及相对路径。
- /^(?:Chapter|Section)[1-9][0-9]{0，1}$/定位章节的位置。
- /[-a-z]/A~z 共 26 个字母再加一个-号。
- /ter\b/可匹配 chapter，而不能 terminal。
- /\Bapt/可匹配 chapter，而不能 aptitude。
- /Windows(?=95|98|NT)/可匹配 Windows95 或 Windows 98 或 Windows NT，当找到一个匹配后，从 Windows 后面开始进行下一次的检索匹配。

7. 正则表达式匹配规则

7.1 基本模式匹配

一切从最基本的开始。模式，是正规表达式最基本的元素，它们是一组描述字符串特征的字符。模式可以很简单，由普通的字符串组成，也可以非常复杂，往往用特殊的字符表示一个范围内的字符、重复出现，或表示上下文。举例如下。

^once 这个模式包含一个特殊的字符^，表示该模式只匹配以 once 开头的字符串。例如该

模式与字符串"once upon a time"匹配，与"There once was a man from NewYork"不匹配。正如如^符号表示开头一样，$符号用来匹配那些以给定模式结尾的字符串。

bucket$这个模式与"Who kept all of this cash in a bucket"匹配，与"buckets"不匹配。字符^和$同时使用时，表示精确匹配（字符串与模式一样）。举例如下。

^bucket$只匹配字符串"bucket"。如果一个模式不包括^和$，那么它与任何包含该模式的字符串匹配。例如，模式 once 与字符串是匹配的。

```
There once was a man from NewYork
Who kept all of his cash in a bucket.
```

在该模式中的字母(o-n-c-e)是字面的字符，也就是说，它们表示该字母本身，数字也是一样的。其他一些稍微复杂的字符，如标点符号和白字符（空格、制表符等），要用到转义序列。所有的转义序列都用反斜杠（\）打头。制表符的转义序列是\t。所以如果我们要检测一个字符串是否以制表符开头，可以用模式^\t，类似地，用\n 表示“新行”，\r 表示回车。其他的特殊符号，可以用在前面加上反斜杠，如反斜杠本身用\\表示，句号.用\.表示，以此类推。

7.2 字符簇

在 INTERNET 的程序中，正则表达式通常用来验证用户的输入。当用户提交一个 FORM 以后，要判断输入的电话号码、地址、E-mail 地址、信用卡号码等是否有效，用普通的基于字面的字符是不够的。

所以要用一种更自由的方法来描述所需要的模式。它就是字符簇。要建立一个表示所有元音字符的字符簇，就把所有的元音字符放在一个方括号里，如下。

```
[AaEeIiOoUu]
```

这个模式与任何元音字符匹配，但只能表示一个字符。用连字号可以表示一个字符的范围，如下。

- [a-z]//匹配所有的小写字母。
- [A-Z]//匹配所有的大写字母。
- [a-zA-Z]//匹配所有的字母。
- [0-9]//匹配所有的数字。
- [0-9\.\-]//匹配所有的数字，句号和减号。
- [\f\r\t\n]//匹配所有的白字符。

以上这些表达式也只表示一个字符。如果要匹配一个由一个小写字母和一位数字组成的字符串，比如"z2"、"t6"或"g7"，但不是"ab2"、"r2d3"或"b52"的话，用以下模式。

```
^[a-z][0-9]$
```

尽管[a-z]代表 26 个字母的范围，但在这里它只能与第一个字符是小写字母的字符串匹配。

前面曾经提到^表示字符串的开头，但它还有另外一个含义。当在一组方括号里使用^时，它表示“非”或“排除”的意思，常常用来剔除某个字符。还用前面的例子，我们要求第一个字符不能是数字。

```
^[^0-9][0-9]$
```

这个模式与"&5"、"g7"及"-2"是匹配的，但与"12"、"66"是不匹配的。下面是几个排除特定字符的例子。

- [^a-z]//除了小写字母以外的所有字符。
- [^\\\/\^]//除了(\)(/)(^)之外的所有字符。
- [^\"\']//除了双引号(")和单引号(')之外的所有字符。

特殊字符"."（点，句号）在正则表达式中用来表示除了“新行”之外的所有字符。所以模式"^.5$"与任何两个字符的、以数字5结尾和以其他非“新行”字符开头的字符串匹配。模式"."可以匹配任何字符串，除了空串和只包括一个“新行”的字符串。

7.3 确定重复出现

到现在为止，我们已经知道如何去匹配一个字母或数字，但更多的情况下，可能要匹配一个单词或一组数字。一个单词由若干个字母组成，一组数字由若干个单数组成。跟在字符或字符簇后面的花括号({})用来确定前面的内容重复出现的次数。

字符簇含义如附表2所示。

附表2　字符簇含义

表达式例子	字符簇含义
^[a-zA-Z_]$	所有的字母和下划线
^[[:alpha:]]{3}$	所有的3个字母的单词
^a$	字母a
^a{4}$	aaaa
^a{2，4}$	aa，aaa或aaaa
^a{1，3}$	a，aa或aaa
^a{2，}$	包含多于两个a的字符串
^a{2，}	如：aardvark和aaab，但apple不行
a{2，}	如：baad和aaa，但Nantucket不行
\t{2}	两个制表符
.{2}	所有的两个字符

这些例子描述了花括号的3种不同的用法。一个数字，{x}的意思是“前面的字符或字符簇只出现x次”；一个数字加逗号，{x，}的意思是“前面的内容出现x或更多的次数”；两个用逗号分隔的数字，{x，y}表示“前面的内容至少出现x次，但不超过y次”。我们可以把模式扩展到更多的单词或数字，如附表3所示。

附表3　表示重复表达式的字符簇含义

表达式例子	字符簇含义
^[a-zA-Z0-9_]{1，}$//	所有包含一个以上的字母、数字或下划线的字符串
^[0-9]{1，}$//	所有的正数
^\-{0，1}[0-9]{1，}$//	所有的整数
^\-{0，1}[0-9]{0，}\.{0，1}[0-9]{0，}$//	所有的小数

最后一个例子不太好理解，可这么看，与所有以一个可选的负号(\-{0，1})开头(^)、跟着0 个或更多的数字([0-9]{0，})、和一个可选的小数点(\.{0，1})再跟上 0 个或多个数字([0-9]{0，})，并且没有其他任何东西($)。下面介绍能够使用的更为简单的方法。

特殊字符"?"与{0，1}是相等的，它们都代表着："0 个或 1 个前面的内容"或"前面的内容是可选的"。所以刚才的例子可以简化为如下格式。

```
^\-?[0-9]{0，}\.?[0-9]{0，}$
```

特殊字符"*"与{0，}是相等的，它们都代表着"0 个或多个前面的内容"。最后，字符"+"与{1，}是相等的，表示"1 个或多个前面的内容"，所以上面的 4 个例子可以写成附表 4 所示的格式。

附表 4　　表示重复表达式的字符簇含义

表达式例子	字符簇含义
^[a-zA-Z0-9_]+$//	所有包含一个以上的字母、数字或下划线的字符串
^[0-9]+$//	所有的正数
^\-?[0-9]+$//	所有的整数
^\-?[0-9] *\.?[0-9] *$//	所有的小数

附录2 正则表达式实例

1．验证数字

只能输入 1 个数字

表达式 ^\d$

描述 匹配一个数字

匹配的例子 0，1，2，3

不匹配的例子 12，a，%，r4

2．只能输入 n 个数字

表达式 ^\d{n}$　　例如^\d{8}$

描述 匹配 8 个数字

匹配的例子 12345678，22223334，12344321

不匹配的例子　1234，abc123,56648756970

3．只能输入至少 n 个数字

表达式 ^\d{n，}$ 例如^\d{8，}$

描述 匹配最少 n 个数字

匹配的例子 12345678，123456789，12344321

不匹配的例子　34535,56dge，-3892158

4．只能输入 m 到 n 个数字

表达式 ^\d{m，n}$ 例如^\d{7，8}$

描述 匹配 m 到 n 个数字

匹配的例子 12345678，1234567

不匹配的例子 123456，123456789

5．只能输入数字

表达式 ^[0-9] * $

描述 匹配任意个数字

匹配的例子 12345678，1234567

不匹配的例子 E，清清月儿

6．只能输入某个区间数字

表达式 ^[12-15] $
描述 匹配某个区间的数字
匹配的例子 12，13，14，15
不匹配的例子 9，-2，20，87，120

7．只能输入0和非0打头的数字

表达式 ^(0|[1-9][0-9] *) $
描述 可以为0，第一个数字不能为0，数字中可以有0
匹配的例子 12，10，101，100
不匹配的例子 01，清清月儿，http://blog.csdn.net/21aspnet

8．只能输入实数

表达式 ^[-+]?\d+(\.\d+)?$
描述 匹配实数
匹配的例子 18，+3.14，-9.90
不匹配的例子 .6，33s，67-99

9．只能输入n位小数的正实数

表达式 ^[0-9]+(.[0-9]{n})?$以^[0-9]+(.[0-9]{2})?$为例
描述 匹配n位小数的正实数
匹配的例子 2.22
不匹配的例子 2.222，-2.22，http://blog.csdn.net/21aspnet

10．只能输入m-n位小数的正实数

表达式 ^[0-9]+(.[0-9]{m，n})?$以^[0-9]+(.[0-9]{1，2})?$为例
描述 匹配m到n位小数的正实数
匹配的例子 2.22，2.2
不匹配的例子 2.222，-2.2222，http://blog.csdn.net/21aspnet

11．只能输入非0的正整数

表达式 ^\+?[1-9][0-9] * $
描述 匹配非0的正整数
匹配的例子 2，23，234
不匹配的例子 0，-4

12．只能输入非 0 的负整数

表达式 ^\-[1-9][0-9] * $

描述 匹配非 0 的负整数

匹配的例子 -2，-23，-234

不匹配的例子 0，4

13．只能输入 n 个字符

表达式 ^.{n}$ 以^.{4}$为例

描述 匹配 n 个字符，注意汉字只算 1 个字符

匹配的例子 1234，12we，123 清，清清月儿

不匹配的例子 0，123，123www，http://blog.csdn.net/21aspnet/

14．只能输入英文字符

表达式 ^.[A-Za-z]+ $为例

描述 匹配英文字符，大小写任意

匹配的例子 Asp，WWW

不匹配的例子 0，123，123www，http://blog.csdn.net/21aspnet/

15．只能输入大写英文字符

表达式 ^.[A-Z]+ $为例

描述 匹配英文大写字符

匹配的例子 NET，WWW

不匹配的例子 0，123，123www

16．只能输入小写英文字符

表达式 ^.[a-z]+ $为例

描述 匹配英文大写字符

匹配的例子 asp，csdn

不匹配的例子 0，NET，WWW

17．只能输入英文字符+数字

表达式 ^.[A-Za-z0-9]+ $为例

描述 匹配英文字符+数字

匹配的例子 1Asp，W1W1W

不匹配的例子 0，123，123，www，http://blog.csdn.net/21aspnet/

18．只能输入英文字符/数字/下划线

表达式 ^\w+$为例
描述 匹配英文字符或数字或下划线
匹配的例子 1Asp，WWW，12，1_w
不匹配的例子 3#，2-4，w#$，http://blog.csdn.net/21aspnet/

19．密码举例

表达式 ^.[a-zA-Z]\w{m，n}$
描述 匹配英文字符开头的m-n位字符且只能是数字字母或下划线

20．验证首字母大写

表达式 \b[^\Wa-z0-9_][^\WA-Z0-9_]*\b
描述 首字母只能大写
匹配的例子 Asp，Net
不匹配的例子 http://blog.csdn.net/21aspnet/

21．验证网址（带?id=中文）VS.NET2005无此功能

表达式 ^http:\/\/([\w-]+(\.[\w-]+)+(\/[\w- .\/\?%&=\u4e00-\u9fa5] *)?)? $

描述 验证带?id=中文
匹配的例子 http://blog.csdn.net/21aspnet/，
http://blog.csdn.net?id=清清月儿
不匹配的例子

22．验证汉字

表达式 ^[\u4e00-\u9fa5]{0，}$
描述 只能汉字
匹配的例子 清清月儿
不匹配的例子 http://blog.csdn.net/21aspnet/

23．验证QQ号

表达式 [0-9]{5，9}
描述 5~9位的QQ号
匹配的例子 10000，123456
不匹配的例子 10000w，http://blog.csdn.net/21aspnet/

24．验证电子邮件（验证 MSN 号一样）

表达式 \w+([-+.']\w+)*@\w+([-.]\w+)*\.\w+([-.]\w+)*

描述 注意 MSN 用非 hotmail.com 邮箱也可以

匹配的例子 aaa@msn.com

不匹配的例子 111@1.，http://blog.csdn.net/21aspnet/

25．验证身份证号（粗验，最好服务器端调类库再细验证）

表达式 ^[1-9]([0-9]{16}|[0-9]{13})[xX0-9] $

描述

匹配的例子 15 或者 18 位的身份证号，支持带 X 的

不匹配的例子 http://blog.csdn.net/21aspnet/

26．验证手机号（包含 159，不包含小灵通）

表达式 ^13[0-9]{1}[0-9]{8}|^15[9]{1}[0-9]{8}

描述 包含 159 的手机号 130-139

匹配的例子 139XXXXXXXX

不匹配的例子 140XXXXXXXX，http://blog.csdn.net/21aspnet/

27．验证电话号码号

表达式（不完美） 方案一 ((\(\d{3}\)|\d{3}-)|(\(\d{4}\)|\d{4}-))?(\d{8}|\d{7})

方案二 (^[0-9]{3,4}\-[0-9]{3,8}$)|(^[0-9]{3,8}$)|(^\([0-9]{3,4}\)[0-9]{3,8}$)|(^0{0,1}13[0-9]{9}$) 支持手机号但也不完美

描述 上海：02112345678 3+8 位

上海：021-12345678

上海：(021)-12345678

上海：(021)12345678

郑州：03711234567 4+7 位

杭州：057112345678 4+8 位

28．验证护照

表达式 (P\d{7})|G\d{8})

描述 验证 P+7 个数字或 G+8 个数字

29．验证 IP

表达式 ^(25[0-5]|2[0-4][0-9]|[0-1]{1}[0-9]{2}|[1-9]{1}[0-9]{1}|[1-9])\.(25[0-5]|2[0-4][0-9]|[0-1]{1}[0-9]{2}|[1-9]{1}[0-9]{1}|[1-9]|0)\.(25[0-5]|2[0-4][0-9]|[0-1]{1}[0-9]{2}|[1-9]{1}[0-9]{1}|[1-9]|0)\.(25[0-5]|2[0-4][0-9]|[0-1]{1}[0-9]{2}|[1-9]{1}[0-9]{1}|[0-9]) $

描述 验证IP

匹配的例子 192.168.0.1　　　222.234.1.4

30．验证域

表达式 ^[a-zA-Z0-9]+([a-zA-Z0-9\-\.]+)?\.s|)$

描述 验证域

匹配的例子 csdn.net，baidu.com，it.com.cn

不匹配的例子 192.168.0.1

31．验证信用卡

表达式 ^((?:4\d{3})|(?:5[1-5]\d{2})|(?:6011)|(?:3[68]\d{2})|(?:30[012345]\d))[-]?(\d{4})[-]?(\d{4})[-]?(\d{4}|3[4，7]\d{13})$

描述 验证VISA卡，万事达卡，Discover卡，美国运通卡

32．验证ISBN国际标准书号

表达式 ^(\d[-] *){9}[\dxX] $

描述 验证ISBN国际标准书号

匹配的例子 7-111-19947-2

33．验证GUID全球唯一标识符

表达式 ^[A-Z0-9]{8}-[A-Z0-9]{4}-[A-Z0-9]{4}-[A-Z0-9]{4}-[A-Z0-9]{12}$

描述 格式8-4-4-4-12

匹配的例子 2064d355-c0b9-41d8-9ef7-9d8b26524751

不匹配的例子

34．验证文件路径和扩展名

表达式 ^([a-zA-Z]\:|\\)\\([^\\]+\\) * [^\/:*?"<>|]+\.txt(l)? $

描述 检查路径和文件扩展名

匹配的例子 E:\mo.txt

不匹配的例子 E:\ ，　mo.doc，　E:\mo.doc ，http://blog.csdn.net/21aspnet/

35．验证html颜色值

表达式 ^#?([a-f]|[A-F]|[0-9]){3}(([a-f]|[A-F]|[0-9]){3})?$

描述 检查颜色取值

匹配的例子 #FF0000

不匹配的例子 http://blog.csdn.net/21aspnet/

36．常用正则表达式

整数或者小数：^[0-9]+\.{0，1}[0-9]{0，2}$ 。

只能输入数字："^[0-9] * $"。

只能输入 n 位的数字："^\d{n}$"。

只能输入至少 n 位的数字："^\d{n，}$"。

只能输入 m~n 位的数字： "^\d{m，n}$" 。

只能输入零和非零开头的数字："^(0|[1-9][0-9] *) $"。

只能输入有两位小数的正实数："^[0-9]+(.[0-9]{2})?$"。

只能输入有 1~3 位小数的正实数："^[0-9]+(.[0-9]{1，3})?$"。

只能输入非零的正整数："^\+?[1-9][0-9] * $"。

只能输入非零的负整数："^\-[1-9][]0-9"*$。

只能输入长度为 3 的字符："^.{3}$"。

只能输入由 26 个英文字母组成的字符串："^[A-Za-z]+ $"。

只能输入由 26 个大写英文字母组成的字符串："^[A-Z]+ $"。

只能输入由 26 个小写英文字母组成的字符串："^[a-z]+ $"。

只能输入由数字和 26 个英文字母组成的字符串："^[A-Za-z0-9]+ $"。

只能输入由数字、26 个英文字母或者下划线组成的字符串："^\w+$"。

验证用户密码："^[a-zA-Z]\w{5，17}$"。正确格式为以字母开头，长度在 6~18 之间，只能包含字符、数字和下划线。

验证是否含有^%&'，;=? $\"等字符："[^%&'，;=? $\x22]+"。

只能输入汉字："^[\u4e00-\u9fa5]{0，}$"

验证 E-mail 地址："^\w+([-+.]\w+)*@\w+([-.]\w+)*\.\w+([-.]\w+)*$"。

验证 InternetURL："^http://([\w-]+\.)+[\w-]+(/[\w-./?%&=]*)?$"。

验证电话号码："^(\(\d{3，4}-)|\d{3.4}-)?\d{7，8}$"。正确格式为"XXX-XXXXXXX"、"XXXX-XXXXXXXX"、"XXX-XXXXXXX"、"XXX-XXXXXXXX"、"XXXXXXX"和"XXXXXXXX"。

验证身份证号（15 位或 18 位数字）："^\d{15}|\d{18}$"。

验证一年的 12 个月："^(0?[1-9]|1[0-2]) $"。正确格式为"01"～"09"和"1"～"12"。

验证一个月的 31 天："^((0?[1-9])|((1|2)[0-9])|30|31) $"。正确格式为"01"～"09"和"1"～"31"。

匹配中文字符的正则表达式： [\u4e00-\u9fa5]。

匹配双字节字符（包括汉字在内）：[^\x00-\xff]。